## 《能源科学与管理论丛》

The Series of Energy Science and Management

能源科学与管理论丛

主编　雷仲敏

Energy and Environment

# 能源环境学

李长胜◎著

山西出版传媒集团
山西经济出版社

图书在版编目（CIP）数据

能源环境学 / 李长胜著. —太原：山西经济出版社，2016.6

（能源科学与管理论丛 / 雷仲敏主编）

ISBN 978-7-80767-933-2

Ⅰ. ①能… Ⅱ. ①李… Ⅲ. ①能源开发—关系—环境 Ⅳ. ①X24

中国版本图书馆 CIP 数据核字（2015）第 202114 号

能源环境学

著　　者：李长胜
出 版 人：孙志勇
责任编辑：李慧平
特约编辑：李　敏
装帧设计：赵　娜

出 版 者：山西出版传媒集团 · 山西经济出版社
地　　址：太原市建设南路 21 号
邮　　编：030012
电　　话：0351-4922133（发行中心）
　　　　　0351-4922085（综合办）
E - mail：scb@sxjjcb.com（市场部）
　　　　　zbs@sxjjcb.com（总编室）
网　　址：www.sxjjcb.com

经 销 者：山西出版传媒集团 · 山西经济出版社
承 印 者：山西人民印刷有限责任公司

开　　本：787mm×1092mm　1/16
印　　张：20
字　　数：362 千字
印　　数：1—1000 册
版　　次：2016 年 6 月　第 1 版
印　　次：2016 年 6 月　第 1 次印刷
书　　号：ISBN 978-7-80767-933-2
定　　价：60.00 元

# 总　序

当青岛科技大学雷仲敏教授主编的《能源科学与管理论丛》这样一套巨著摆在我面前时，我只能当学生了。虽然花了不少时间阅读，但感觉还是没有学透。

首先，作者们三年耕耘的认真治学态度和《论丛》涉猎内容的广度与深度均令我十分感动。其次，这套《论丛》有一个视野广阔的顶层设计，从已读到的《能源系统工程学》《能源工程学》《能源经济学》《能源环境学》《能源政策学》《能源管理学》和《能源法学》等，便可看到其内容的丰富和重要的参考价值。

能源是一个应用领域，也是一个综合性交叉学科。它既涉及科学、技术、工程与产业实践，又横跨自然科学、社会科学与哲学，并深度交叉于经济学、管理学、环境学、政策学与法学等各个方面。科学地规划和把握能源的发展，这些方面的知识真是一样都不能少。

在世界各国面临的能源问题中，恐怕中国的能源问题是最复杂、最费思索的。我们既面对着全球能源向绿色、低碳、高效转型的共同机遇，又需直面中国能源结构的高碳天然禀赋、资源环境制约、气候容量有限等严峻挑战。中国的能源工作者有责任深入研究我国能源问题的各个方面，推动能源革命、重塑能源发展路径、建设创新中国，实现中国的可持续发展。这条中国特色新型道路的创新将是中国对人类做出的最重要贡献。从这个意义上说，这套丛书作为宝贵的教材，对各行各业均是十分有益的参考书。

是为序。

杜祥琬

2016年元月6日

# 低碳时代能源科学研究的若干思考

## （论丛前言）

人类社会发展的历史表明，人类关于社会与自然发展的科学认识，都是建立在特定历史时期人类关于自身与可感知的自然世界水平之上的。人类对其生存所依附生态环境的认识水平、价值观念、道德伦理等，必然会对包括能源科学在内的科学理论产生深远而又广泛的影响。当前，以全球碳失衡为主要标志而引发的低碳研究热潮，必将引发一系列新的产业革命，并进而有可能推动能源科学研究的历史性变革。

### 一、碳失衡与当代能源科学研究的历史使命

自人类社会诞生以来，人类的社会生产和生活方式大体经历了狩猎、农耕、前工业社会、后工业社会等四个阶段，目前正在向信息化社会过渡。在不同的经济发展阶段，人类社会面临的困难和矛盾也各不相同，因而能源科学研究也有其所不相同的历史任务。从不同时代人类社会经济增长的主要制约因素看，人类先后经历了体能约束和资源约束，目前正面临着以全球碳失衡为主要标志的生态约束挑战；从人类与自然生态的关系看，在不同社会生产生活方式下，人类对自然生态的扰动程度和扰动模式也不尽相同，并相应建立起与自然生态所不相同的关系，即由被动接受型、盲目破坏型到协调共存型。

在狩猎生活方式下，人类的生存是建立在大自然形成的自然生物环链基础之上的，人类对自然生态没有选择的余地，只能被动地接受大自然的恩赐。人类作为自然界的一个物种，其活动能力、活动范围还十分有限，特别是工具的使用还十分简陋，人类所面临的主要任务是如何克服体能的不足，在现实自然条件下，实现自身的生存发展。因此，对自然生态几乎没有任何扰动。

在农耕生活方式下，人类为了满足自身日益增长的需求，开始以耕作的方式对自然界的土地资源施加人类的影响，以种植、养殖的方式开始对自然物种进行选择，形成了以人类为中心的对自然界生物群进行选择淘汰的过程，优选

并扩大了在既定生产生活方式下对人类社会生活有用的生物物种，而尽力淘汰或消灭对人类有害的物种。人类社会所面临的主要任务是如何扩展自身的活动空间，开拓更多的可赖以生存的土地。但此时，人类的社会生产活动仍停留在以自然界可再生资源为劳动对象的阶段，社会生产活动的规模较小且相对稳定。

18世纪发端于英国的产业革命，使人类社会的生产和生活方式发生了第一次革命性变迁。工业文明的诞生使人类开始步入前工业社会生活的新阶段。以能源变革为核心的现代科学技术由于极大地解放了人类的四肢，完成了人类的体能革命，因而也大大拓展了人类的资源选择空间，并进一步丰富了人类的社会生活内容。在现代科学技术的帮助下，人类不仅开始对自然界的各种不可再生矿产资源进行了史无前例的大规模开发，而且对各类生物资源也进行了掠夺性的利用。

20世纪50年代以来，第三次技术革命的出现，使人类社会的生产、生活方式开始了第三次大变迁。航天技术使人类实现了对宇宙空间的探索，自动化技术使人类体能和智能得到进一步的解放，机器体系不仅普遍地运用于各产业的生产，其在人们生活过程中的使用也日益普遍化，煤、石油、天然气等不可再生资源已成为人类特定生产和生活方式维系的战略资源。人类占统治地位的文化价值取向是对高品质生活的追求，是消费较多数量且经过深度加工的产品，而社会生产规模的急剧膨胀，全球经济一体化格局的形成，地球数十亿年所沉积的化学物质在人类无节制的使用下，其物质循环的生态平衡逐渐被打破，人类社会面临的全球性生态环境问题日益严重。

可见，人类文明总是伴随着能源的变革而不断进步，而人类文明的进步也对能源变革提出新的更高水平的要求。当前，随着新一轮能源科技革命的快速演进，全球能源科技创新进入高度活跃期，呈现多点突破、加速应用、影响深远等特点。而以资源枯竭和全球碳失衡为标志，以绿色低碳为理念的生态文明发展观必将引发新一轮产业革命，并进而再一次推动人类生产生活方式的变革，这无疑将对能源科学研究产生深远而广泛的影响。

**二、低碳时代经济发展表现出的新特点**

当前，尽管人们还难以看到以绿色低碳为核心价值的新经济体系的全貌，对其认识和分析也仅仅停留在感性阶段，还难以对其给予人类未来社会生活的影响做出理性的科学判断。然而，它的出现无疑将会给我们传统的思维方式、社会生活、经济结构、管理模式等带来巨大的震撼，进而将会使人类社会的生产、生活方式发生更为深刻的第五次大变革。

（一）低碳经济时代的基本特征

1. 主导产业的绿色化。绿色化是以某个产业绿色化程度以及所提供的绿色产品或服务的数量多少为标志的，即当某一产业所提供的绿色产品和劳务形成一定数量规模时，可以认为是形成了绿色产业。绿色产品分为绿色用品和绿色食品两大类。绿色用品是指在使用过程中不产生或较少产生对环境或人有害的废弃物的产品；绿色食品是指无公害、无污染的安全、优质营养类食品的统称。绿色企业就是采用绿色技术、进行绿色管理、生产绿色产品、实行绿色包装、通过绿色认证并获得绿色标志的企业。只有生产过程和产品都符合绿色标准时，企业才是绿色企业。

2. 资源利用的循环化。资源循环利用是在不断提升物质重复利用水平的基础上实现发展经济的目的的。与传统工业社会的经济单向流动的线性经济，即“资源→产品→废弃物”相比，循环经济的增长模式是发展路径和模式的根本变革。循环经济通过生产、流通和消费等过程中的减量化、再利用、资源化活动，实现资源节约和保护环境，最终达到以较小发展成本获取较大的经济效益、社会效益和环境效益的目标。

3. 消费选择的理性化。随着消费者生态价值观的演变和经济生活的个性化，经济活动的各方面主体行为在消费选择上更加理性，绿色低碳的理念将贯彻于设计、生产、流通、消费等各个环节，工业革命时代高耗能、高污染的大批量、标准化生产和销售模式，将被极具理性思维的消费主体所主宰。

4. 市场主体的低碳化。全球生态失衡所构造的低碳发展平台将成为社会经济活动的重要舞台，在这一舞台上，人们将构建起一系列新的经济运行理念，制定出新的游戏规则，建立起与传统经济生活相对应的各类经济机构，包括低碳产品生产企业、低碳服务组织，甚至包括低碳政府，从事包括低碳设计、低碳生产、低碳交易、低碳营销、低碳消费等在内的一系列经济活动。低碳经济活动在整个社会生产和生活中所占的比重越来越大，低碳行为所创造的社会财富越来越多，为人们开创出一个全新的经济世界。

5. 生态约束的全球化。碳失衡所产生的全球性生态灾难使得生态影响呈现出人人不能幸免的特征，生态约束成为一种不受时间、空间局限的全天候持续影响。随着人类发展空间的不断拓展，未来还有可能将外空间联结为一个整体，全球乃至外空间范围内的生态问题将会呈现，生态影响把整个世界变成了“地球村”，生态影响越来越趋向薄平化、网状化、墨迹化、立体化和跨代际化，不同区域空间的生态依存性将大大提高，一个动态开放、不断变化的生态经济命运体将会应运而生。

6. 贸易规则的道德化。随着生态约束的日益刚性化，其对市场分工和全球贸易格局必然产生多方面的影响，世界经济发展的不平衡和利益的不一致将会进一步被拉大。因此，有必要在全球低碳生态价值共识基础上形成具有普世价值的生态道德贸易规范，即要求企业在生产商品赚取利润的同时，承担起全球生态失衡的历史责任和社会责任。

（二）低碳经济体系的基本规律

1. 交易原则不同。传统经济是以物质所表现、以商品为载体的能量交换型经济，自然界客观存在着的不可再生资源的有限性，使其交易通行“物以稀为贵”的原则，商品价格对供求变化的刚性较大，资源匮乏是导致经济运行受阻的根本原因。低碳经济是以生态价值所表现、以生态道德为载体的质量型经济，人类全球生态保护意识的增强，使其交易通行“碳耗越少，价值越大”的原则，在这一原则下，其商品价格可最大限度地接近严格反映生态价值供求关系变化的市场价格，买卖双方可实现互动协商、互利双赢的结局。

2. 经济运行的表现形态不同。传统经济运行表现出一定的周期性波动，其很难摆脱高增长、高通胀的发展怪圈；低碳经济则表现出一定的持续性，在一定程度上可实现“两高一低”（高增长、高就业、低通胀）的目标，并使经济运行的周期性波动幅度明显减缓。

3. 经济运行的规律不同。低碳经济运行主要受三大规律所支配：一是低碳技术功能价格比法则，此法则决定了低碳经济快速发展的动力根源；二是全球政府间合作机制及其各自公共政策的约束法则，此法则决定了低碳市场的供需数量；三是全球经济活动中优劣势反差的马太效应法则，低碳信息不对称使得交易双方处于不平等的地位，为信息优势者站在道德高地提供了操纵控制信息弱势者的现实可能。

## 三、低碳时代能源科学研究的新课题

建立在生态文明价值观基础之上的低碳经济时代的出现，使建立在化石能源开发利用基础之上的传统能源科学理论面临着一场新的革命。尽管目前还难以对低碳经济时代的能源科学理论框架进行勾画，但至少可以从以下几方面提出新的理论命题：

（一）能源科学研究的基本使命——维护人与自然界碳生态系统的动态平衡

传统能源科学理论最基本的特征是关注人及其周围的物质世界，是建立在自然人能源需求保障这一最基本的命题之上的。低碳研究则把目光转向人类及其生存所需的碳生态世界，将理性生态人及其生存所维系的碳动态平衡确定为人类社会发展的基本经济问题。以此为基点，将人类对全球碳属性资源的开发利用、全球碳生态演变的基本规律、不同主体的碳生态经济行为、不同低碳干预方式的生态经济绩效、碳生态均衡的全球合作等问题，作为能源科学理论研究的基本使命。

### （二）能源科学研究的基本逻辑起点——人类与自然界碳生态系统共存的理性生态人、碳权公平与责任对等的前提假设

以这一前提为逻辑起点作为构建能源科学研究的理论基础。以低碳价值为核心的生态加权价值论，即低碳价值及其产生的规律、价值基本构成、价值实现途径及其评估等成为能源科学体系推演的基本逻辑。

### （三）能源科学研究的新领域——低碳生态伦理约束

在传统能源科学理论中，科技要素被认为是价值中立的，属于事实判断；而在低碳研究理论中，所有的生产要素均被赋予了生态学意义上的伦理道德属性，因而属于价值判断。这便为能源科学理论研究开拓出新的领域，使生态伦理学在这一背景下获得新的成长空间。

### （四）能源经济研究的主要内容——低碳资源的横向优化配置与纵向可持续均衡

由于全球自然生态基础、经济社会发展水平和低碳资源控制等方面所存在的严重不对称，再加上不同国家体制、文化背景、经济发展阶段所存在的差距，使得低碳资源在全球的配置不仅存在一个横向的公平问题，更面临一个纵向代际之间的可持续均衡。这便使得以低碳资源横向公平配置和代际可持续均衡为基本使命的低碳经济学研究，必须把“应该怎么样”或“应该是”的问题放在更为优先考虑的位置上。缓解全球低碳资源不对称将成为各国政府的重要职责之一，低碳生态价值的道德约束使规范分析成为具有更重要主导地位的分析方法。

### （五）能源管理研究的新焦点——低碳价值管理体系

低碳领域中的全球合作及其法规约束体系创造出全新的低碳市场需求，并由此而诞生了新的贸易规则和市场体系，进而使厂商的组织行为和经营方式也发生新的衍变。碳收支、碳成本、碳标识、碳绩效、碳核算、碳价值等一系列新的管理理念将会伴随着企业核心价值观的转变而流行。在全球低碳监测技术及其信息日益清晰的状况下，低碳价值将会明显提升企业产品和服务的附加价

值，并改写现有的会计准则，进而将使传统的产权理论面临着新的挑战。低碳价值将成为一种新的对经济运行过程产生重大影响的制约因素。企业竞争的重点也将会从传统的质量、成本、服务、技术等生产要素，转移到低碳价值的挖掘和维护上。

（六）能源法学研究的新内容——低碳权利识别及其维护规律占主导地位的规律体系

低碳权利识别及其维护规律将与经济领域、社会领域、自然领域等共同组成法学研究的四个部分。其中，低碳权利识别及其维护规律将占据支配地位。

（七）能源行为分析的基本着力点——低碳行为的无边界分析

低碳时代在对人的社会活动行为分析时，更注重分析的是人类作为一个物种，其个体生存和自然界碳生态系统整体之间均衡的生态行为。在进行宏观分析时，更注重国家之间的全球合作与共识，更注重协调不同发展阶段、不同发展水平的国家权益的维护。可见，在科学技术高度发展和全球化背景下，任何个人、组织和国家的经济行为都将会突破其所生存的空间边界。因此，能源科学中关于经济行为的研究事实上是一种无边界分析，其对微观及宏观经济行为的分析，建立在对个人、组织生态经济行为进行理性把握和分析的前提条件之下。

曹仲敏

2015年9月28日于青岛

# 前　言

200多年以来，人类历史上经历了最为波澜壮阔的工业化和城市化进程，人类利用和改造自然界的强度和规模不断扩大，特别是对化石能源的大规模开采和广泛利用。对自然资源的不可持续性消耗和自然环境的透支，已经造成日益严重的环境污染和生态问题。

由于能源的特殊性，能源开发和利用所造成的环境问题已经成为当代环境问题的核心。能源环境学涉及从自然科学到社会科学的众多学科，是一个典型的多领域交叉学科。深入探讨能源环境问题产生原因、主要危害、治理机制等问题，为系统认识和理解能源环境问题提供基础知识支撑，不仅是能源环境领域的重要内容，对人类寻求更加集约、更可持续、更符合自然与社会伦理的生产生活方式具有重要的现实意义，这也是本书写作的主要目的。本书的内容可以划分为四大部分：

一是能源环境问题产生原因。本书摒弃了传统环境问题产生原因分析的范式，从地球生态系统物质循环平衡的视角来分析能源环境问题生成机理。首先，介绍地球生态系统功能和结构等基本知识，重点分析人类能源开发和利用对地球生态系统物质循环平衡的扰动。在此基础上，界定能源环境问题的科学内涵，并简要分析能源环境问题与一般环境问题的关系。这一部分内容主要对应书中的第一章。

二是能源环境问题的危害。根据能源环境问题的性质，分别介绍了能源开采、开发、加工、运输和利用全过程中的环境污染和生态影响，以及各种环境污染和生态影响的主要危害。环境污染重点介绍能源开发和利用全过程中造成“三废”（废水、废气和固体废弃物），以及与能源开发和利用密切相关的其他环境污染，如放射性污染、重金属污染、原油泄漏造成的污染等；生态影响重点介绍了各种能源开发和利用过程造成的生态破坏和影响，着重分析了各种能源开发和利用过程中对水资源、地表形态、植被、地质环境、气候环境等造成的影响，以及这些影响可能造成的危害。这一部分内容主要对应书中的第二章和第三章。

三是能源环境问题治理手段与机制。能源环境治理，从手段分类来看，主要包括技术手段、行政手段、法律手段和经济手段。本书在对能源环境治理手段进行简要概括性介绍之后，重点围绕能源环境问题治理的经济手段和机制展开。这一部分内容主要对应书中的第四章至第七章。

四是碳排放的国家和全球治理问题。本书从国家和全球两个层面论述碳排放治理问题。国家层面重点介绍应对全球气候变暖的应对战略、策略以及政策工具等问题；全球层面重点介绍全球碳治理的历史责任、全球碳治理的国际博弈与合作、主要实践以及在此背景下的环境外交等问题。这一部分内容主要对应书中的第八章和第九章。

本书写作得到了青岛科技大学经济与管理学院雷仲敏教授的全程悉心指导，从确定写作提纲、写作内容修改到书稿定稿全过程，都倾注着雷教授的大量心血，正是与雷教授反复的讨论与沟通，才使书稿写作得以顺利推进和完成，在此表示最由衷谢意！书稿的修改还得到了书稿评阅专家的大力帮助，他们对书稿提出了很多宝贵修改建议，使书稿写作质量得到了进一步提升，在此表示衷心的感谢！需要特别指出的是，本书写作吸取了大量相关领域专家学者的已有成果，特别是在能源环境问题治理机制中，借鉴了段茂盛、庞韬等学者的相关研究成果，以及在第九章讨论排放空间时，直接借鉴了丁仲礼等人的研究成果。在此，对引用或借鉴相关研究成果的所有专家学者表示衷心的感谢！

本书既注重能源环境问题相关基础知识理论的介绍，又注重能源环境问题治理手段、治理政策与机制的论述。可作为有关专业本科教学的参考书和相关专业攻读硕士、博士学位的专业教材，也可为大专院校、科研机构、社会团体、政府机关和企业中从事能源环境研究、教学和管理的科技、教学及各级管理人员提供参考。

当然，作为一门多领域交叉学科，能源环境学无论在理论层面，还是在实践层面都处于快速发展之中，本书作为一部尝试之作，可能还存在诸多不足之处，敬请读者不吝赐教！

李长胜

2016 年 1 月

# 目 录

# 第一章 绪论

人类能源活动引发的环境问题是环境问题的核心，而能源环境问题的产生与地球生态系统物质流和能源流密切相关。本章将在界定环境、环境污染、生态破坏、能源环境问题等相关概念的基础上，重点从物质流和能源流角度考察能源开发、储运、利用对地球生态系统的影响，从人类能源活动对地球生态系统扰动的视角揭示能源环境问题产生的深层原因。

## 第一节 环境问题与地球环境

环境问题与地球环境密切相关，本节将在梳理有关环境基本概念的基础上，主要阐释与环境问题密切相关的基本概念，如：地球环境、生态系统以及生态系统的物质循环。

### 一、环境的基本概念

#### （一）环境的内涵

环境是人类进行生产和生活活动的场所，是人类生存和发展的物质基础。一般而言，环境是相对于某一事物来说的，是指围绕着某一事物（通常称其为主体）并对该事物会产生某些影响的所有外界事物（通常称其为客体），即环境是指相对于某项中心事物的周围事物，围绕中心事物的外部空间、条件和状况，构成中心事物的一切。离开这个主体或中心也就无所谓环境，因此环境只具有相对的意义。

在环境科学中，人类是主体，环境是指围绕着人类的空间以及其中可以直接或间接影响人类生活和发展的各种因素的总体，包括自然环境和社会环境两个方面。在生态学中，环境是指生物的栖息地，以及直接或间接影响生物生存和发展的各种因素。此外，在世界各国的一些环境保护法规中，还常常把环境中应当保护的要素或对象界定为环境。如《中华人民共和国环境保护法》明确指出，本法所称环境是指“大气、水、海洋、土地、矿藏、森林、草原、湿地、野生生物、自然遗迹、人文遗迹、自然保护区、风景名胜区、城市和乡村等”。

（二）环境的分类

关于环境的分类，至今尚未形成统一的分类系统。通常按环境的主体、环境的性质或功能、环境的要素或介质类型、环境的范围或空间大小等进行分类。

1. 按环境的主体

目前有两种体系，一种是以人为主体，其他的生命物质和非生命物质都被视为环境要素。这类环境称为人类环境。在环境科学中，多数学者都采用这种分类方法，更强调以人类生存发展为中心的外部因素，更多地体现为人类社会的生产和生活提供的广泛空间、充裕资源和必要条件；另一种是以生物为主体，生物体以外的所有自然条件称为环境。生态学中一般采用这种分类方法，生态环境偏重于生物与其周边环境的相互关系，更多地体现出环境的系统性、整体性、关联性。

2. 按环境的性质

可将环境分成自然环境和社会环境两类。自然环境是人类生活和生产所必需的自然条件和自然资源的总称，包括水、大气、生物、岩石、土壤、阳光和温度等自然因素的总和。自然环境是人类赖以生存和发展的物质基础。在自然环境中，按其主要的环境要素，可分为大气环境（大气圈）、水环境（水圈）、地质环境（岩石圈）和生物环境。这些圈层之间没有明显的界面，它们之间相互渗透，相互影响，彼此联系十分紧密。

社会环境。社会环境是人类在自然环境的基础上，通过长期有意识的社会劳动所创造的人工环境。它是人类精神文明和物质文明发展的标志，随着人类文明的演化而不断地丰富和发展。社会环境主要包括：聚落环境、农业环境、工业环境、文化环境、医疗休养环境等。

3. 按环境的范围

可将环境分为宇宙环境（或称星际环境）、地球环境、区域环境、微环境和内环境。

（1）宇宙环境

指大气层以外的宇宙空间，是人类活动进入大气以外的空间，和地球邻近天体的过程中提出的新概念，也称为空间环境。宇宙环境由广阔的空间和存在于其中的各种天体及弥漫物质组成，它对地球环境产生了深刻的影响。太阳辐射是地球的主要光源和热源，给地球生物有机体带来了生机，推动了生物圈这个庞大生态系统的正常运转。太阳辐射能是地球上一切能量的源泉，它的变化影响着地球环境。

(2) 地球环境

指大气圈（主要是对流层）、水圈、土壤圈、岩石圈和生物圈，又称为全球环境或地理环境。地球环境与人类及生物的关系尤为密切。其中生物圈中的生物把地球上各个圈层的关系密切地联系在一起，并形成了总的人类生存的生态圈，在这生态圈内进行着物质循环、能量转换以及信息的传递。

(3) 区域环境

指一定地域范围内的自然和社会因素的总和，分自然区域环境（如森林、草原、冰川、海洋）、社会区域环境（如各级行政区、城市、工业区）、农业区域环境（如作物区、牧区、农牧交错区）、旅游区域环境等。

(4) 微环境

指区域环境中，由于某一个（或几个）圈层的细微变化产生的环境差异所形成的小环境。例如，生物群落的镶嵌性就是微环境作用的结果。

(5) 内环境

指生物体内组织或细胞间的环境。对生物体的生长和繁育具有直接的影响。

### (三) 环境问题的科学内涵及演变历程

#### 1. 环境问题的科学内涵

所谓环境问题，是指由于自然或人类活动作用于周围环境所引起的环境质量变化，以及这种变化对人类的生产、生活和健康造成的影响。根据环境问题的起因，环境问题可以分为第一环境问题和第二环境问题。第一环境问题也称为原生环境问题，是由于自然界本身原因而造成的环境破坏，如：火山活动，地震、风暴、海啸等产生的自然灾害。第二环境问题也称为次生环境问题，主要是人类的生产、生活活动等人为因素造成的。一般又分为环境污染和生态破坏两大类。环境污染是由于人为因素使环境的构成或状态发生了变化，与原来的情况相比，环境质量恶化，扰乱和破坏了生态系统和人们正常的生产和生活环境。生态破坏是人类活动直接作用于自然环境引起的。例如乱砍滥伐引起的森林植被的破坏；过度放牧引起的草原退化；大面积开垦草原引起的沙漠化和土地沙化；滥采滥捕使珍稀物种灭绝；植被破坏引起的水土流失等。通常所说的环境问题，多指人为因素造成的次生环境问题。

目前，威胁人类生存并已被人类认识到的环境问题主要有：全球变暖、臭氧层破坏、酸雨、淡水资源危机、森林资源锐减、土地荒漠化、物种加速灭绝、垃圾成灾、有毒化学品污染等。其中，全球变暖、酸雨与能源资源开发利用有直接关系；而土地荒漠化、淡水资源危机、物种加速灭绝、森林资源锐减、垃圾成灾、有毒化学品污染、臭氧层破坏也与能源开发和利用有间接关系。

2. 环境问题的演变过程

由于环境问题主要是人类的生产、生活活动等人为因素造成的，伴随着人口激增、城市化和工农业高速发展，环境问题演变与人类社会的发展历程呈现高度的相合性。

第一阶段：环境问题萌芽（工业革命以前）。

人类在诞生以后很长的岁月里，只是天然食物的采集者和捕食者，对环境的影响不大。那时“生产”对自然环境的依赖十分突出，人类主要是以生活活动、以生理代谢过程与环境进行物质和能量转换，主要是利用环境，而很少有意识地改造环境。如果说那时也发生“环境问题”的话，主要是为了满足人口自然增长需要，人类被动地扩大自己的生活领域，学会适应在新的环境中生活的本领，从而造成资源滥用和环境破坏，属于迁徙性破坏。

随后，人类学会了培育、驯化植物和动物，开始发展农业和畜牧业，这在生产发展史上是一次大革命。而随着农业和畜牧业的发展，人类改造环境的作用也越来越明显地显示出来，同时也引发了相应的环境问题，如大量砍伐森林、过度放牧，引起严重的水土流失，水旱灾日益加重和土壤沙化、盐碱化、沼泽化等，以及引起某些传染病的流行。在工业革命以前虽然已出现了城市化和手工业作坊（或工场），但工业生产并不发达，由此引起的环境污染问题并不突出。

第二阶段：当代环境问题的出现（工业革命至20世纪50年代）。

工业革命是生产力发展史上的一次伟大的革命，由于蒸汽机的发明和广泛使用，大幅度地提高了劳动生产率，增强了人类利用和改造自然的能力，同时也带来了新的环境问题。伴随着工业大量废弃物排放的增加，使污染事件不断发生。如果说农业生产主要是生活资料的生产，它在生产和消费中所排放的“三废”是可以纳入物质的生物循环，而能迅速净化、重复利用的；那么工业生产主要是大规模生产资料的生产，而且工业产品在生产和消费过程中排放了大量“三废”，超过了自然界的自净能力，当代环境问题开始出现。

第三阶段：环境问题的第一次集中爆发（20世纪50年代至20世纪80年代以前）。

此期间环境问题第一次集中爆发，即环境公害事件持续不断出现，如1952

年 12 月的伦敦烟雾事件，1956 年日本的水俣病事件，1961 年的四日市哮喘病事件，1955~1972 年的骨痛病事件等。造成这些公害的因素主要有两个：一是人口迅猛增加，城市化速度加快。二是石油工业的崛起导致工业不断集中和扩大，化石能源消费迅猛增长。

第四阶段：全球性环境问题的集中爆发（20 世纪 80 年代至今）。

人们共同关心的影响范围大和危害严重的环境问题有三类：一是全球性的环境问题，如温室效应、臭氧层耗损和酸雨范围扩大；二是大面积生态破坏，如大面积森林被毁、淡水资源短缺、草场退化、荒漠化、野生动植物物种锐减、危险废物扩散等；三是突发性的严重污染事件迭起。就污染源而言，全球性环境问题的污染源和破坏源众多，不但分布广，而且来源复杂，解决这些环境问题只靠一个国家的努力很难奏效，要靠众多国家，甚至全球人类的共同努力才行，这就极大地增加了解决问题的难度，而且突发性的污染事件污染范围大、危害严重，造成的经济损失巨大[1-2]。

## 二、地球环境与生态系统

地球环境是所有生物赖以生存的最基本的环境，为包括人类在内所有生物的生存和繁衍生息提供空间和资源。从产生机理来看，环境问题产生都与地球生态系统物质流和能源流密切相关。

### （一）地球环境

这里的地球环境主要指地球的地理环境，是指环绕人们周围的各种自然因素的总和，如大气、水、植物、动物、土壤、岩石矿物、太阳辐射等。地球环境既是地球上所有生物赖以生存的最基本的环境，也是人类赖以生存的重要的物质基础。通常按照构成因素把地球环境划分为大气圈、水圈、生物圈、土壤圈、岩石圈等五个自然圈。这几个圈层之间紧密联系、相互作用，不停地进行着物质、能量交换，维持着动态的自然生态平衡，使地球生物得以生存、繁衍和发展。

1. 大气圈

大气圈的组成。大气圈是地球外表包围的一层流体物质，以气体为主，含有微量颗粒物。其主要成分是氮气（$N_2$）、氧气（$O_2$）、二氧化碳（$CO_2$），还有水蒸气等微量气体，以及气溶胶粒子和其他粒子。大气中的成分随着地球的演化而不断变化。在地球形成初期，大气中的主要成分是水蒸气、$H_2S$、$CH_4$、$N_2$、

$NH_3$、$H_2$ 等，$O_2$ 含量极低，没有臭氧层，且空气稀薄；随着地球上生物的出现和不断进化，大气层逐渐出现了 $O_2$ 和 $CO_2$，逐渐形成了 $O_2$、$CO_2$ 和 $H_2O$ 氧化性大气；地球大量植物的出现和茂盛生长，使大气中的成分和温度逐渐演化到今天的状态。

大气圈的结构。根据大气层垂直方向上温度和垂直运动的特征，一般把大气层划分为对流层、平流层、中间层、热层和逃逸层五个层次。

(1) 对流层

对流层是大气的最底层，其厚度随纬度和季节而变化，在赤道附近为 16~18km，在中纬度地区为 10~12km，两极附近为 8~9km。夏季较厚，冬季较薄。这一层的显著特点：一是气温随高度升高而递减，大约平均每上升 1000m，温度降低 6.5℃。由于贴近地面的空气受地面发射出来的热量的影响而膨胀上升，上面冷空气下降，故在垂直方向上形成强烈的对流，对流层也正是因此而得名；二是密度大，大气总质量的 3/4 以上集中在此层。在对流层中，因受地表的影响不同，又可分为两层。在 1~2km 以下，受地表的机械、热力作用强烈，通称摩擦层，或边界层，亦称低层大气，排入大气的污染物绝大部分活动在此层。在 1~2km 以上，受地表影响变小，称为自由大气层，主要天气过程如雨、雪、雹的形成均出现在此层。

(2) 平流层

从对流层顶到约 50km 的大气层为平流层。在平流层下层，即 30~35km 以下，温度随高度降低变化较小，气温趋于稳定，所以又称同温层。在 30~35km 以上，温度随高度升高而升高。

平流层的特点：一是空气没有对流运动，平流运动占显著优势；二是空气比下层稀薄得多，水汽、尘埃的含量甚微，很少出现天气现象；三是在高约 15~35km 范围内，有厚约 20km 的一层臭氧层，因臭氧具有吸收太阳光短波紫外线的能力，故使平流层的温度升高。

(3) 中间层

中间层又称中层，指自平流层顶到 85km~100km 之间的大气层。中间层厚度随着纬度和季节的变化而变化。中间层底部距地球表面高度约为 50km，而顶部距地球表面高度约为 100km。在中高纬度的夏季，中间层顶部会降到地球表面上方 85km 左右。中间层的另一个显著特征是温度的垂直分布。在中间层底部，高浓度的臭氧会吸引紫外线温度较高，但随着高度增加臭氧浓度会随之减少，气温迅速下降，顶部气温降到零下 143 摄氏度以下，这也是地球上自然发生最冷的地方。中间层气温的垂直分布特征另外一个原因是二氧化碳放射出红外线的冷却作用。

(4) 热层

热层，亦称热成层、热气层或增温层，是地球大气层的一层。它位于中间层之上及散逸层之下，其顶部离地面约 800km。热层的空气受太阳短波辐射而处于高度电离的状态，电离层便存在于本层之中，而极光也是在热层顶部发生的。热层的大气分子吸收了因太阳的短波辐射及磁场后其电子能量增加，其中一部分进行电离，这些电离过的离子与电子形成了电离层，电离层可以反射无线电波，因此它又被人类利用进行远距离无线电通信。

(5) 逃逸层

热层以上的大气层称为逃逸层。这层空气在太阳紫外线和宇宙射线的作用下，大部分分子发生电离；使质子的含量大大超过中性氢原子的含量。逃逸层空气极为稀薄，其密度几乎与太空密度相同，故又常称为外大气层。由于空气受地心引力极小，气体及微粒可以从这层飞出地球致力场进入太空。逃逸层是地球大气的最外层，该层的上界在哪里还没有一致的看法。实际上地球大气与星际空间并没有截然的界限。逃逸层的温度随高度增加而略有增加。

大气圈主要功能。大气圈提供了生物生存所必需的 C、H、O、N 等元素、维持着地球表面的温度和水分；大气层保护着地球生物，大气层中的臭氧层吸收了绝大多数紫外线，避免地球上的生物受到强紫外线的伤害。大气圈是形成云降雨，是地球水循环的重要环节，水是地球任何生物都需要的。大气层有缓冲作用，避免地球表面温度变化过于剧烈、过冷、过热导致地球生物的死亡。

2. 水圈

水圈的组成。水圈是由地球表面上下，液态、气体和固态的水形成一个几乎连续的、但不规则的圈层。水圈中的水上界可达大气对流层顶部，下界至深层地下水的下限，包括大气中的水汽、地表水、土壤水、地下水和生物体内的水。水圈中大部分水以液态形式储存于海洋、河流、湖泊、水库、沼泽及土壤中；部分水以固态形式存在于极地的广大冰原、冰川、积雪和冻土中；水汽主要存在于大气中，三者常通过热量交换而部分相互转化。

地球拥有的总水量约为 138.6 万亿吨，其中含盐的海水约为 113.8 万亿吨，占总水量的 97.5%左右；淡水总量仅占地球总水量的 2.5%。淡水资源中，冰盖和冰川占有地球淡水总量的 68.7%；地下水占地球淡水总量的 30.1%，但一半的地下水资源处于800米以下的深度，难以开采，而且过量开采地下水还会带来诸多问题；陆地上的植物、动物和人类主要依靠的地表水仅占淡水总量的0.3%，其他占0.9%。地表水中，湖泊水占87%，沼泽占11%，河流占2%①。

水圈的主要功能。水圈是地球外圈中作用最为活跃的一个圈层，也是一个连续不规则的圈层，对地球具有重要作用。它与大气圈、生物圈和地球内圈的相互作用，直接关系到影响人类活动的表层系统的演化。

水圈是生命的起源地。水不仅对地球生命产生和进化起了关键作用，而且对今天的地球生物、生态环境也意义重大。首先，水（液态）是许多物质的贮存、反应、转移的场所；作为一种极好的溶剂，水为生命过程中营养物和废弃物的传输提供了媒介。水的介电常数在液体中是最高的，使得大多数离子化合物能够在其中溶解并发生电离，这对于营养物质的吸收和生物体内各类生化反应的进行具有重要意义。其次，避免水中生物受紫外线的伤害，同时能让可见光和波长较长的紫外光部分透入水中一定深度，使深层水中光合作用得以进行，这对于过去地球生物的进化和今天生物的生存都十分重要。再次，由于水具有较高的比热和蒸发热，避免了湿度的剧烈变化，也使得地表温度保持在一个相对恒定的范围中。同时，水圈也是外动力地质作用的主要介质，是塑造地球表面最重要的角色。如沟谷、河谷、瀑布都是流水侵蚀的作用形成的；溶洞、石林、石峰等喀斯特地貌都是流水溶蚀作用形成的。

3. 岩石圈

岩石圈的组成。岩石圈，地质学专业术语，是地球上部相对于软流圈而言的坚硬的岩石圈层，厚约60~120km，包括地壳的全部和上地幔的顶部。地壳是指固体地球表面的刚性外壳，属于岩石圈的上部。地壳的组成物质可从元素、矿物和岩石三方面来说明。

元素是组成地壳的物质基础。大多数情况下各种元素化合形成各种矿物，各种不同矿物又组成各种岩石。地壳各种化学元素中氧（O）、硅（Si）、铝（Al）、铁（Fe）、钙（Ca）、钠（Na）、钾（K）、镁（Mg）等8种主要元素占98%以上，其他元素共占1%~2%。地壳中的各种化学元素，在各种地质作用下不断进行化合，形成各种矿物。矿物是在各种地质作用下形成的具有相对固定化学成分和物理性质的均质物体，是组成岩石的基本单位。

① http://water.usgs.gov/edu/watercyclefreshstorage.html.USGS, The Water Cycle: Water Storage in Oceans – Retrieved on 2008-05-14.

矿物是人类生产资料和生活资料的重要来源之一，是构成地壳岩石的物质基础。组成岩石主要成分的矿物，称造岩矿物，它们共占地壳重量的99%。最常见的造岩矿物有下列几种：长石、石英、云母、角闪石、辉石、橄榄石等。

岩石是在各种地质作用下，按一定方式结合而成的矿物集合体，是构成地壳及地幔的主要物质。岩石是地质作用的产物，又是地质作用的对象，所以岩石是研究各种地质构造和地貌的物质基础。根据成因，岩石可分为三大类：火成岩、沉积岩和变质岩。如果根据变质母岩的性质，把变质岩归属于沉积岩和火成岩，那么在整个地壳的岩石组成中，火成岩占95%，而沉积岩只占到5%；但沉积岩却覆盖了整个地球表面的75%，火成岩却只覆盖了地球表面的25%。

岩石圈的主要功能。岩石圈形成了地球上丰富的矿产资源，为人类提供了丰富的化石燃料和其他矿物资料，在漫长的地质年代，地壳内动植物遗体经过化学、物理变化形成了岩石层化石燃料，还有用于核裂变原料的铀矿石；改变了地形，塑造出了千姿百态的地貌景观；通过岩浆和地壳运动，实现了地区之间、圈层之间的物质交换和能量传输，并塑造和改变着地表的环境。

4.土壤圈

土壤层的形成。暴露于地表的岩石受太阳光热的作用，与空气、水等长期接触，就被风化，成为疏松的成土母质。成土母质因含有矿物质养分，具有蓄水性，是土壤形成的基础。成土母质中慢慢开始寄存了一些微生物和低等生物，有机物质在成土母质中逐渐积累，这是高等植物可以生长的前提。高等植物死后，被埋在土下形成腐殖质，这些都是微生物的作用。腐殖质胶体能够吸收钙离子使土粒团聚，这是腐殖质胶体在发挥聚合作用。年深日久，成土母质就发育成具有一定肥力的土壤层。土壤层主要由矿物质、有机质、水分、气体等组成，且土壤层主要覆盖于地壳表面。

土壤圈的功能。与岩石最大的不同是，土壤层具有肥力，它提供和调节水、气、热、营养元素，为植物生长提供了必要条件，是陆生植物生存的基础，为粮食作物、草原、森林和多种其他植物提供它们需要的矿物元素、有机肥料和水分等。而植物又是整个地球生态系统中食物链上的最基层。因此，土壤圈是人类和大多数生物生存的重要资源来源之一。

由于土壤圈所处的特殊地位，它成为地球上生物与非生物发生强烈交互作用的重要场所，对于其他圈层具有重要作用。

（1）对生物圈的影响

支持和调节生物生长过程，提供植物生长的养分、水分与适宜的理化条件；

决定自然植被的分布；土壤圈中的各种限制因素对生物起着制约作用。

⑵ 对大气圈的影响

影响大气圈的化学组成、水分与热量平衡；吸收氧气，释放 $CO_2$、$CH_4$、$H_2S$、氮氧化物和氨气，这对全球大气变化有明显的影响。

⑶ 对水圈的影响

影响降水在陆地和水体的分配；影响元素的地球化学行为、水平差异及水圈的化学组成。

⑷ 对岩石圈的影响

作为地球的"保护层"，对岩石圈具有一定的保护作用，以减少其遭受各种外营力的破坏。

5. 生物圈

生物圈是指地球上所有生态系统的统合整体，是地球的一个外层圈。从地质学的广义角度上来看，生物圈是结合所有生物以及它们之间的关系的全球性的生态系统，包括生物与岩石圈、水圈和空气的相互作用。生物圈范围大约为海平面上下垂直约 10 公里，包括大气圈下层、岩石圈上层和整个水圈。

生物圈的物质成分。生物圈主要由生命物质、生物生成性物质和生物惰性物质三部分组成。生命物质又称活质，是生物有机体的总和；生物生成性物质是由生命物质所组成的有机矿物质相互作用的生成物，如煤、石油、泥炭和土壤腐殖质等；生物惰性物质是指大气低层的气体、沉积岩、黏土矿物和水。

生物圈的功能。生物圈是一个生命物质与非生命物质的自我调节系统。它的形成是生物界与水圈、大气圈及岩石圈（土圈）长期相互作用的结果，是与生态系统最为密切的地球环境系统，也可以将生物圈理解成地球上最大的生态系统，为生物的生存提供了基本条件：营养物质、阳光、空气和水、适宜的温度和一定的生存空间。同时，生物通过其生长、活动和死亡，和大气、水、岩石、土壤之间，进行着多种形式的物质和能量交换、转化、更替，从而不断改变周围的环境。

（二）地球生态系统

地球生态系统指在自然界的一定的空间内，生物与环境构成的统一整体，是使地球能够可持续发展，维持地球正常的、稳定的和长期的动态运行，并且具有稳定的、动态的生态系统。在这个统一整体中，生物与环境之间相互影响、相互制约，不断演变，并在一定时期内处于相对稳定的动态平衡状态，而生命仅仅是其中一部分 [3]。生态系统为了维系自身的稳定，需要能量不断流动和基础物质不断循环，能源环境问题产生在一定程度上表现为人类活动对地球生态系统物质流和能源流的扰动。因此，地球生态系统是研究能源环境问题的重要基础。地球生态系统的基本概念主要包括以下几个方面。

1. 生态系统的概念

生物群落是生态系统的基础，是指生活在一定的自然区域内、相互之间具有直接或间接关系的各种生物的总和。在生物群落的基础上，再加上非生物环境，如土壤、水分、温度等，就构成了生态系统。因此，生态系统可定义为，在一定的时间和空间范围内，生物与生物、生物与非生物之间，通过不断的能量流动、物质循环和信息传递而相互作用、相互依存所形成的、具有自我组织和自我调节能力的生态学功能单位，是自然界不断演变而达到动态平衡、相对稳定的统一体。与生物群落相比，生态系统不仅包括生物群落还包括群落所处的非生物环境，把二者作为一个由物质、能量和信息联系起来的整体。

2. 生态系统的构成

生态系统由生产者、消费者、分解者和非生命物质等四个部分组成，其中，生产者、消费者、分解者是生态系统的生物成分，非生命物质是生态系统的非生物成分。

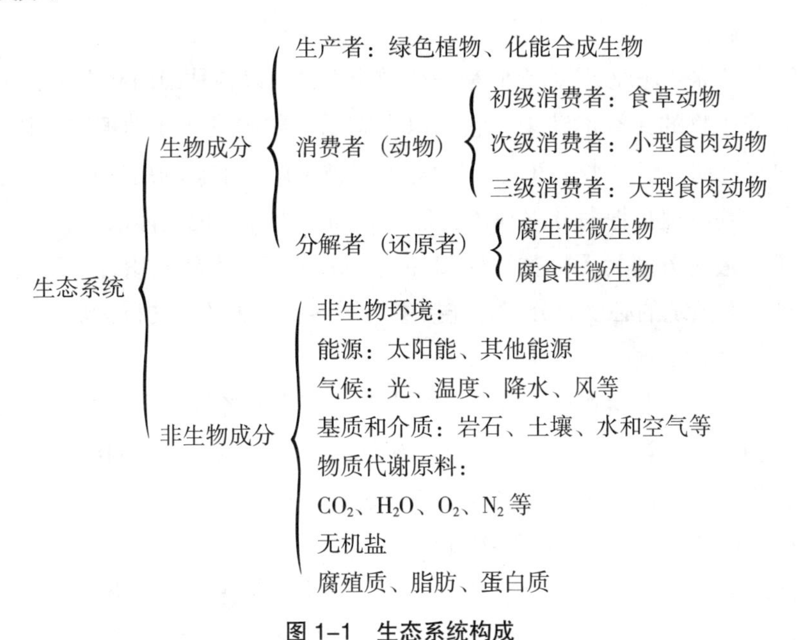


**图 1-1 生态系统构成**

(1) 生产者

生产者在生物学分类上主要是指各种绿色植物，也包括化能合成细菌与光合细菌，它们都是自养生物。植物与光合细菌利用太阳能进行光合作用合成有机物，化能合成细菌利用某些物质氧化还原反应释放的能量合成有机物，比如，硝化细菌通过将氨氧化为硝酸盐的方式利用化学能合成有机物。

生产者在生物群落中起基础性作用，它们将无机环境中的能量同化，同化量就是输入生态系统的总能量，维系着整个生态系统的稳定。同时，各种绿色植物还能为各种生物提供栖息、繁殖的场所。生产者是生态系统的主要成分，是连接无机环境和生物群落的桥梁。

(2) 消费者

消费者指以动植物为食的异养生物，消费者的范围非常广，包括了几乎所有动物和部分微生物（主要是真菌），它们通过捕食和寄生关系在生态系统中传递能量，其中，以生产者为食的消费者被称为初级消费者，以初级消费者为食的被称为次级消费者，其后还有三级消费者与四级消费者。同一种消费者在一个复杂的生态系统中可能充当多个级别，杂食性动物尤为如此，它们可能既吃植物（充当初级消费者）又吃各种食草动物（充当次级消费者），有的生物所充当的消费者级别还会随季节而变化。数量众多的消费者在生态系统中起加快能量流动和物质循环的作用，可以看成是一种催化剂。

(3) 分解者

分解者又称“还原者”，它们是一类异养生物，以各种细菌和真菌为主，还有某些异养生物的无脊椎动物。它们以生态系统中的废物或动植物残体为食，把复杂的有机物分解成水、$CO_2$、铵盐等可以被生产者重新利用的物质，完成物质的循环。其原理是把酶分泌到生物残体表面或内部，把残体消化为极小的颗粒或分子，最终分解为无机物，回归环境，由生产者重新利用，故称分解者。分解者是生态系统的必要成分，是连接生物群落和无机环境的桥梁。

(4) 非生命物质

是生态系统的非生物组成部分，是生态系统中的各种无生命的无机物、有机物等各种自然因素，包括水、空气、矿物质、酸、碱等，它们组成生物赖以生存的无机环境。阳光是绝大多数生态系统直接的能量来源，水、空气、无机盐与有机质都是生物不可或缺的物质基础[4-5]。

这四部分组成一个生态系统，缺一不可。它们相互联系，相互制约，不断变化，又在一定条件下处于相对的平衡状态，构成了一个精巧而又复杂的生态系统。

3. 生态系统的功能

地球生态系统具有能量流动、物质循环、信息传递三大功能，它们共同维持着地球生态系统的正常运转。其中物质循环是生态系统的基础，能量流动是生态系统的动力，信息传递则决定着能量流动和物质循环的方向和状态。

（1）能量流动

生态系统中能量的输入、传递和散失的过程称为生态系统中的能量流动。任何一个生态系统的总能量均来自于生产者固定的全部太阳能（输入）。生态系统中的能量流动其起点是从生产者固定太阳能开始的，沿食物链流经生态系统各营养级生物（传递）。

能量流动的特点：第一，单向流动：食物链中，相邻营养级中吃与被吃的关系不可逆转，能量不能倒流。第二，逐级递减：每个营养级的生物量总有一部分不能被下一营养级所利用；每个营养级的生物都会因自身呼吸而消耗一部分能量。

流入各级消费者的总能量是指各级消费者在进行同化作用过程中所同化的物质中含有的能量总和，同时各营养级的生物还会将一部分能量保存在本营养级内，供生存所需（未利用的能量）。

（2）信息传递

生态系统的信息传递是生态系统的基本功能之一。在生态系统中，种群和种群之间、种群内部个体和个体之间，甚至生物和环境之间都有信息传递。生态系统信息传递的形式主要有物理信息、化学信息、营养信息和行为信息。

（3）物质循环

生态系统的物质循环是指无机化合物和单质通过生态系统的循环运动。生态系统中的物质循环可以用库（pool）和流通（flow）两个概念来加以概括。库是由存在于生态系统某些生物或非生物成分中的一定数量的某种化合物所构成的。对于某一种元素而言，存在一个或多个主要的蓄库。在库里，该元素的数量远远超过正常结合在生命系统中的数量，并且通常该元素只能从蓄库中缓慢地被释放出来。物质在生态系统中的循环实际上是在库与库之间彼此流通的。在单位时间或单位体积的转移量就称为流通量。

生态系统的物质循环可分为三大类型，即水循环、气体型循环和沉积型循环。水循环是生态系统中所有的物质循环的基础。气体循环的物质主要储存库是大气和海洋，循环具有全球性，属于这一类的物质有氧、二氧化碳、氮等，气体循环速度比较快。沉积型循环的主要蓄库与岩石、土壤和水相联系，如磷、硫循环。沉积型循环速度比较慢，参与沉积型循环的物质，其分子或化合物主要是通过岩石的风化和沉积物的溶解转变为可被生物利用的营养物质，再通过沉积物转化为岩石圈成分，是一个相当长的、缓慢的物质循环过程。[6]

## 三、生态系统的物质循环与环境问题

生态系统中的物质循环，在自然状态下，一般处于稳定平衡状态，就是说，某一种物质在各自主要库中的输入、输出量基本相等。大多数气体型循环物质，如碳、氮、氧等，由于有很大的大气储存库，它们对于干扰具有较强的自我调节能力。但人类活动可能会对生态系统物质循环产生局部、某个时点或持续的干扰，当这种干扰超出了生态系统中物质循环的自我调节能力时，生态系统功能会发生紊乱，形成局部、区域或全球性环境问题，影响或威胁人类的存在与发展。

（一）水循环

1. 地球客观存在的形态、总量、分布

地球上的总水量约 $1.36×10^9$ 立方千米，其中海洋占 97.5%，覆盖了地球表面积的 71%。淡水约 $3.5×10^7$ 立方千米，约占地球总水量的 2.5%。地球上的大部分水以液态形式储存于海洋、河流、湖泊、水库、沼泽及土冰川壤中；部分水以固态形式存在于极地的广大冰原、冰川、积雪和冻土中；水汽主要存在于大气中。

2. 水循环过程与机理

水循环是指地球上各种形态的水，在太阳辐射、地心引力等作用下，通过蒸发、水汽输送、凝结降水、下渗以及径流等环节，不断地发生相态转换和周而复始运动的过程。如图 1–2 所示。

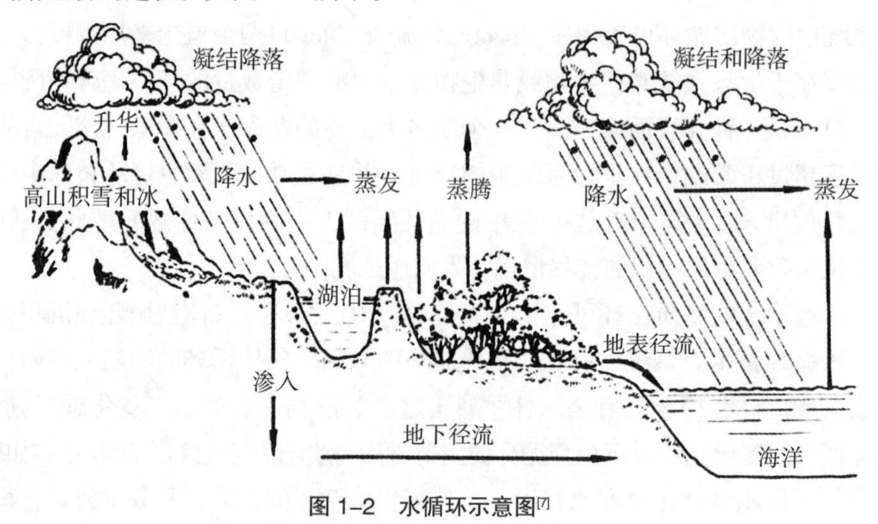


图 1–2 水循环示意图[7]

资料来源：卢升高. 环境生态学 [M]. 杭州：浙江大学出版社，2010. 2.

蒸发是水由液体状态转变为气体状态的过程，也是海洋与陆地上的水返回大气的唯一途径。由于蒸发需要一定的热量，因而蒸发不仅是水的交换过程，亦是热量的交换过程，是水和热量的综合反映。蒸发因蒸发面的不同，可分为水面蒸发、土壤蒸发和植物散发等。影响蒸发的因素主要包括供水条件、影响蒸发的动力学与热力学因素以及土壤特性和土壤含水量。

水汽输送是指大气中水分因扩散而由一地向另一地运移，或由低空输送到高空的过程。影响水汽输送的主要因素有：大气环流的影响、地理纬度的影响、海陆分布的影响、海拔高度与地形屏障作用的影响。

降水是自然界中发生的雨、雪、露、霜、霰、雹等现象的统称，其中以雨、雪为主。降水是受地理位置、大气环流、天气系统、下垫面条件（地形、森林、水体），以及人类活动的影响。

下渗过程是指地表水在重力、分子力和毛管力的综合作用下沿着岩土的空隙下渗过程。下渗过程按照作用力的组合变化及其运动特征，可划分渗润（分子力）、渗漏（毛管力和重力）、渗透（重力）3 个阶段。影响下渗的因素主要包括：土壤特性、降水特性、流域植被、地形条件以及人类活动。

径流是指流域的降水，由地面与地下汇入河网，流出流域出口断面的水流。由降水到达地面时起，到水流流经出口断面的整个物理过程，称为径流形成过程。根据形成过程及径流途径不同，河川径流又可由地面径流、地下径流及地表径流三种径流组成。

3. 人类活动对水循环的影响

第一，由于人类生产和社会经济的发展，使大气化学成分发生变化，如 $CO_2$ 、$CH_4$、$CFC_8$ 等温室气体浓度显著增加，改变地球大气系统辐射平衡而引起的气温升高、全球性降水增加、蒸发加大和水循环的加快以及区域水循环变化。温室气体浓度的显著增加，是通过改变气候而影响水循环的，这种变化的时间尺度可持续几十年到几百年。

第二，农林垦殖、森林砍伐、城市化、水资源开发利用和生态环境恶化，引起蒸发、径流、下渗等过程的变化，引起陆面对太阳辐射的反照率、粗糙度、不透水面积的扩大等物理参数的变化。即：人类活动作用于流域的下垫面。由于过度开发局部地区的地表水和地下水，使地表、地下水贮量下降，出现地下漏斗及地上的断流，造成次生盐渍化；也使下游水源减少，水位下降，水质恶化，沿海出现海水入侵，加重了干旱化和盐渍化威胁。这种影响是局部的，但其强度往往很大，有时它对水循环的影响可扩展至地区，甚至通过水圈、气圈的相互作用影响到全球范围。

第三，在干旱半干旱地区大面积的植被破坏，导致地区性气候向干旱化方向发展，直到形成荒漠。

第四，环境污染而恶化水质，影响水循环的蒸散过程。洋面的油污染导致蒸发量减少，另一方面，由于水中重金属离子含量增加，密度增大，也会影响到蒸发。

第五，改变地面及植被状况，而影响大气降水到达地面的分配。如人类构筑水库，开凿运河、渠道、河网，以及大量开发利用地下水等，改变了水的原来径流路线，引起水的分布和水的运动状况的变化，人类对水的自然循环的作用构成了水的社会循环。[8]

4. 水平衡破坏带来的生态环境危害

洪涝干旱灾害。由于人类乱砍滥伐、围湖造田、过度开采地下水、致使植被破坏，湖泊缩小消失、水土流失，导致森林水资源涵养空间被破坏，湿地面积急剧减小，森林、湿地的调蓄能力降低，致使洪涝灾害发生。

水资源不足，威胁人类生存。地球上可供人类利用的水资源并不富裕，然而，由于人类社会经济的发展，人类对水循环的影响越来越大，大量的工业、农业废弃物直接或间接地进入水循环，造成大面积水域污染，盐化（海水入侵），使人类可利用的水资源越来越少，严重威胁到人类的生存发展。

水环境恶化，导致生态环境恶化，生物物种灭绝，影响生态多样性。人类生产和消费活动排出的污染物通过不同的途径进入水循环。矿物燃料燃烧产生并排入大气的 $SO_2$ 和氮氧化物，进入水循环能形成酸雨，从而把大气污染转变为地面水和土壤的污染。大气中的颗粒物也可通过降水等过程返回地面。土壤和固体废物受降水的冲洗、淋溶等作用，其中的有害物质通过径流、渗透等途径，参加水循环而迁移扩散。人类排放的工业废水和生活污水，使地表水或地下水受到污染，以及人类海洋开发利用及航运活动对海洋水的直接污染，最终使海洋受到污染。由于人类对水循环的过分作用，导致水环境恶化，水是一切生命之源，从而影响到生态系统的稳定性，另一方面水环境的恶化，也使水生生物赖以生存的环境受到破坏，生态系统的失衡，导致部分生物物种灭绝，影响生物多样性。

（二）碳循环

1. 地球客观存在的形态、总量、分布

碳是地球系统的重要组成元素，自然界中的碳以有机和无机两种形式存在，

无机形式主要包括 $CO_2$ 和碳酸盐。地球上碳总量的99.9%储存在岩石圈这个地球上最大的碳库里。地球上还有4个碳库：大气圈库、水圈库、生物库和化石燃料库。前三个库中的碳在生物和无机环境之间迅速交换，容量虽小但运动活跃，实际上起着交换库的作用。在大气圈中以 $CO_2$ 和一氧化碳的形式存在，总量约有 $7.2\times10^{11}$ 吨；在生物库中，森林是碳的主要吸收者，它固定的碳相当于其他植被类型的2倍，森林又是生物库中碳的主要贮存者，贮存量大约为 $4.82\times10^{11}$ 吨，相当于大气含碳量的2/3。水圈中则存在着几百种被生物合成的有机物形式的有机碳，其中，大部分碳贮存于海洋的中层、深层水中。

2. 碳自然循环过程与机理

全球碳循环就是含碳的物质在整个自然界中的循环，从概念上讲，全球碳循环可以看成由地球系统一系列碳储存库及其碳通量组成的系统。根据碳通量的大小和碳储存库的周转速度，全球碳循环可以分成两大循环域。第一碳循环域，具有大规模的碳通量和快速的碳储存库的周转速度，主要包括大气中碳、海洋、海洋表层沉积物和陆地上的植被、土壤和淡水。第二是岩石圈碳储存库，通过火山喷发、化学风化、海岸的侵蚀和泥沙沉积与第一个碳循环域发生着碳交换。

自然界碳循环过程由陆地碳循环、海洋碳循环和大气碳循环共同组成。

陆地碳循环。陆地生态系统是人类赖以生存与持续发展的生命保障系统，是全球生态系统碳循环的重要组成部分，在全球碳循环中占主导地位。总的来说，陆地生态系统碳循环过程主要包括两方面内容：一是指植物通过光合作用吸收 $CO_2$，将碳贮存在植物体内，固定为有机化合物，形成初级生产量，同时又在不同的时间尺度上通过各种呼吸途径将 $CO_2$ 返回大气；二是指有机物的代谢，一部分有机物通过植物自身的呼吸作用和土壤及枯枝落叶层中有机质的腐烂（异氧呼吸）返回大气，未完全腐烂的有机质经过漫长的地质过程形成化石燃料储藏于地下，另一部分则通过各种人为和自然因素进入大气—植被—土壤—岩石—大气的碳库之间的循环过程，如火山作用、岩石风化等。

海洋碳循环。海洋在全球碳循环中起着极其重要的作用。海洋碳循环是碳在海洋中吸收、输送及释放的过程，主要包括 $CO_2$ 的海-气通量交换过程、环流过程、生物过程和化学过程。

海洋表层主要发生 $CO_2$ 的海-气通量交换过程，$CO_2$ 在水里面的形态，可以是气态的 $CO_2$，也有碳酸氢根离子和碳酸根离子的形式，这三者受化学平衡的制约，统称为可溶性无机碳，溶解在海洋表面这些可溶性无机碳，也会因为直接与大气接触，而在一定条件下把溶解的 $CO_2$ 释放出来。总体来说，海水对于 $CO_2$ 的吸收与释放是基本平衡的。部分被海洋吸收大气中的 $CO_2$ 气体，在海洋中以碳酸盐的形式存在，这个过程称为“碳酸盐泵”。

海水表层还有丰富的浮游生物，这些水生植物可以把海水表层的 $CO_2$ 通过光合作用转变成有机质，这个过程，被称作 $CO_2$ 的“生物泵”。这些有机质，可以形成可溶性的有机碳，由于各种各样的反应的存在，有机碳的寿命总是要短一些的，最终这些有机碳也会变成无机碳，也会有一小部分沉积在大洋底部。

中层和深层海水里面，是碳循环里面质量比例最大的部分。不同层海水之间存在无机碳的输送过程，但不同层的海水的混合速度很慢，中层海水的混合需要几十年上百年的时间来进行，而深层的海水则需要上千年的时间来完成，这个过程称之为“物理泵”。

生物泵、溶解泵和物理泵一起构成了海水的碳循环。在全球范围来考虑，影响这个碳循环的因素非常多，比如洋流情况、海水表面温度情况、盐度、酸碱度、各个层的分布等，当然还不能忽视冰盖的影响，海水中溶解的营养物质

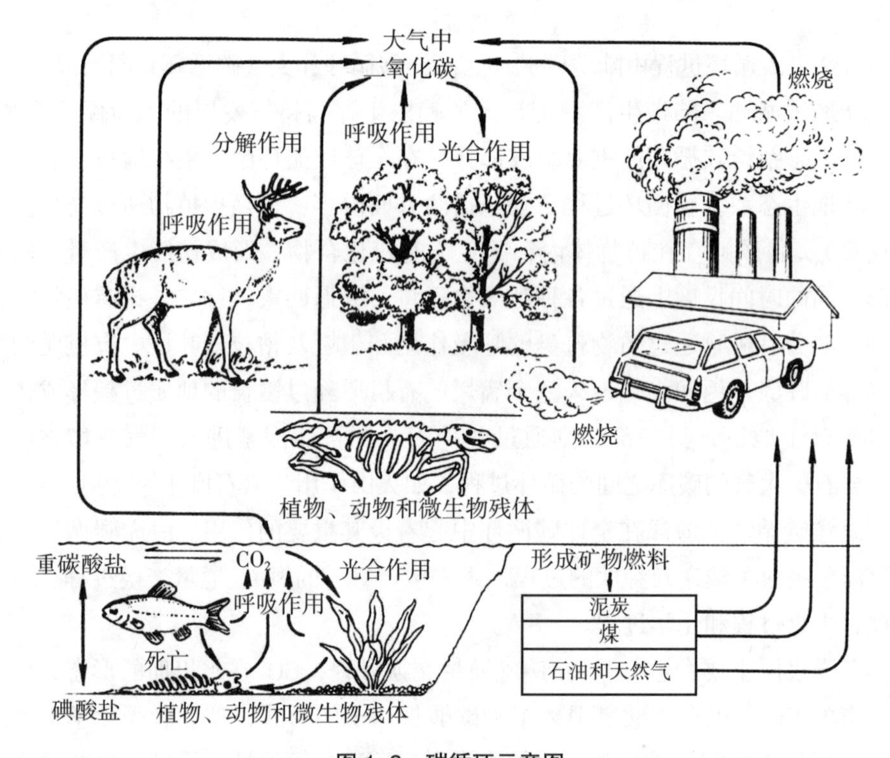


图 1–3　碳循环示意图

的数量，也会直接影响生物泵的运行情况，不同地区的浮游生物的种类等，也对这个碳循环的复杂性有所贡献。

大气碳循环。大气中碳含量并不高，但是大气中碳循环却是至关重要的，大气将陆地和海洋碳循环链接为一个整体，构成了整个全球的碳循环。大气碳循环主要有三类：一是大气中的碳被陆地上的有机体吸收，主要是植物的光合作用及土壤中有机体合成；二是在气水界面被海水吸收，进入海洋碳循环体系；三是地质作用（如火山等）及有机体的呼吸作用释放 $CO_2$ 进入大气碳循环。[10]

3. 人类活动产生的影响及其表现形式

(1) 化石燃料的燃烧和工业排放是人为增加的最大碳源。化石燃料的原料大多是数百万年甚至数亿年前埋在地下的有机体，经长期的高热高压作用而以气体、液体或固体的形式贮存于地层中，都是具有高碳量的物质。人类通过燃烧矿物燃料以获得能量时，产生大量的 $CO_2$。矿物燃料燃烧生成并排入大气的 $CO_2$ 有一小部分可被海水溶解，但海水中溶解态 $CO_2$ 的增加又会引起海水中酸碱平衡和碳酸盐溶解平衡的变化。矿物燃料的不完全燃烧会产生少量的一氧化碳，一氧化碳在大气中存留时间很短，主要是被土壤中的微生物所吸收，也可通过一系列化学或光化学反应转化为 $CO_2$。其结果人类利用化石燃料改变了碳的天然循环，把岩石圈中的还原碳过早地释放到大气中，人为地加快了岩石圈和其他圈层的碳交换，导致大气中 $CO_2$ 浓度升高，破坏了自然界原有的平衡。

(2) 土地利用方式的改变。陆地生态系统是最活跃的碳循环因素，具有很大的不确定性。不同的土地利用方式改变了地表植被和土壤的分布，导致 $CO_2$ 释放量与吸收量的变化，即改变了自然碳源和碳汇。

(3) 破坏森林碳汇。森林在全球碳循环的过程中是一个巨大的碳汇，但随着森林破坏、退化的加剧、火灾等因素的影响，森林生态系统作为碳汇的作用减弱，打破原有碳循环的平衡[9]。

4. 碳平衡破坏带来的生态环境危害。人类燃烧煤、油、天然气和树木，产生大量 $CO_2$ 和 $CH_4$，进入大气层后，使全球碳循环失衡，改变地球生物圈的能量转换形式，全球变暖将会伴随海平面升高、冰川融化、极端气候等一系列生态环境问题。

第一，热带扩展，副热带、暖热带和寒带缩小，寒温带略有增加；第二，草原和荒漠的面积增加，森林的面积减少；第三，严重威胁生物多样性；第四，加剧了目前日趋紧张的水资源问题；第五，改变了区域降雨、蒸发的分布状况；第六，有些地区极端天气气候事件（厄尔尼诺、干旱、洪涝、雷暴、冰雹、风暴、高温天气和沙尘暴等）出现的频率与强度增加。第七，导致海平面上升。第八，农业的种植决策、品种布局和品种改良、土地利用、农业投入和技术改进等受到影响。

（三）氮循环

氮气是空气中含量最多的成分，氮也是生命体内蛋白质、核酸的必需元素。作为农业上重要的增产要素，氮循环是生物圈中最基本的物质循环之一，对环境有显著影响，与人类生存环境密切相关。

1. 地球客观存在的形态、总量、分布

氮元素在自然界中既有游离态，又有化合态。空气中含有约 78%的氮气，是庞大的储存库，但绝大多数生物不能直接利用游离态氮。化合态氮存在于多种无机物和有机物中，是构成蛋白质和核酸不可缺少的元素。

2. 氮自然循环过程与机理

氮循环是指氮气、无机氮化合物、有机氮化合物在自然界中相互转化的过

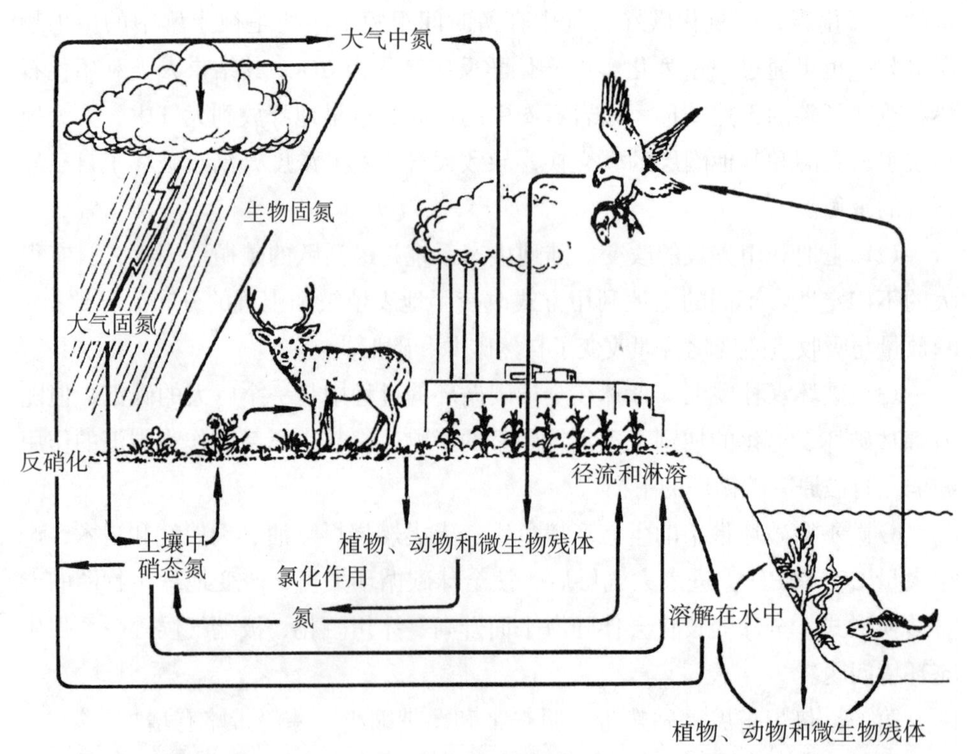


图 1–4　氮循环示意图

程的总称。进入生态系统的氮被固定成氨或氨盐，经过硝化作用成为亚硝酸盐或硝酸盐，被绿色植物吸收，并转化为氨基酸，合成蛋白质，然后动物利用植物蛋白合成动物蛋白质。动植物残体受细菌的腐败分解作用成为氮气、$CO_2$和水。氮循环包括固氮、同化、氨化、硝化、反硝化、厌氧氨氧化等过程。

(1) 固氮。固氮是分子态氮被还原成氨和其他含氮化合物的过程。自然界氮（$N_2$）的固定有三种方式：一是生物固氮，即分子态氮在生物体内还原为氨的过程。二是非生物固氮，即通过闪电、高温放电等固氮，这样形成的氮化物很少。三是人工固氮，主要是指工业固氮，即合成氨，由氮气、氢气在高温高压和催化剂条件下直接合成氨，主要用于制造氮肥、复合肥料。大气中90%以上的分子态氮都是通过固氮微生物的作用被还原为氨的。

(2) 同化。在氮循环过程中，同化是指含氮化合物与其他营养元素，形成有机物和贮存能量的过程。通过固氮作用，游离态的氮形成含氮化合物，主要以离子形态存在。植物根部吸收土壤中的硝酸离子、亚硝酸盐离子或铵离子，与其他营养成分合成植物蛋白质等有机物，植物蛋白进入食物链，部分转变为动物蛋白。

(3) 氨化。氨化作用是指由微生物（氨化细菌、真菌）分解有机氮化物（氨基酸和核酸）产生氨和氨化物的过程。动植物遗体的蛋白质、核酸等含氮有机物被微生物分解利用，产生氨和氨化物，除了可被供微生物或植物同化外，还有部分被转变成硝酸盐。氨化作用是一个放热反应，释放的能量用于微生物的生命活动。氨化微生物广泛分布于自然界，有氧或无氧条件下，均有不同的微生物分解蛋白质等各种含氮有机物，构成了氮循环中不可或缺的一节。

(4) 硝化

硝化是指氨化合物在硝化细菌（亚硝酸盐细菌、硝酸盐细菌）等微生物作用下氧化为亚硝酸盐和硝酸盐的过程，通常发生在通气良好的土壤、厩肥、堆肥和活性污泥中。硝化作用由自养型细菌分阶段完成。第一阶段为亚硝化，即铵根（$NH_4^+$）氧化为亚硝酸根（$NO_2^-$）的阶段。第二阶段为硝化，即亚硝酸根（$NO_2^-$）氧化为硝酸根（$NO_3^-$）的阶段。

除上述的自养型微生物外，土壤中还有大量多种异养型微生物在培养基上，也能将氨和有机氮化物氧化为亚硝酸盐和硝酸盐，但其硝化能力低于自养型硝化细菌。也有人认为，异养型硝化微生物的硝化能力虽弱，但在土壤中的数量却十分庞大，因而在硝化作用中也有相当大的意义。

(5) 反硝化。反硝化是指把硝酸盐等较复杂的含氮化合物转化为氮气或氮氧化物的过程，多由厌氧微生物进行，因此易在厌氧、富含有机质的土壤中发生。化学方程式可表示如下：$2NO_3^- \rightarrow 2NO_2^- \rightarrow 2NO \rightarrow N_2O \rightarrow N_2$，其中每步有特定的多种酶催化进行。

(6) 厌氧氨氧化。厌氧氨氧化作用即在厌氧条件下由厌氧氨氧化菌利用亚硝酸盐为电子受体，将氨氮氧化为氮气的生物反应过程。这一氮循环过程主要发生在海洋。

(7) 其他过程。尽管对大多数生态系统而言，固氮是植物获得氮的主要来源，但在富含氮的岩床地区，这种岩石的破裂也是氮源之一。

3. 人类活动产生的影响及其表现形式

随着人类的工业及农业生产活动强度的不断提高，特别是人为活化氮数量的增长，干扰了自然界的氮循环过程，对全球生态环境产生更大压力，产生一系列环境问题。

氮污染是指由含氮化合物引起的污染，含氮化合物主要是指氮氧化物（主要为 NO 和 $N_2O$）进入高层大气会对臭氧层的破坏起促进作用，进而会引起全球气候变化等环境污染效应和生态环境破坏。

水体中的氮主要来自生物体的代谢和腐败以及工业废水、生活污水的排放、氮肥的流失等。水体中有过量氮会造成富营养化，使水质恶化，影响水生生物的生长与繁殖。

但过量氮肥的使用，会使土壤的土质变坏，反有害于植物生长。此外，土壤中的硝酸盐可经反硝化作用生成 $N_2O$，进入平流层大气中，会与臭氧发生化学反应而耗损臭氧层中的臭氧。因此土壤也是产生破坏臭氧层的痕量气体的重要发生源之一。

4. 氮平衡破坏带来的主要危害

环境污染与生态问题。大气中的氮氧化物不仅造成酸雨，还是温室效应和臭氧层破坏的重要影响因素。大气中的氮氧化物还会随降水进入水体造成富营养化，使生态系统产生灾难。

破坏生物多样性。如果缺少活性氮就会导致土壤肥力下降、产量下降、蛋白质含量降低、土壤有机质耗竭、土壤侵蚀，甚至沙漠化；在湿润的热带，土壤遭受强烈的风化和淋溶，土壤养分贫瘠，土壤氮素和磷素成为受限的营养元素。氮循环不平衡对某些种类生物的生长繁殖有利，氮流入到河流湖泊中后，为水域中藻类植物提供了丰富的营养，导致其快速生长，消耗了水中大部分的氧气，任何水生动物都因缺氧而无法生存，以至于该水域成为“死水”。同时却影响了其他物种的发展，生态失衡的后果是整个生态系统中生物多样性降低。此外，一些含氮化合物会危害生物健康，富集在食物链顶层，甚至造成生物大量死亡，最终导致物种灭绝。

危害人类健康。水体和土壤中的硝态氮可通过饮用水和蔬果等食物进入人体，而过量摄入硝态氮对人体有害。摄入的硝酸盐在人体肠胃中被细菌还原为亚硝酸盐，又将血红蛋白中的二价铁氧化为三价铁，使其失去携氧能力，造成人组织缺氧，即高铁血红蛋白血症的发生，严重时可致死。 硝态氮的摄入还有致癌的风险。人们一旦从受污染的瓜果蔬菜和饮用水中摄取过量的硝酸盐，高血压、先天性中枢神经系统残疾和非霍金氏淋巴瘤就有可能发生。燃烧化石燃料所产生的氮氧化物形成地面臭氧，会引发哮喘。大量医学研究报道证明，肝癌、胃癌等症的发病率也与人体摄入的硝酸盐量密切相关。农田氮肥施入会增加饮用水（不论地表水还是地下水）硝态氮的浓度，危及人类健康。

（四）硫循环

硫是生物必需的营养元素之一，是蛋白质、酶、维生素 $B_1$、蒜油、芥子油等物质的构成成分。硫因有氧化合还原两种形态存在而影响生物体内的氧化还原反应过程。硫是可变价态的元素，价态变化在$-2$ 价至$+6$ 价之间，可形成多种无机和有机硫化合物，并对环境的氧化还原电位和酸碱度带来影响。

1. 地球客观存在的形态、总量、分布

自然界中硫的最大储存库在岩石圈，在沉积岩、变质岩和火成岩三类岩石中总含量达 $2.9\times10^{15}$ 吨。硫在水圈中的储存量也较大，在海水中含有无机硫 $1.3\times10^{15}$ 吨；但在地下水、地面水、土壤圈、大气圈中含量均较小。通过有机物分解释放 $H_2S$ 气体或可溶硫酸盐、火山喷发（$H_2S$、$SO_4^{2-}$、$SO_2$）等过程使硫变成可移动的简单化合物进入大气、水或土壤中。

2. 自然的硫循环基本过程与机理

硫循环是指硫元素在生态系统和环境中运动、转化和往复的过程，兼有气态型循环和沉积型循环的双重特性。自然界硫循环的基本过程是：陆地和海洋中的硫通过生物分解、火山爆发等进入大气；大气中的硫通过降水和沉降、表面吸收等作用，回到陆地和海洋；地表径流又带着硫进入河流，输往海洋，并沉积于海底。在人类开采和利用含硫的矿物燃料和金属矿石的过程中，硫被氧化成为二氧化硫（$SO_2$）和还原成为硫化氢（$H_2S$）进入大气。硫还随着酸性矿水的排放而进入水体或土壤。

$H_2S$ 和 $SO_2$ 是硫循环中的重要组成分，属气态型；硫酸盐被长期束缚在有机

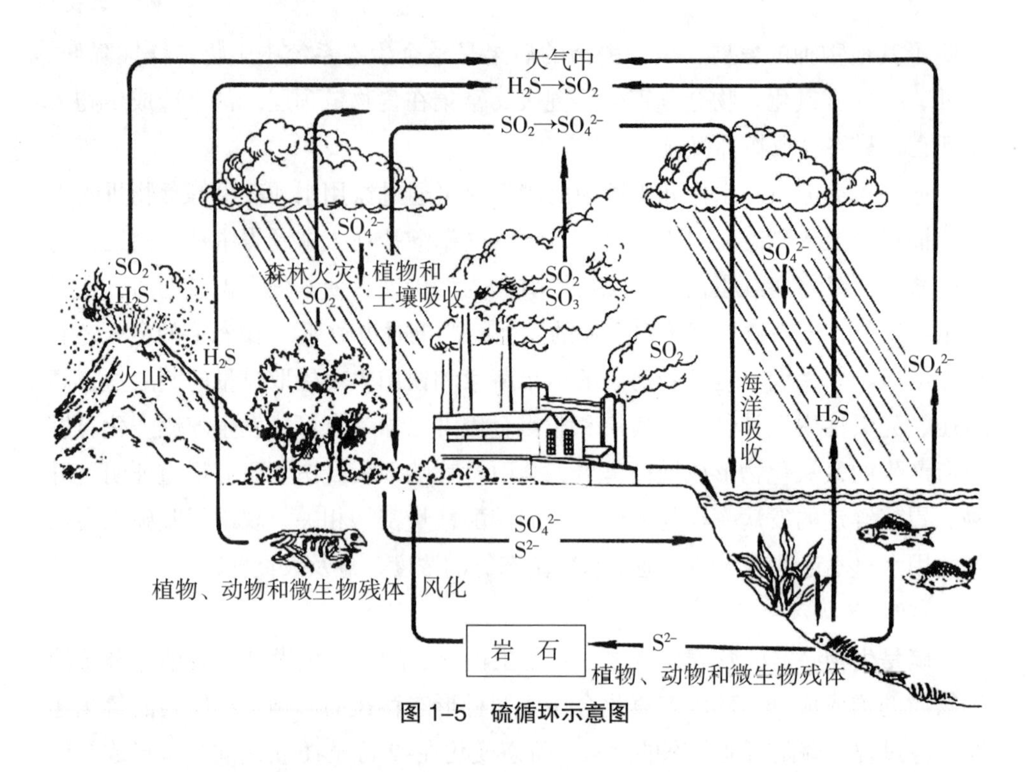


图 1–5　硫循环示意图

或无机沉积物中，释放十分缓慢，属于沉积型。硫循环主要包括氧化过程、矿化过程、还原过程和合成过程。

氧化过程主要表现为 $H_2S$、硫元素以及硫酸盐生成硫酸根（$SO_4^{2-}$）的过程。陆地和海洋中的硫通过生物分解、火山爆发等进入大气，主要表现为 $H_2S$、硫酸盐和 $SO_2$ 的形式；氧化过程的另外一个途径是人类开采和利用含硫的矿物燃料和金属矿石的过程中，硫被氧化成为 $SO_2$、$SO_3$ 和 $H_2S$。大气中的 $SO_2$、$SO_3$ 和 $H_2S$ 经氧化作用形成 $SO_4^{2-}$，大气中的 $SO_4^{2-}$通过降水和沉降、表面吸收等作用，回到陆地和海洋。

矿化主要是指硫由有机形态生成 $H_2S$、硫元素以及硫酸盐的过程。矿化过程主要表现为植物残体中含硫有机物，经微生物分解，生成 $H_2S$、硫元素以及硫酸盐，$H_2S$ 逸入大气，硫元素以及硫酸盐沉淀在土壤或沉积于海底。

还原过程主要是指硫酸盐还原成硫化物。由各种硫酸盐还原菌进行反硫化过程完成。在缺氧条件下，硫酸盐作为受氢体而转化为 $H_2S$。海洋波浪飞溅使硫以硫酸盐气溶胶形式进入大气，并通过迁移沉降到陆地上。

合成过程是指硫化物生成有机硫。陆地植物可从大气中吸收 $SO_2$，陆地和海洋植物从土壤和水中吸收硫，吸收的硫构成植物的肌体。

3. 人类活动产生的影响及其表现形式

陆地向大气排放硫可分为三个来源，一是人类活动，如化石能源燃烧、矿物质冶炼等，主要是 $SO_2$，二是火山排放气体中含有大量 $SO_2$；三是土壤、植被及生物质燃烧。其中，人类燃烧含硫矿物燃料和柴草，冶炼含硫矿石，释放大量的 $SO_2$，石油炼制释放的 $H_2S$ 在大气中很快氧化为 $SO_2$。

4. 硫平衡破坏带来的生态环境危害

人类活动造成的燃料大量燃烧，在短时间内将大量的含硫物质排放到大气中，打破了原有的硫循环的自然平衡状态，造成严重的大气污染，并使许多地区出现酸雨。酸雨素有“空中死神”之称。它可以使水体酸化，从而使鱼类的生殖和发育受到严重影响；它会直接伤害植物的芽和叶，影响植物的生长。此外，酸雨还会腐蚀建筑物和金属材料等。酸雨等全球性环境问题对生物圈的稳态造成严重威胁，并且影响到人类社会的可持续发展。

（五）磷循环

1. 地球客观存在的形态、总量、分布

磷是生物不可缺少的重要元素，是构成生物体脂质和核酸的成分之一。生物的代谢过程都需要磷的参与，磷是核酸、细胞膜和骨骼的主要成分，高能磷酸是细胞内一切生化作用的能量。在自然界中，主要存在形式是磷酸盐，是典型的沉积型循环物质。

2. 自然的循环过程与机理

自然界的磷循环的基本过程是：岩石和土壤中的磷酸盐由于风化和淋溶作用进入河流，然后输入海洋并沉积于海底，直到地质活动使它们暴露于水面，再次参加循环，这一循环需若干万年才能完成。在这一循环中，存在两个局部的小循环，即陆地生态系统中的磷循环和水生生态系统中的磷循环。

陆地生态系统的磷循环。岩石的风化向土壤提供了磷。植物通过根系从土壤中吸收磷酸盐。动物以植物为食物而得到磷。动、植物死亡后，残体分解，磷又回到土壤中。在未受人为干扰的陆地生态系统中，土壤和有机体之间几乎是一个封闭循环系统，磷的损失是很少的。

水生生态系统的磷循环。陆地生态系统中的磷，有一小部分由于降雨冲洗等作用而进入河流、湖泊中，然后归入海洋。在水生生态系统中，磷首先被藻类和水生植物吸收，然后通过食物链逐级传递。水生动、植物死亡后，残体分散，磷又进入循环。进入水体中的磷，有一部分可能直接沉积于深水底泥，从此不参加这一生态循环。另外，人类渔捞和鸟类捕食水生生物，使磷回到陆地生态系统的循环中。

3. 人类活动的影响及其表现形式

人类种植的农作物和牧草，吸收土壤中的磷。在自然经济的农村中，一方面从土地上收获农作物，另一方面把废物和排泄物送回土壤，维持着磷的平衡。但商品经济发展后，不断地把农作物和农牧产品运入城市，城市垃圾和人畜排泄物往往不能返回农田，而是排入河道，输往海洋。这样农田中的磷含量便逐渐减少。为补偿磷的损失，人类开采磷矿石，制造和使用磷肥，向农田施加磷肥。同时，在大量使用含磷农药和洗涤剂后，城市生活污水含有较多的磷，某些工业废水也含有丰富的磷，这些废水排入河流、湖泊或海湾，使水中含磷量增高。

4. 磷循环失衡的主要危害

湖泊富营养化和海湾赤潮是自然界中磷循环失衡的主要危害。富营养化是一种氮、磷等植物营养物质含量过多所引起的水质污染现象。在自然条件下，随着河流夹带冲击物和水生生物残骸在湖底的不断沉降淤积，湖泊会从平营养湖过渡为富营养湖，进而演变为沼泽和陆地，这是一种极为缓慢的过程。但由于人类的活动，将大量工业废水和生活污水以及农田径流中的植物营养物质排入湖泊、水库、河口、海湾等缓流水体后，水生生物特别是藻类将大量繁殖，使生物量的种群种类数量发生改变，破坏了水体的生态平衡。

富营养化的主要危害：一是富营养化造成水的透明度降低，阳光难以穿透水层，从而影响水中植物的光合作用和氧气的释放，同时浮游生物的大量繁殖，消耗了水中大量的氧，使水中溶解氧严重不足，而水面植物的光合作用，则可能造成局部溶解氧的过饱和。溶解氧过饱和以及水中溶解氧少，都对水生动物（主要是鱼类）有害，造成鱼类大量死亡。同时，富营养化水体底层堆积的有机物质在厌氧条件下分解产生的有害气体，以及一些浮游生物产生的生物毒素也会伤害水生动物。二是富营养化水中含有亚硝酸盐和硝酸盐，人畜长期饮用这些物质含量超过一定标准的水，会中毒致病等。三是水体富营养化，常导致水生生态系统紊乱，水生生物种类减少，多样性受到破坏。

海湾赤化的主要危害：赤潮是在特定的环境条件下，海水中某些浮游植物、原生动物或细菌爆发性增殖或高度聚集而引起水体变色的一种有害生态现象。主要危害表现在：第一，破坏海洋生态平衡。赤潮发生时海洋生态系统中的物质循环、能量流动平衡遭到干扰和破坏。在植物性赤潮发生初期，由于植物的光合作用，水体会出现高叶绿素、高溶解氧、高化学耗氧量。这种环境因素的改变，致使一些海洋生物不能正常生长、发育、繁殖，导致一些生物逃避甚至死亡，破坏了原有的生态平衡。其次，破坏渔业，影响健康。赤潮将破坏鱼、虾、贝类等渔业资源，同时，赤潮生物分泌赤潮毒素，当鱼、贝类处于有毒赤潮区域内，摄食这些有毒生物后，虽不能被毒死，但生物毒素可在体内积累，其含量大大超过食用时生物体可接受的水平。这些鱼虾、贝类如果不慎被人食用，就会引起人体中毒，严重时可导致死亡。

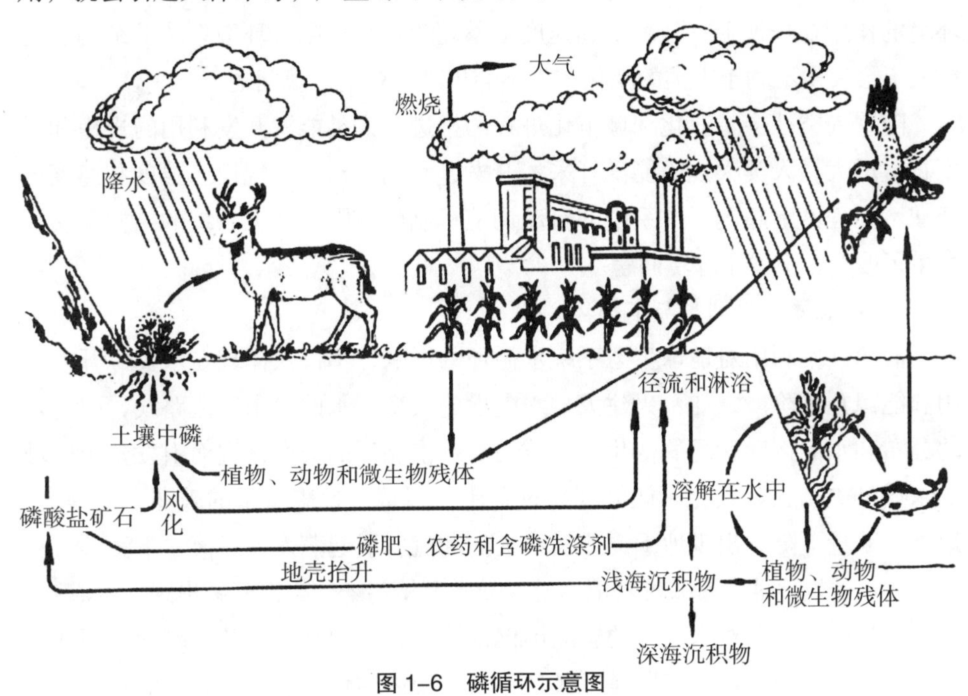


图 1-6 磷循环示意图

## 第二节 能源环境问题与地球物质循环

本节将分析人类能源活动对地球生态系统功能和结构的影响，重点介绍人类能源开发利用对地球生态系统物质循环平衡的扰动。在此基础上界定能源环境问题内涵，介绍能源环境问题的主要类型与一般环境问题的关系以及能源环境问题的演化。

### 一、能源开发利用对地球物质循环的影响及后果

由于地球生态系统是一个巨大的、基于物理、化学和生命机制的自己修复

自然净化的系统，在这个系统中，大气、土壤、植被和人工生态系统等，在空间上有着相对确定的水平和垂直的分布格局，形成特定的结构关系，其相对稳定的物质、能量和信息形成了环境功能关系，结构和功能关系随着时空表现出的动态变化，具有调节、控制和反馈机制，从而具有自动维持其稳定的结构和功能的能力。但这种自动调节的能力是有一定限度的，只要人类的生产劳动对环境的作用在规模上、强度上和速度上不超越这个极限，环境系统的结构和功能就不会发生不利于人类的变化，就不会出现严重的环境问题。

随着人类社会工业化和城市化进程的推进，人类能源开发利用的规模和强度日益增大，人类大规模能源开采、开发、利用活动，其规模、强度和速度已经在不同程度上超越了该系统的自动调节机制的极限，环境系统的结构和功能发生了改变，引发了环境问题。

（一）能源开发利用与水循环

能源开发利用对地球生态系统水循环的影响，不仅仅体现在水资源开发利用和能源开采阶段，如：兴建大型水电设施改变了水的原来径流路线，引起水的分布和水的运动状况的变化，导致局部水汽循环的失衡，进而引发整个区域的水循环失衡；以及化石能源开采过程中，对地下地表水系的破坏，使地表、地下水贮量下降，出现地下漏斗及地上的断流，引起蒸发、径流、下渗等过程的变化，诱发地球生态系统功能紊乱，导致环境污染和生态问题出现。

人类能源活动对水循环的影响不仅仅体现在能源开采和开发阶段，还体现在能源消费阶段，突出问题是，大量化石能源的燃烧排放，使大气的化学成分发生变化，如 $CO_2$、$CH_4$ 等温室气体浓度的显著增加，改变了地球大气系统辐射平衡而引起气温升高、全球性降水增加、蒸发加大和水循环的加快以及区域水循环变化。而能源利用，特别是化石能源利用对水循环的影响是通过温室气体浓度显著增加、改变气候实现的，这种变化的时间尺度可持续几十年到几百年，并且这种变化是不可逆的。据美国《新科学家》杂志报道称，地球上的水循环已被推至失衡点。最新的研究数据表明，从地面蒸发到大气中的水分量近年来持续下降，而且这种现象还将继续下去。

由于水在整个地球生态系统中的特殊地位，能源开发利用活动对水循环的影响，将对生物的分布产生深刻影响，使得地球表面植被的分布出现变化，赖以生存的动物及微生物的生存环境遭受破坏，生态系统功能紊乱甚至失衡，引发部分生物物种灭绝，最终引发生态问题。

(二) 能源开发利用与碳循环

在过去的几千年中，海洋和陆地生态系统等自然碳源排入大气的大量$CO_2$已通过光合作用和海洋吸收等自然过程的清除作用几乎完全平衡。不同时间尺度的碳的自然循环都保持着动态平衡状态。

而人类活动对全球碳循环的影响主要通过改变这些碳源和碳汇，碳源是指任何释放碳素的过程，固定碳素的过程称为“汇”。需要指出的是，碳源和碳汇都是以大气圈为参照系，以向大气中输入碳或从大气中输出碳为标准来确定的。在对全球碳循环影响的人类活动中，能源活动，特别是化石燃料利用的影响最为显著。有关研究表明，工业革命以前，没有人类干扰的时候，大气中的$CO_2$总量是5970亿吨碳，相当于2.2万亿吨$CO_2$，全球碳循环基本保持平衡。1750年以后，截止到2011年，人类化石能源消费和水泥生产共向大气排放了3737亿吨碳，其中，化石能源排放占到97.5%。大气中$CO_2$当量浓度（年平均）从工业革命以前的280 ppm上升到2013年的395.4 ppm [11]。

尽管大气碳存量最小，但它作为$CO_2$交换的管道，对库与库之间的碳循环起着重要作用。人类大规模利用化石燃料，使得大气中碳的存量显著增加，把沉积圈中的还原碳提前地释放到大气中，使本来不参与短期全球碳循环的地质库中的碳释放出来，使得碳库的大小、碳流量的大小都发生了变化，人为地加快了沉积圈和其他圈层的碳交换，打破了不同时间尺度的碳的自然循环平衡状态，干扰了全球碳循环平衡机制。全球碳循环失衡最直接的表现是大气中$CO_2$浓度的不断升高。

人类能源活动导致全球平均温度升高另外一个重要原因是人为气溶胶，人为气溶胶是由人类对矿物质的燃烧、工农业活动产生的各种粒子，包括原生粒子和污染气体（$SO_2$和NOx、）产生的二次气溶胶；另外，由于含碳燃料不完全燃烧而排放产生的细颗粒物，及大气中的黑碳或有机碳，也是大气气溶胶的重要成分。

尽管气溶胶粒子很小又很少，但是它普遍存在于世界的每个角落，并且参与大气中的物理化学过程，所以它在气候和环境中发挥着重要的作用。气溶胶对气候系统的影响分为直接辐射强迫和间接辐射强迫。直接辐射强迫是指颗粒物通过吸收和散射长波和短波辐射，从而改变地球-大气系统辐射平衡；大气中的颗粒物作为云凝结核或者冰核而改变云的微物理和光学特征以及降水效率，从而间接影响气候，称为间接辐射强迫。

全球碳循环失衡的主要危害。尽管大气中$CO_2$、臭氧、$CH_4$、氯氟烃（氟利昂）等温室气体只占0.06%左右，但它们对地面长波辐射的吸收率尤为突出且远远高于其他气体，大气中$CO_2$浓度的增加，人为地破坏了地球经过几十亿年的演变才达到的目前这种最适合人类繁衍生息的热量平衡状态，作为这种平衡状态标志的地球平均温度就要移动，其直接后果就是洪涝、干旱、风雪暴、海平面上升等自然灾害；如果气候变化的速度很慢，植物的分布会适应这种改变，但如果气候变化的速度很快，植物的分布不可能适应这种变化，就导致生物迁徙或灭绝，影响生物的多样性和生态系统的稳定性。

同时，变化中的气候和环境条件，如：地球平均温度的变化，会影响大气中的$CO_2$的浓度，也会影响到自然界碳的循环，这种从气候变化到碳循环的反馈，如海洋水体温度的升高，使得海洋对$CO_2$的净吸收减少；同时，海洋表层水温的升高，海洋垂直方向的混合和交换受到影响，同样会减少海洋对$CO_2$的吸收；气温升高使得非热带植物和微生物的呼吸活动增强，增加$CO_2$的浓度。有时起到放大和增加起始变化的正作用，有时也会起到衰减和缩小起始作用的负作用，如$CO_2$施肥作用，会提高自然界生态系统的生产力，提高碳汇效果；同时，矿物质燃烧产生的营养物质也会增加植物生长的营养化作用。但目前为止，人类对气候变化对碳循环的反馈机制研究以及对气候变化的影响有待进一步深入。

（三）能源开发利用与硫循环

在自然状态下，大气中的$SO_2$，一部分被绿色植物吸收；一部分则与大气中的水结合，形成$H_2SO_4$，随降水落入土壤或水体中，以硫酸盐的形式被植物的根系吸收，转变成蛋白质等有机物，进而被各级消费者所利用，动植物的遗体被微生物分解后，又能将硫元素释放到土壤或大气中，这样就形成一个完整的循环回路。在自然状态下，绿色植物对$SO_2$的吸收与转化总量与硫向空气中释放总量基本相等，绿色植物也完全适应部分$SO_2$与大气中的水结合形成$H_2SO_4$的浓度及其土壤中酸性程度。整个硫循环与生态系统处于稳定的动态平衡状态。进入工业革命以来，随着人类化石能源和含硫矿物质利用和冶炼规模和强度的持续增加，如化石燃料的燃烧和含硫铁矿石的冶炼，向大气排放了大量$SO_2$和$H_2S$，对自然界硫循环产生了明显的干扰，这种扰动主要体现在大气中的$SO_2$浓度的升高以及酸性沉降的强度上。

大气中气态型硫浓度的升高，$SO_2$与大气中的水结合形成含$H_2SO_4$水滴的酸性升高，随着水汽循环，酸性水滴沉降形成酸雨，酸雨一方面改变了土壤酸性程度，绿色植物由于不适应土壤酸性的改变分布或灭绝，进而影响整个生态系统的生物的多样性；另一方面，酸雨直接降落在绿色植物叶子表面，会灼伤绿色植物，引发植物大面积死亡。上述两个方面，都会减少绿色植物对 $SO_2$ 的吸收与转化，进一步增加了大气中气态型硫浓度。当然，土壤酸性的增强，可能在局部地区提高土地的生产能力，提高绿色植物对 $SO_2$ 的吸收与转化，但总体而言，大气中气态型硫浓度得升高存在自身的正反馈，进一步加大硫循环的扰动。

（四）能源开发利用与氮循环

自然界中以氮气形态存在的氮称为惰性氮，对生态环境没有负面影响，在生产工业化以前，氮循环系统中，氮的收支是平衡的，即固氮作用和脱氨作用基本持平。当氮通过化学工业合成或燃烧后，就会被活化，形成氮氧化物和氮氢化物等物质，即加强了固氮作用。氮活化的途径有三：一是人工固氮，将空气中的氮气转化为氨；二是工业生产中燃烧煤、石油、天然气等；三是固氮植物的作用。其中，与能源活动密切相关的是大量矿物燃料的燃烧，主要是对氮循环反硝化作用的干扰，即 NO 和 $NO_2$ 不再仅仅通过好氧异养微生物的反硝化作用。氮的过量“活化”，便使自然界原有的固氮和脱氨失去平衡，氮循环被严重扰乱，越来越多的活化氮开始向大气和水体过量迁移，循环开始出现失衡。

## 二、能源环境问题

地球生态系统的物质循环具有内在的平衡机制，在自然状态下能够保持动态平衡。而人类活动会对这个平衡机制产生扰动，当人类活动特别是能源开发利用活动的强度和规模的扰动超过了平衡机制自身原有调节能力时，物质循环的动态平衡就会被打破，从而造成不同形式的能源环境问题。

（一）能源环境问题的内涵

传统环境问题是指由于自然或人为活动引起的环境质量变化，以及这种变化对人类的生产、生活和健康造成的影响。该定义从自然或人为活动两个方面说明环境问题产生的原因，其内涵界定于这两种原因引起的环境质量的显性变化，以及这种环境质量的显性变化对人类的影响。但随着人类活动的强度和规模的日益快速扩大，人为活动越来越成为环境问题的主要原因；同时，现代环境问题的影响范围和程度远远超出了对人类自身的影响，已经对自然界整个生态系统产生了系统性影响，有些影响是显性影响，表现为污染物排放造成的危害等，但有些影响可能是潜在的或系统性的，需要较长时间才能表现出来，如全球气候变化等，后者对地球整个生态系统影响的程度更深，往往是不可逆的。

基于以上对能源环境问题的分析，本书将能源环境问题的内涵界定如下：由人类能源开发利用活动引起的环境变化，以及这些变化对包括人类在内的整个地球生态系统的显性或潜在的影响。人类能源开发利用活动不仅仅包括人类为了获取可以利用的能源所从事的能源开采、开发、加工、转化等活动，还包括人类的利用或消费活动；人类能源开发利用活动引起的环境变化，也不仅仅指显性的环境质量的变化，如：能源开采、开发、加工转化过程中的污染物排放造成的环境污染，还包括人类能源开发利用活动对环境造成的潜在的或系统性影响，如：化石能源燃烧排放温室气体造成的全球气候变化等。能源环境问题不再仅仅关注环境变化对人类自身的影响，而是着眼于对整个地球生态系统的影响。

（二）能源环境问题的类型

1. 按影响的表现形式分类，能源环境问题可分为直接能源环境问题和间接能源环境问题两类

直接能源环境问题是指人类能源开发利用活动产生的污染物直接作用于地球生态系统中接收者产生的影响。如工业生产排入大气中的硫化物、氮氧化合物、烟尘等污染物，它们直接作用于人体、动植物、建筑物等产生危害。间接能源环境问题是指人类能源开发利用活动排放的污染物，在其传输、扩散的过程中形成了二次污染物，二次污染物直接作用于人体、动植物、建筑物等产生危害。如排入大气的碳氢化合物（$H_mC_n$）和氮氧化物（$NO_X$）等一次污染物达到某一数量时，在阳光（紫外线）作用下会发生光合反应，生成二次污染物。

2. 按能源环境问题的可恢复性分类，可分为可逆影响与不可逆影响

可逆影响是人类能源开发利用活动一旦停止，环境状况可恢复到原来状态，或产生的影响经过人类活动可得到恢复。不可逆影响是指人类能源开发利用活动一旦对环境产生某种影响，就不可能再恢复到原来的环境状态。如采矿业，对地质环境的影响是不可恢复的，属不可逆影响。

3. 按能源环境问题的性质分类，可分为环境污染和生态影响

能源环境污染是指人类能源开采和利用活动导致有害物质或因子进入环境，并在环境中扩散、迁移、转化，使环境系统的结构与功能发生变化，对人类以及其他生物的生存和发展产生不利影响的现象，如因化石燃料的大量燃烧，排放大气中颗粒物和生活污水，使水体水质变坏等现象均属环境污染。能源环境污染还包括环境系统各种变化所衍生的环境效应，如温室效应、酸雨和臭氧层

破坏等。

因目的、角度的不同，能源环境污染可以有不同的划分方法。按环境要素划分有大气环境污染、水环境污染、土壤环境污染等；按能源开发利用过程可分为能源生产污染和能源利用污染；按污染物性质可分为物理污染、化学污染和生物污染；按污染物的形态可分为废气污染、废水污染、固体废物污染以及辐射污染等；按污染涉及的范围可分为局部性污染、区域性污染和全球性污染等。

生态问题是指人类能源开采和利用活动对环境的主要影响不是污染因素，而是以改变土地的利用方式、生态结构、土壤性状、诱发地震等为主的环境影响。如水电和水利工程的主要影响是改变了土地利用方式，大量的农田、草坡变为水库的淹没区，淹没区的居民搬迁，水库截流后对下流农业、生态的影响，可能诱发地震等。

（三）能源环境与一般环境问题的区别

鉴于能源环境问题与一般环境问题内涵的差异，它与一般环境问题的区别大致表现在以下几个方面：

第一，产生原因的差异性。能源环境问题特指人类能源开发利用活动引起的环境变化和导致的生态问题，其产生的原因是人类能源开发利用活动。而一般环境问题不仅包括第一环境问题（原生环境问题），即：由于自然界本身的变化而造成的环境破坏，如：火山活动，地震、风暴、海啸等产生的自然灾害，其产生的原因是自然界因素；还包含第二环境问题（次生环境问题），即：人类的生产、生活活动等人为因素所引起的环境污染和生态问题。一般环境问题产生的原因既包括自然因素，也包括人类人为因素；而能源环境问题产生的原因仅仅指人类能源开发利用活动。

第二，涵盖范围的差异性。环境问题多种多样，归纳起来有两大类：一类是自然演变和自然灾害引起的原生环境问题，如地震、洪涝、干旱、台风、崩塌、滑坡、泥石流等。一类是人类活动引起的次生环境问题。次生环境问题一般又分为环境污染和环境破坏两大类。如乱砍滥伐引起的森林植被的破坏、过度放牧引起的草原退化、大面积开垦草原引起的沙漠化和土地沙化、工业生产造成大气、水环境恶化等。到目前为止已经威胁人类生存并已被人类认识到的环境问题主要有：全球变暖、臭氧层破坏、酸雨、淡水资源危机、能源短缺、森林资源锐减、土地荒漠化、物种加速灭绝、垃圾成灾、有毒化学品污染等众多方面。由于能源环境问题主要是指人类能源开发利用过程中引发的各种环境问题，因此从覆盖范围上，能源环境问题显然是从属于环境问题的。

第三，能源环境问题是当代环境问题的集中体现。能源是人类赖以生存和进行生产的重要物质基础，特别是近 200 年来，人类波澜壮阔的工业化和城市化进程更是建立在化石能源大规模和广泛使用基础上，化石能源在创造人类工业文明的同时，也带来了日益严重的能源环境问题，如：环境污染、气候变暖、生态恶化，可以说，当今世界主要环境问题都与人类能源开发利用活动存在着或多或少的关系，如：全球变暖、酸雨等都与化石能源的利用密不可分，能源环境问题是当代环境问题的集中体现。

（四）能源环境问题的演化

由于能源在社会发展中的特殊作用，能源环境问题一直存在于人类社会发展过程中。具体而言，伴随着能源利用方式、利用规模的变革，能源环境问题在人类发展的历史长河中，经历了三个阶段：原始文明，农业文明和工业文明时期。

原始文明时期和农业文明时期的生产力水平相对低下，人类利用能源的形式主要是薪柴。人类能源活动对环境的影响很弱，环境问题主要表现为人类居住区周围植被破坏、土地退化和水土流失等，虽然也有的表现为严重的局部问题，但总的来说，对地球生态系统的影响不大。

工业文明时期，由于生产力的迅速提高，特别是工业化和城市化的快速推进，人类开发能源的规模和强度急剧提高，以环境污染和生态问题为特征的现代能源环境问题集中凸显出来。根据能源环境影响的幅度和广度，现代能源环境问题大致经历了地域能源环境问题、国际能源环境问题以及全球能源环境问题三个阶段。

第一个阶段：地域能源环境问题（18 世纪以后至 20 世纪 60 年代）。

这个时期的环境问题主要表现在各国工业区、开发区的局部污染损害和生态破坏方面。到 20 世纪五六十年代，以环境污染为突出表现的环境问题在主要工业国家发展到了顶峰。在环境问题的对策方面，各国主要采取了“头痛医头、脚痛医脚”的方法，在法律对策上也主要采取的是对污染受害者进行事后救济的损害赔偿措施。这一期间，在环境污染治理过程中，主要工业化国家实现了能源的清洁化的历史性转变。

第二个阶段：跨域能源环境问题（20 世纪 60~80 年代）。

由于对发展经济的追求，发达国家在资源开发、原材料的输入输出、工业生产以及贸易往来等活动中所产生的环境污染和破坏越来越多，污染物排放总量也越来越大并超过了自然环境的净化能力。伴随污染物在大气中的扩散以及国际水道的流动，环境问题便从地域化开始向国际化的方向演变。针对环境问题不断扩大的现实，联合国在1972年召开了以环境问题国际化为议题的人类环境会议。这次会议对各国加强环境保护和开展国际环境合作产生了重大影响，同时也促进了国内和国际环境与资源保护法的迅速发展。这一期间，在治理能源环境问题的过程中，主要发达国家实现了能源高效利用的历史跨越。

第三阶段：全球能源环境问题（20世纪80年代以来）。能源环境问题日趋复杂，过去几个世纪发达国家在发展过程中对环境的破坏性影响仍然存在，尚未消除；而由于存量型污染物累积效应导致的生态影响日益显著，以全球变暖为主要代表的全球能源环境问题集中爆发。这既与部分发展中国家经济迅速发展，导致的大量开发和利用能源资源有关，也与过去几个世纪发达国家化石能源大规模消费的累积效应密切相关，这从另一个侧面说明能源环境问题的潜在性属性。世界各国加大了国际合作力度，并采取了相应的对策措施，局部环境问题得以一定程度的缓解，但由于污染物的长期积累性和生态系统破坏的逐渐性，能源环境问题正向全球化的方向演变。由于全球能源环境问题的复杂性远远超过以往任何时期的环境问题，应对全球能源环境问题除了要加大各国之间合作力度，还要标本兼治，从短期来看，限制化石能源利用，大力发展低碳经济；从长远来看，大力发展新能源和可再生能源，实现人类能源利用无碳化的历史性跨越，既是应对全球能源环境问题的必然选择，也是人类追求永续发展的客观需要。

# 第二章 能源开发利用过程中的环境污染

随着工业化和城市化进程的推进，人类能源开发利用活动的强度和规模日益扩大，由此引发了复杂的环境问题。本章主要关注能源开发利用过程中的环境问题，如固体废弃物、废水、废气以及放射性污染、重金属污染等，并着重分析各种环境问题的起因、过程及其主要危害。

## 第一节 固体废弃物

能源开发利用会对环境产生不同程度的不利影响，固体废弃物是其中一种形式。本节我们重点介绍煤炭开发利用过程中以及水电开发产生的固体废弃物及其危害。

### 一、煤炭固体废弃物

富煤、贫油、少气是我国能源资源禀赋的显著特点，以煤炭为主的能源消费结构在短期内难以改变，2013 年我国能源消费总量中，原煤占 67% [12]。煤炭大规模开采、加工转化和利用过程中产生了大量的不再需要或暂时没有利用价值的煤炭固体废弃物。煤炭固体废弃物在整个生产过程中是连续产生的，具有排放量大、分布广、呆滞性大、面广、持续时间长的特点。煤炭固体废物主要有煤矸石、露天矿剥离物、煤泥、粉煤灰等。其中，煤矸石和燃煤电厂的煤灰渣是排放量最大最集中的固体废物 [13]。

（一）*煤矸石*

1. 煤矸石的来源

煤矸石是采煤过程和洗煤过程中排放的最大的固体废物，约占煤炭产量的 10%~15%，是一种在成煤过程中与煤层伴生的含碳量较低、比煤坚硬的黑灰色岩石。就其来源可分为：煤矿建井时期排出的煤矸石，主要巷道掘进过程中的掘井矸石；煤采出过程中排出的煤矸石，主要是采掘过程中从顶板、底板及夹层里采出的矸石；以及原煤洗选过程中排放出的煤矸石（洗矸石）[14]。

2. 煤矸石的成分

煤矸石是多种矿物混合组成的沉积岩，主要由高岭土、石英、蒙脱石、长石、伊利石、石灰石、硫化铁、氧化铝和少量的稀有金属氧化物组成。主要的岩石种类有黏土岩类、砂岩类、碳酸盐类和铝质岩类，在不同地域的煤矸石还含其他盐类及重金属盐类，煤矸石中的部分盐类可溶于水。煤矸石的化学成分复杂，其主要成分是 $Al_2O_3$、$SiO_2$，另外还含有数量不等的 $Fe_2O_3$、CaO、MgO、$Na_2O$、$K_2O$、$P_2O_5$、$SO_3$ 和微量稀有元素（镓、钒、钛、钴）。煤矸石经过高温煅烧可具有表面活性。[15]

3. 煤矸石主要危害

我国煤矸石大部分自然堆积贮存，堆放于农田、山沟、坡地，且多位于煤矿工业广场附近。受地形限制堆积形状复杂，多近似圆锥体，堆积高度从几十米至几百米，俗称矸石山或矸石堆。大量的煤矸石露天堆放形成矸石山，其中的有害成分和化学物质可以进入大气、土壤、地表、地下水造成环境污染。通过环境介质直接或间接进入人体，威胁人体健康。煤矸石堆积造成的环境损坏问题主要包括以下几个方面。

第一，占用耕地资源。土壤是很难再生的资源，而我国是一个耕地资源非常紧缺的国家，人均耕地占有量仅为 0.1 公顷，我国以占世界 7%的耕地养活占世界 22%的人口。堆贮煤矸石已经占用大量的土地资源。2010 年我国粉煤灰和煤矸石产生量约 10.7 亿吨，全国 2000 余座矸石山占用了约 1.5 万公顷以上的耕地，煤矸石累计堆积量超过 45 亿吨。特别是在东部、中部矿区，矸石山基本都堆积在可耕的粮田之上。煤矸石的大量排放堆积造成了较为严峻的社会经济问题。

第二，污染水资源及土壤。矸石山表层暴露于空气中，经雨水的浸渍、阳光暴晒分解产生可溶矿物、煤矸石本身所含的可溶性矿物随天然降水和地表径流进入江河湖泊、开采沉陷积水区。矸石山扬尘在风力作用下携带有害物质进入地表水体，或随渗流渗入附近土壤渗入地下水，矸石山流出的水 pH 值可达到 3，并且携带镁、钠、钾离子及铅、砷、铬等有害重金属离子，造成地区和区域性的地表水与地下水污染。同时，矸石山在长期的淋滤作用下，相应的元素运移至地表，被土壤吸附而富聚到表土层中。而土壤是由多种细菌、真菌组成的生态系统，有害成分进入土壤，能杀死土壤中的微生物，使土壤腐解能力降低或丧失、土壤肥力丧失。破坏了植物适应的环境，导致土地产力下降，甚至草木不生。

第三，污染大气环境。煤矿矸石造成的大气污染可分为固体微粒悬浮物污染和有毒有害气体污染。造成的堆积成山的表面矸石在半年到一年后产生约10cm厚的风化层，随时间的推移和风化程度的加深而变细。据统计，当发生4级以上风力时，直径在1~1.5cm的粉尘将从矸石山表面剥离，形成扬尘悬浮物进入大气，其飘扬的高度在20~50m以上，造成矿区大气污染。

煤矸石中含有残煤、碳质泥岩和废木材等可燃物，其中碳、硫构成矸石自燃的物质基础。露天堆放的煤矸石内部热量逐渐积蓄，当温度达到可燃物的燃点时便自燃，内部温度一般为800~1000℃，并释放出大量CO、$SO_2$、$H_2S$、$NH_3$等有毒有害气体和烟雾，进入大气层造成严重的大气环境污染。

第四，其他危害。随煤炭工业的发展，矸石堆积量不断增加，煤矸石堆大多具有坡度陡、结构松散、防范措施少的特点。如果堆积过高、坡度过大或受到人为开挖、爆炸、暴雨侵蚀时，易形成坍塌、滑坡、泥石流等灾害。丘陵地区的部分煤矿甚至把煤矸石沿山坡随意堆放，因此还存在着很大的崩塌、滑坡和泥石流隐患[16-21]。

（二）露天矿剥离物

1. 露天矿剥离物的概念

露天矿剥离物是指煤炭露天开采时，为揭露所采煤层而剥离覆盖在煤层之上的表土、掩饰和不可采矿体的总称[22]。覆盖岩石一般包括黏土泥质岩、砂岩及石灰岩，其中主要是泥质岩。剥离物的排放量与露天矿所处的地理位置、剥离深度有关。大型露天煤矿的年剥离量达几千万立方米以上。

2. 露天煤矿剥离物的危害

（1）对土地的侵占及污染

露天矿剥离物占用的面积往往与采场所破坏的面积相当。大量剥离物的堆积占压大量地面，严重破坏环境景观。同时，由于它们直接暴露于空气中，所以不断发生潮解、风化和风蚀等作用，是矿区发生飞尘、扬尘的污染源。剥离物中所含的硫、油母页岩和其他有机物，可在空气中氧的作用下发生自燃或形成爆炸。从而散发出各种碳氧化合物、硫氧化合物、硫化物等有害气体，污染大气环境。在雨水淋溶下，各种有害的液体将污染土壤及地表、地下水，当排土场地基承载力不足或地面坡度过陡，也可发生坍塌，或在含水过多的情况下形成规模不同的泥石流。[22]

（2）对水资源的破坏和污染

目前，我国大多数露天煤矿分布在北方各省，这些地区年降雨量小，蒸发大，同时由于我国的水资源分布极不均衡，南多北少，所以露天矿在生产过程的疏干排水导致各露天矿及周边地区的水资源更加紧张。伴随着煤矿开采的延伸，常年的疏干排水使矿区及周边地区的地下水位不断下降形成巨大的降落漏斗，造成土地贫瘠，植被退化、水土流失加剧。同时，采场周围的水体和大气降水的作用使煤层中的硫和重金属等物质溶于水体汇入采场采空区，而使矿坑水的重金属含量较高，有毒有害物质较多，从而外排时使地表水和地下水受到污染。

（3）对大气的污染

露天煤矿在开采过程中，由于露天采场及其周围边帮上暴露出大量的露头煤和残煤，这些残煤和露头煤长时间暴露在空气中，会慢慢被氧化而发生自燃，产生大量的 $CO$、$SO_2$、$NO$、$NO_2$ 等有毒有害气体，严重污染了矿区和周边地区的大气环境，影响着周边居民的身体健康。另外，露天矿在生产过程中如爆破、运输、排卸等环节中产生大量的粉尘，粉尘中含有的有毒物质对人体造成许多严重疾病，如尘肺、矽肺等职业病，对周边居民的健康构成严重的威胁。

（4）对地质的影响

露天矿开采形成的巨大矿坑，将导致采场周围边坡岩体内的地应力重新分布，周围边坡岩体在地质构造、地表水、地下水及震动、风化等诸多因素的作用下，容易诱发滑坡、塌陷、水土流失、泥石流等一系列的地质灾害，从而危及矿区周边工厂和居民的生产和生活，不但造成巨大的经济损失，而且会影响周边地区的生态环境和地质环境[23]。

（三）煤泥

煤泥泛指煤粉含水形成的半固体物，是煤炭生产过程中的一种产品，根据品种的不同和形成机理的不同，其性质差别非常大，可利用性也有较大差别，其种类众多，主要有炼焦煤选煤厂的浮选尾煤、煤水混合物产出的煤泥、矿井排水夹带的煤泥、矸石山浇水冲刷下来的煤泥。煤泥的主要特点：

第一，粒度细、微粒含量多。第二，持水性强，水分含量高。经圆盘真空过滤机脱水的煤泥含水一般在 30%以上；折带式过滤机脱水的煤泥含水在 26%~29%；压滤机脱水的煤泥含水在 20%~24%。第三，灰分含量高，发热量较低。第四，黏性较大。由于煤泥中一般含有较多的黏土类矿物，加之水分含量较高，所以大多数煤泥黏性大，有的还具有一定的流动性。

由于这些特性，导致了煤泥的堆放、贮存和运输都比较困难。尤其在堆存时，其形态极不稳定，遇水即流失，风干即飞扬。结果不但浪费了宝贵的煤炭资源，而且造成了严重的环境污染[24-25]。

（四）粉煤灰和灰渣

从煤燃烧后的烟气中收捕下来的细灰称为粉煤灰。粉煤灰是燃煤电厂排出的主要固体废物，它是我国当前排量较大的工业废渣之一。而煤灰渣是生产、生活上燃烧煤生成的块状废渣。

粉煤灰和煤灰渣的主要成分为硅、铝、铁，含有较丰富的磷和钾，主要含有 $SiO_2$，$A1_2O_3$ 和 $Fe_2O_3$，另外还含有未燃尽的碳粒，CaO 和少量的 MgO、$Na_2O$、$K_2O$ 等。这些化学成分主要以玻璃体、海绵状玻璃体、石英、氧化铁、碳粒、硫酸盐、石母、长石、石灰、氧化镁、石膏、硫化物、氧化钛等矿物的形式存在。

随着电力工业的发展，燃煤电厂的粉煤灰排放量逐年增加。大量的粉煤灰不加处理，就会产生扬尘，污染大气；若排入水系会造成河流淤塞，而其中的有毒化学物质还会对人体和生物造成危害[26-27]。

### 二、水电开发利用过程中产生固体废弃物

与煤炭开发和利用的固体废弃物相比，水利水电工程产生的固体废弃物对环境的影响不大。水利水电工程产生的固体废弃物分为生产垃圾和生活垃圾。生产垃圾包括施工期间所废弃的大量固体材料，如砂石料、石灰块、水泥块、土方开挖弃渣等，这些固体废弃料不宜处理，容易受到雨水冲刷或风的作用造成水土流失并引起扬尘等环境问题，各种下脚料，如金属、塑料、废旧钢材、油桶、木材、蓄电池垃圾，如露天堆放锈蚀、腐烂后会对周围土壤、水体造成污染。生活垃圾主要集中产生于施工生活办公区，因为工地工作人员长期工作与生活，每天都要产生一定量的生活垃圾，主要有塑料包装纸、纸类等，这些生活垃圾随意堆放，将影响环境卫生和污染水体。

## 第二节　废水

废水是指人类生产和生活活动过程中排出的水及径流雨水的总称，它包括生活污水、工业废水和初雨径流入排水管渠等其他无用水。与能源环境相关的

废水主要是指能源开发利用过程中产生的废水、污水和废液。

## 一、煤炭开发利用过程中产生的废水

### (一) 煤炭开采加工过程中的废水

按照煤炭开采生产流程，废水包括煤炭开采的矿井废水、煤炭加工过程中的废水和煤炭转化过程中的废水。

1. 煤炭开采排放的废水

煤炭在我国能源结构中占70%以上，且煤炭生产地区多数位于山西、陕西、内蒙古西部和新疆地区。这些地区多处水资源匮乏，地表水又多为间歇性河流，枯洪水季节流量相当悬殊，常年流量稀释能力差。煤炭开采过程中产生大量矿井废水，这些水主要是来自底层渗出水、采煤产生的生产废水，同时还有地表径流水及地面水。

开采排放的废水的危害。煤炭在开采过程中破坏了裂隙含水带，裂隙水往下流，形成积水，由于裂隙水往下流的过程中把煤层中细小颗粒物带走，所以废水中往往含有悬浮状态的矿物和煤粒。在许多矿中，地下水仅受到轻微污染，可以不需要处理而直接排入河流，或作为其他用途。矿井污水既具有地下水特征，又受到生产过程污染，通常呈黑褐色或黄褐色，悬浮物、铁（Fe）、锰（Mn）、化学需氧量、铬（Cr）等出现不同程度的超标，个别矿井污水还含有氟化物及其他重金属。大多数矿井水是中性或微碱性的，但有时由于含有游离$CO_2$或游离硫酸，同时矿床中含有的硫化物、腐殖质等无机物、有机物与含氧的水发生一系列的化学反应，形成了酸性水，可能对地下水产生污染[28-32]。

2. 煤炭加工转化过程中的废水

（1）选煤废水

选煤工艺过程通常包括受煤、原料煤准备（筛分、拣矸、破碎）、分选、产品脱水与分级、煤泥水处理、煤泥浮选、浮选尾煤处理、产品贮存与装车以及矸石处理等。在湿法选煤加工过程中，不能形成闭路循环，需向外界排放的部分多余部分污水，称为洗选废水。选煤废水主要污染物包括：

悬浮物。作为选煤废水中的主要污染物，悬浮物主要由煤粉和泥化了的矸石和高岭土等矿物的微细颗粒组成。煤中有机物碳本身呈黑色，具有特殊的变色性，这些极细的颗粒分散于水中时，减少了水的透光率，使整个水质呈灰黑色。

油类物质。选煤厂普遍采用煤油、轻柴油等作为浮选药剂，加上设备检修清洗和漏油，因而，废水多含有数量不同的油类物质。

有机药剂。在煤泥水闭路循环处理过程中，浓缩、浮选、脱水、过滤等作业需添加起泡剂、捕集剂、抑制剂、助滤剂以及絮凝剂等不同的药剂。洗煤废水一般具有 SS、COD 浓度高的特点，因此，煤泥水不仅具有悬浊液的性质，还往往带有胶体的性质；细煤泥颗粒、黏土颗粒等粒度非常小，不易静沉，这些性质决定了该类废水污染重、处理难度大。选煤废水主要处理工艺为各种沉淀处理。

(2) 煤化工废水

煤化工是以煤为原料，通过一系列化学工艺的反应，将其转化为气体、液体、固体燃料及生产出各种化学化工品的工业。煤化工主要包括煤的一次化学加工、二次化学加工和深度化学加工，煤的气化、液化和焦化过程，煤的合成气化工、焦油化工和电石乙炔化工等。基于生产工艺与产出产品的差异，煤化工过程大致可分为煤焦化、煤电石、煤气化和煤液化等， 而煤化工废水就主要来源于这四条生产链。

一是炼焦用煤水分和煤料受热裂解时析出化合水形成的水蒸汽， 经初冷凝器形成的冷凝水；二是煤气净化过程中产生出来的洗涤废水；三是回收加工焦油、粗苯等副产品过程中产生的废水， 其中以蒸氮过程中产生的含氨氮废水为主要污染来源；四是煤加压气化过程中，所含的饱和水分（主要是加压气化过程加入的水蒸气和煤本身所含的水分）会在粗煤气冷凝时逐步冷却下来，这些冷凝水汇入喷淋冷却系统循环使用，此时，需将多余的废水排出以平衡整体的水循环过程， 其中溶解或悬浮有粗煤气中的多种成分。这些来自不同生产链的废水集中后，总体构成了煤化工废水。

煤化工废水内含污染物质的种类达 300 多种，主要有焦油、苯酚、氰化物、氨氮、硫化物等污染物，组成成分十分复杂。煤化工废水的特点主要表现为：组分复杂，含大量固体悬浮颗粒、挥发酚、稠环芳烃、吡咯、呋喃、咪唑、萘和含氮、氧、硫的杂环化合物、氰、油、氨氮及硫化物等有毒、有害物质，COD 值和色度都很高。由于废水水质成分复杂且氨氮、挥发酚、氰化物等污染物浓度高，加之有吡啶、咔唑、联苯等多种十分难降解的有机污染物。[34]

3. 煤炭废水的危害

煤矿废水的危害。煤炭开采过程的矿井酸性废水可能对水体产生酸化危害，主要体现在酸性废水若直接排入河流，对船舶桥梁以及堤坝等均会产生一定的腐蚀作用，同时，引起水质恶化。由于硫化矿物中的氧化产物如各种硫酸盐流入周边水库，河流湖泊会使水中硫酸盐含量增高，增加了水的矿化度和硬度，增加水中无机盐的含量，当含大量无机盐的水流入农田，会造成土质钙硬化，使土壤的团粒受到破坏，降低了土壤的孔隙度，作物根系与外界的气体交换受到限制，使土壤板结，作物对营养成分的吸收受到了影响，造成作物的减产或者死亡，给当地农业经济造成巨大的损失。另外，矿井酸性废水积留在矿井中时，会使坑木受到腐蚀，而硫化矿石的水解会产生大量 $SO_2$，$H_2S$ 等有毒气体，对矿井中的工作人员呼吸系统以及皮肤造成伤害，同时会使这些物质燃点降低，易引起矿井内火灾[35]。

洗煤废水的危害。洗煤工艺要求加入大量的化学药剂，而在非稳态的洗选过程中，洗煤废水中含有大量的悬浮物、残留选煤药剂和重金属离子，直接排放会对地表径流和地下水质产生短期甚至长期的污染，严重危害人民群众的生命安全。

## 二、石油和天然气利用过程中产生的废水

石油和天然气开采、加工过程中产生的废水主要包括石油开采废水、炼油废水和石油化工废水三个方面。

### （一）石油开采废水

1. 油田采出水

在油藏勘探开发初期，通常情况下原始地层能量可将部分油、气、水驱向井底，并举升至地面，以自喷方式开采，称为一次采油，一次采油采出液含水率很低。但是如果油藏圈闭良好，边水补充不足，原始地层能量迅速递减，一次采油的方式就难以维持。为了增加采收率，需要向地层补充能量，实施二次采油。二次采油有注水开发和注气开发等方式，我国大部分油田的开发井都采用的是注水开发方式，即注入高压水驱动原油使其从油井中开采出来。经过一段时间的注水后，注入水将随着原油一起被带出，称为采出水。稠油油田开发则是从油井向地层注入高压水蒸气，注入一段时间后，水蒸气将稠油减黏，原油与水蒸气冷凝水混合在一起从油井中采出，这种水也称为采出水。近些年来，我国大部分油田相继进入了三次采油阶段，主要采用的三次采油技术是聚合物驱和三元复合驱。与一般采油污水相比，三次采油污水具有以下特点：

第一，成分复杂。组成上除含有石油烃类、固体颗粒、无机盐和细菌等常规采油污水含有的物质外，还含有大量残余的聚合物 PAM（一种难生物降解的

高分子物质)；

第二，污水的黏度大，污水的黏度主要由 PAM 引起，并随其浓度的增加而增大，45℃下，当 PAM 质量浓度从 80mg/L 增大到 520mg/L 时，污水黏度从 0.8MPa·s 增加到 3.5MPa·s，水驱采油污水的黏度一般为 0.6MPa·s；

第三，分离难度大。污水中油滴的初始粒径小，油滴粒径中值为 3~5μm，粒径小于 10μm 的占 90%以上，水驱采油污水中油滴的初始粒径中值 34.57μm，油滴粒径小不利于其聚并和浮升，油水分离难度增大；

第四，污水乳化程度高。污水中的 PAM 集中在油水界面上，与乳化剂一起形成强度较大、弹性良好的复合膜，破乳困难。从上述特点可以看出三次采油污水是一种黏度较大、乳化程度较高、难生物降解的有机污水。

此外，油井开采过程中，完井、洗井、酸化压裂等施工过程中也会产生大量的含油污水。大量的油田废水分析报告显示：废水中主要含有 33 种有机化合物，其中烷烃 20 种，芳烃 8 种，有机酸 5 种；废水中还含有硫化物、氰类、各种氨、酸碱盐（$Ca_2^+$、$Mg_2^+$、$Fe_3^+$、$Cl^-$、$CO_3^{2-}$、$SO_4^{2-}$）类及悬浮物和泥沙等多种污染物。[36]

2. 钻井污水

钻井污水是钻井过程中产生的污水，成分十分复杂，主要包括钻井液、洗井液等。随着钻井工艺的不断进步和钻井区域的不断扩大，钻井废水的排放量也越来越大，据统计，钻井过程中，每钻进 1m 将产生约 2~3$m^3$ 的污水。

钻井废水主要来源于：第一，废钻井液的散落；第二，储油罐、机械设备的油料散落；第三，岩屑冲洗、钻井设备冲洗；第四，钻井过程中的酸化和固井作业产生的大量废水；第五，钻井事故（特别是井喷）产生的大量废水；第六，天然降雨以及生活废水排入废液池等。钻井污水的污染物主要是钻井泥浆、油类及泥沙，包括钻屑、石油、黏度控制剂（如黏土）、加重剂、黏土稳定剂、腐蚀剂、防腐剂、杀菌剂、润滑剂、地层亲和剂、消泡剂等，钻井污水中还含有重金属。泥沙一般都能在废液池中很快沉降下来，在废水中较稳定存在的则是由黏土、钻屑、加重材料、化学添加剂、无机盐、油组成的多相稳定悬浮液，pH 值较高，污染环境的有害成分为油类、盐类、杀菌剂、某些化学添加剂、重金属〔如汞（Hg）、铜（Cu）、铬（Cr）、镉（Cd）、锌（Zn）、铅（Pb）等〕、高分子有机化合物生物降解之后产生的低分子有机化合物和碱性物质[37]。

3. 其他类型含油污水

其他类型污水主要包括油污泥堆放场所的渗滤水、洗涤设备的污水、油田地表径流雨水、生活污水以及事故性泄露和排放引起的污染水体等。

（二）炼油废水

石油炼制是将原油经过物理分离或化学反应工艺过程，按其不同沸点分馏成不同的石油产品。炼油加工过程中的注水、汽提、冷凝、水洗及油罐切水等生产过程是废水的主要来源，此外，废水还来源于化验室、动力站、空压站及循环水场等辅助设施，一级食堂、办公室等生活设施。

一是含油废水。这是炼油加工及贮存等过程中排放水量最大的一种废水，含油废水主要来自装置凝缩水、汽油冷凝水、油品油气水洗水。油泵轴封、油罐切水及少量的有机溶剂和催化剂等，水中的油多以浮油、分散油、乳化油及溶解油的状态存在。二是含硫废水。含硫废水主要来自炼油厂催化裂化、催化裂解、焦化、加氢裂解等二次加工装置中塔顶油水分离器、富气水洗、液态烃水洗、液态烃贮罐脱水以及叠合汽油水洗等装置的排水、该股污水排水量虽然不大，但污染浓度较高。污水中除含有大量硫化氢、氨、氮外，还含有酚、氰化物和油类污染物，并且具有强烈恶臭，对设备有极强的腐蚀性。当 pH 值较低时，硫化物易分解，放出硫化氢气体，污染周围环境。该股废水不宜直接排入集中处理，应经汽提预处理。三是含碱废水。废水厂来自减压、催化裂化等装置中柴油、航空煤油、汽油碱洗后的水洗水以及液态烃碱洗后的水洗排水。废水中含有游离状态的烧碱、石油类及少量的酚和硫等。四是含盐废水。主要来自原油电脱盐脱水罐排水及生产环烷酸盐类的排水。废水中含盐量高，含油量大且含有其他杂质，油类污染物乳化严重，不易处理。五是含酚废水。主要来自常减压、催化裂变、延迟焦化、电解精制及叠合等生产装置。六是生产废水。主要来源于循环水场冷却排污、锅炉水排污、油罐喷淋冷却水及无污染的地面雨水等。七是生活污水。主要来源于生活辅助设施的排水，如办公卫生间、食堂等，通常排入污水处理场进行统一处理。

（三）石油化工废水

石油化工是以石油为原料，以裂解、精炼、分馏、重整和合成等工艺为主的一系列有机物加工过程，生产中产生的废水含有原料及产品、副产物，其有机物含量高并散发出有害气味。石化废水具有废水水量大、污染物成分复杂、水质水量波动大的特点。

石油化工废水成分复杂，主要含油、氨氮、重金属、大分子有机物、环状难降解有机物等物质。其 COD 一般在 2500~15000mg/L，BOD 约在 1000~3000mg/L 之间。裂解过程的废水基本上与炼油废水相同，除含油外还可能有某些中间产物混入，有时还含有氰化物。由于产品种类多且工艺过程各不相同，废水成分极为复杂。总的特点是悬浮物少，溶解性或乳浊性有机物多，常含有油分和有毒物质，有时还含有硫化物和酚等杂质，如不经处理直接排放会造成很大的环境污染。[38]

（四）含油废水的主要危害

油田废水危害主要表现为油田采出水危害。一是注入水的水源问题，油田注水开发初期注水水源是通过开采浅层地下水或地表水来解决，过量开采清水会引起局部底层水位下降，影响生态环境；二是原油含水量不断上升，含油污水量越来越大，大量含油污水不合理排放会引起受纳水体的潜移性侵害，污染生态环境，造成近水域和土地的功能丧失，通过食物链危害人体健康。[39]

炼油含油废水排放到水体的主要危害表现在油滴覆盖水面，阻止空气中的氧溶解在水中，使水中溶解氧减少，导致水生生物死亡，妨碍水生植物的光合作用，甚至水质变臭，破坏水资源的利用价值。

油类对环境的污染主要表现在对生态系统及自然环境（土壤、水体）的严重影响。流到水体中的可浮油，形成油膜后会阻碍大气复氧，断绝水体氧的来源；而水体中的乳化油和溶解油，由于需氧微生物的作用，在分解过程中消耗水中的溶解氧（生成 $CO_2$ 和 $H_2O$），使水体形成缺氧状态；水体中的 $CO_2$ 浓度增高，使水体 pH 值降低到正常的范围以下，以致鱼类和水生生物不能生存。含油废水流到土壤，由于土层对油污的吸附和过滤作用，也会在土壤形成油膜，使空气难于渗透，阻碍土壤微生物的繁殖，破坏土层团粒结构。含油废水排入城市排水管道，对排水设备和城市污水处理厂都会造成影响，流入到生物处理构筑物的混合污水的含油浓度，通常不大于 30~50mg/L，否则将影响活性污泥和生物膜的正常代谢过程。[39]

## 第三节　废气

废气是指人类在生产和生活过程中排出的有毒有害气体。废气中含有污染物种类很多，其物理和化学性质非常复杂，毒性也不尽相同。能源开发利用产生的废气主要表现在两方面，一方面是煤炭开采过程中的瓦斯排放，另一方面是化石能源燃烧过程中排放 $SO_2$、$CO_2$ 、NOx 等。

## 一、能源开采过程中的废气

能源开发过程中的废气主要表现为煤炭开采过程中产生煤矿瓦斯。煤矿瓦斯是古代植物在堆积成煤的初期，纤维素和有机质经厌氧菌的作用分解生成的大量气体，又称煤层气。其后随着沉积物埋藏深度增加，在漫长的地质年代中，由于煤层经受高温、高压的作用，进入煤的碳化变质阶段，煤中挥发分减少，固定碳增加，又生成大量瓦斯，保存在煤层或岩层的孔隙和裂隙内。瓦斯是无色、无味、无臭的气体，主要成分是烷烃，其中 $CH_4$ 占绝大多数，另有少量的乙烷、丙烷和丁烷，此外一般还含有硫化氢、$CO_2$、氮和水汽，以及微量的惰性气体，如氦和氩等。

煤矿瓦斯主要危害形式有瓦斯窒息、瓦斯燃烧、瓦斯爆炸、瓦斯爆炸引起的煤尘爆炸或火灾以及环境影响等。

瓦斯窒息。矿井瓦斯涌出量较大，如果通风系统管理不善；通风巷道风流反向、采空区或煤层中高浓度瓦斯涌出；工作人员误入未及时封闭停风的巷道；或由于停风导致瓦斯积聚而未采取相应措施等，都可能导致人员误入，缺氧窒息而亡。

瓦斯燃烧。煤层瓦斯含量较高，生产过程中瓦斯涌出量较大，通风不能将瓦斯及时稀释并排出，将在局部地点形成瓦斯积聚，一旦接近火源就可能发生瓦斯燃烧，酿成火灾，火灾引起瓦斯爆炸等一系列灾难性事故。

瓦斯爆炸。瓦斯爆炸发生的条件是瓦斯积聚达到爆炸极限浓度、引爆火源和足够的氧气。井下的照明、爆破火焰、电气火花、摩擦火花等都可能成为引爆火源。在井下瓦斯超限和局部瓦斯积聚达到爆炸极限浓度时，接近火源都有可能发生瓦斯爆炸，爆炸的主要危害：产生高温。在井下巷道中发生瓦斯爆炸的瞬间，温度可达 1850℃~2650℃。这么高的温度，对人和井下设备都会造成极大危害。产生高压。爆炸后的压力平均为爆炸前的 9 倍，因而井下如果发生瓦斯连续爆炸，爆炸后压力越来越高，对井下人的生命和设备的破坏力也越来越严重。产生压力冲击波。瓦斯爆炸以后，高温、高压的井下空气，以每秒几百米的正压冲击波由爆炸地点向四周扩张，摧毁巷道支架和设备。产生一氧化碳。瓦斯爆炸后，将会产生大量的一氧化碳。空气中的一氧化碳浓度，按体积计算达到 0.4%时，人在短时间内就会中毒死亡；但是如能抢救及时，则可避免死亡。爆炸后产生的一氧化碳气体，往往是造成大量人员死亡的直接原因。

煤矿瓦斯排放对环境的影响。煤矿瓦斯含有 $CH_4$，$CH_4$ 的温室效应是 $CO_2$ 的 23 倍，煤炭瓦斯通风排放会加剧温室效应。据估计，如不采取通风瓦斯回收措施，170 亿立方米的煤矿通风瓦斯的排放量将会相当于 8820 亿立方米的 $CO_2$ 排放量。[40-44]

## 二、能源利用过程中产生的大气污染物

当前，化石能源仍是世界能源消费的主体，2013 年化石能源消费量占世界能源消费总量的 86.7%。化石能源主要成分是碳（C）和氢（H），还含有少量的氧（O）、氮（N）、硫（S）等组分，化石能源燃烧过程中，产生了多种对环境有害的气体物质，如 SO、NOx、$CO_2$、CO 等废气。这些废气排入大气后，一方面环境中的污染物水平超过生态系统所能忍受的程度，直接危害生物生存和人类健康。另一方面，影响到达地表的太阳辐射，引起气候变化及其他全球变化。

（一）硫化物

化石燃料中的硫、硫酸盐和有机硫化物在燃烧过程中生成硫化物，其主要形式 $SO_2$。研究显示，2013 年，大气污染物中 $SO_2$ 约有 80%来源于煤炭燃烧，而燃煤排放当中近一半源自直燃煤；汽油、柴油、煤油的燃烧也会产生相当量的 $SO_2$。

煤炭燃烧的硫化物。硫可以说是煤中最有害的成分。硫在煤中有三种存在形式：①有机硫，与碳、氢结合形成复杂化合物；②黄铁矿硫，如 $FeS_2$；③硫酸盐，如 $CaSO_4$、$Na_2SO_4$ 等。其中有机硫和黄铁矿硫参与燃烧，硫酸盐硫进入灰分排出。不同煤种中的硫含量差别较大，许多煤种的含硫量为 1%~1.5%，一些煤种含硫 3%~5%，个别的高达 8%~l0%。通常含硫量高于 2%的煤称为高硫煤。煤中的可燃硫随着燃烧进行而生成 $SO_2$，其生成量正比于煤的含硫量。煤炭燃烧还会生成少量 $SO_3$。[45]

石油燃烧产生的硫化物。我国汽、柴油的共同特点是含硫量高，油品中硫燃烧产生的 $SO_2$ 会污染大气。随着我国机动车保有量的迅速攀升，汽车尾气产生 $SO_2$ 排放量逐年增大。

（二）氮氧化物

氮氧化物是由氮、氧两种元素组成的化合物，氮氧化物是指含有 NO、$NO_2$、$N_2O_3$、$N_2O_4$ 等气体的废气，常见的氮氧化物有 NO、$NO_2$ 等，常态下都呈

气态。氮氧化物主要是煤炭、汽油、柴油等燃烧时生成的。

燃煤产生的氮氧化合物。生成氮氧化物的氮主要来自煤炭。煤炭中的含氮量为0.5%~2.5%，约有20%~30%在燃烧过程中转化成NO。锅炉燃烧产生的氮氧化物，几乎全部是NO和$NO_2$，其中90%是NO。氮氧化物的生成因素主要依赖燃料成分、锅炉容量及其燃烧设备、操作工况等。当燃烧区温度超过1500℃，氮氧化物生成量则随温度升高而急剧增加。。

石油燃烧产生的氮氧化合物。石油燃烧排放的氮氧化物主要是NO。在大气中，NO进一步氧化成$NO_2$。内燃机燃烧把大量氮氧化物排向大气，排气中的氮氧化物与汽车行驶状态有很大关系。空挡和减速时，排气氮氧化物浓度为10~100mg/m$^3$（8~80ppm），定速时约6000mg/m$^3$，加速高达8000~12000mg/m$^3$。一般来说，汽油机排气氮氧化物为500~1000ppm，柴油机为200~2000ppm。火电厂和工业用油燃烧是另外两个重要的排放源。

（三）碳氢化合物（CxHy，或简写为烃类）

烃类是通过炼油厂排放气、汽车油箱的蒸发、工业生产及固定燃烧污染源等进入大气的。一个更重要的来源是汽车尾气，尾气中含有相当量的未燃尽的烃类，除非采取特别措施保证燃烧完全，这些烃类大多是饱和烃（如$CH_4$、$C_2H_6$、$C_8H_{18}$等），更为严重的是其中一小部分由饱和烃裂解而产生的活性较高的烯烃，例如辛烷裂解产物乙烯、丙烯、丁烯等不饱和烃（可占排放气的45%）更易和$O_2$、NO及$O_3$等发生反应，生成光化学烟雾中的某些极有害成分。

（四）碳氧化合物

化石能源燃烧产生的碳氧化合物主要是指$CO_2$和CO，其中，CO主要来自燃料的不完全燃烧。由于近代对燃烧装置和燃烧技术的改进，所以从固定燃烧装置排放的CO量逐渐有所减少，而由汽车等移动源燃烧产生的CO占人为污染源排放的CO总量的70%左右。现代发达国家城市空气中的CO有80%是汽车排放的。

$CO_2$与CO不同，它本身没有毒性，因此过去都不把$CO_2$列为污染物，但从长远观点看，$CO_2$也是相当重要的污染物。近一个多世纪以来，随着工业、交通和能源的高速发展，排入大气中的$CO_2$日益增多，超过了植物的光合作用等自然界消除$CO_2$的能力，而使$CO_2$浓度迅速增加。$CO_2$是一种温室气体，其含量的不断增加会引起全球气候变暖。

（五）烟尘和黑炭颗粒物

煤和油类燃烧产生大量烟气和烟尘，烟气中体积份额最大者是$N_2$，其次是

$CO_2$，因为实际中燃料难以达到完全燃烧，所以烟气中还有少量 CO、含碳粒子等可燃成分。烟气中的硫氧化物有 $SO_2$、$SO_3$、硫酸雾，其中主要污染物是 $SO_2$，一般 $SO_3$ 只有 0.1%~5%。

含碳燃料不完全燃烧而产生的细颗粒物，即大气中的黑炭或有机碳，黑炭颗粒物是大气气溶胶的重要成分。黑炭气溶胶在从可见光到近红外的波长范围内对太阳辐射有强烈的吸附作用，其单位质量吸附系数比沙尘高两个等级。[46]

## 三、大气环境问题及危害

废气排放是造成大气污染的主要原因，而大气污染是当前世界最主要的环境问题之一，其对人类健康、工农业生产、动植物生长、社会财产和全球环境等都将造成很大的危害。

（一）雾霾及危害

雾霾是雾和霾的统称，但是雾和霾有着不同的意思。雾是由大量悬浮在近地面空气中的微小水滴或冰晶组成的气溶胶系统，多出现于秋冬季节，是近地面层空气中水汽凝结的产物。霾是悬浮在大气中的大量微小尘粒、烟粒或盐粒的集合体，使空气浑浊，水平能见度降低到 10km 以下的一种天气现象。[47]

雾霾作为一种自然现象，其形成有多种因素，其中，污染物排放量大是造成雾霾天气的根本原因。污染物排放和城市悬浮物大量增加，直接导致了能见度降低，使得整个城市看起来灰蒙蒙一片。污染物包括 $SO_2$、$NO_2$、CO、可吸入颗粒物、臭氧等。其中汽车尾气、燃煤排放是主要污染源。特别是在北方冬季取暖期间更易出现雾霾天气，颗粒物 PM2.5 和 PM10 是连续雾霾过程影响空气质量最显著的主要污染物。其他如气象地理条件、垂直方向的逆温现象以及城市建筑也是形成雾霾天气的重要原因。

雾霾的主要危害。由于颗粒物 PM2.5 和 PM10 是连续雾霾过程影响空气质量最显著的主要污染物，微粒直径越小，对健康危害越大。粒径 2.5 微米以下的粉尘被吸入人体后会直接进入支气管，干扰肺部的气体交换，引发哮喘、支气管炎和心血管疾病。这些颗粒还可以通过支气管和肺泡进入血液，其中的有害气体、重金属等溶解在血液中，对人体健康伤害极大。雾、霾天气时，空气中往往会带有细菌和病毒，易导致传染病扩散和多种疾病发生。城市中空气污染物不易扩散，加重了 $SO_2$、一氧化碳、氮氧化物等物质的毒性，危害人体健康。冬季遇雾、霾天气时，若遇空气污染严重可能形成烟尘（雾）或黑色烟雾等毒雾，严重威胁人的生命和健康。

（二）酸雨及危害

酸雨是指 pH 值小于 5.65 的酸性降水。人类大量使用煤、石油、天然气等化石燃料，燃烧后产生的硫氧化物或氮氧化物，在大气中经过复杂的化学反应，形成硫酸或硝酸气溶胶，或为云、雨、雪、雾捕捉吸收，降到地面成为酸雨。酸雨主要是人为地向大气中排放大量酸性物质造成的；此外，各种机动车排放的尾气也是形成酸雨的重要原因。酸雨的主要危害表现在：

第一，酸雨对人体健康的影响。酸雨中含有多种致病致癌因素，雨、雾的酸性对眼、咽喉和皮肤的刺激，会引起结膜炎、咽喉炎、皮炎等病症。酸雨或酸雾进入人的呼吸道会诱发各种呼吸道疾病。世界各国的医学研究表明，受酸雨伤害最重的是老人和儿童。在酸沉降作用下，土壤和饮用水水源被污染，酸化湖泊的水体中和酸化的饮用水源及酸化土壤上生长的农作物，有毒金属含量较高，这是对人体健康的潜在威胁。酸雨使存在于土壤、岩石小的金属元素溶解，这种酸性地下水进入自来水系统后，能腐蚀给水设施和管网，使其中的金属溶出，进入饮水，这些有毒的重金属会在粮食和鱼类肌体中沉积，人类因食用而受害。

第二，酸雨对土壤的影响。①酸雨可导致土壤酸化。我国南方土壤本来多呈酸性，酸雨加重了酸化过程；我国北方土壤呈碱性，对酸雨有较强缓冲能力。②酸雨还可以使土壤中的有毒有害元素活化，有害金属如镍（Ni）、铝（Al）、汞（Hg）、镉（Cd）、铅（Pb）、铜（Cu）、锌（Zn）等被溶出，在植物体内积累或进入水体造成污染，加快重金属的迁移。特别是富铝化土壤，在酸雨作用下加速土壤中含铝的原生和次生矿物风化而释放大量铝离子，形成植物可吸收的形态铝化合物。植物长期和过量地吸收铝，会中毒，甚至死亡。③酸雨可使土壤的物理化学性质发生变化，加速土壤矿物如硅（Si）、镁（Mg）的风化、释放，使植物营养元素特别是钾（K）、钠（Na）、钙（Ca）、镁（Mg）等产生流失，降低土壤的阳离子交换量和盐基饱和度，改变土壤结构，导致土壤贫瘠化，植物营养不良。④酸化的土壤抑制了土壤微生物的活性，破坏了土壤微生物的正常生态群落，影响微生物的繁殖。土壤中微生物总量明显减少，特别使固氮菌、芽孢杆菌等参与土壤氮素转化和循环的微生物减少，对土壤微生物的氨化、硝化、固氮等作用产生不良影响，直接抑制由微生物参与的氮素分解、同化与固定，最终降低土壤养分供应能力，影响植物的营养代谢，使有机物的分解减缓，土壤贫瘠，病虫害猖獗。

第三，酸雨对水体的影响。酸雨对水体的影响极其严重。一方面，水体变为酸性以后，鱼类生长的条件发生了剧变，鱼类由于不适应突变的环境而逐渐死亡；同时，水体 pH 值降低还会使鱼类骨骼中钙含量减少，影响鱼类繁殖和生长，甚至使其死亡。当水体 pH 值降至 5.15 以下时，甲壳类动物、浮游动物、软体动物等较小动物的生长会遭到严重抑制，对水生食物链产生重大不良影响。当 pH 值降至 4.10 时，大多数鱼类和水生动物将死亡，唯一残存于水体中的生物将是一团团的藻类、苔癣类和真菌。另一方面酸雨浸渍了土壤，侵蚀了矿物，使铝元素和重金属进入附近水体，影响水生物生长或使其死亡。同时，对浮游植物和其他水生植物起营养作用的磷酸盐，因为被铝吸附难以被生物吸收。

第四，酸雨对植物的影响。酸雨首先是伤害农作物和蔬菜的叶片，其伤害程度与酸雨的酸度、额度和时间呈正相关关系。另外，酸雨可以阻碍植物叶绿体的光合作用，降低农作物和蔬菜种子的发芽率，降低大豆的蛋白质含量，使其品质下降。酸雨还可使农作物大幅度减产，特别是小麦，在酸雨影响下，可减产 13%~34%。大豆、蔬菜也容易受酸雨危害，导致蛋白质含量和产量下降。植物对酸雨反应最敏感的器官是叶片，叶片受损后会出现坏死斑，萎蔫，叶绿素含量降低，叶色也发黄、退绿，光合作用降低，使林木生长缓慢或死亡，使农作物减产。

第五，酸雨对建筑材料和古迹的影响。酸雨腐蚀建筑材料（石料、金属），使其风化过程加速。尽管这些破坏还有来自大气污染物和自然风化的作用，但仍可认为酸雨是一个重要因素。①酸雨对非金属建筑材料的影响。酸雨能使非金属建筑材料（混凝土、砂浆和灰砂砖）表面硬化，水泥溶解，材料表面变质、失去光泽、材质松散，出现空洞和裂缝，导致强度降低，最终引起构件破坏，这就是混凝土酸蚀作用。使得建筑材料变脏、变黑，影响城市市容质量和城市景观，被人们称为“黑壳”效应。更严重的是会使混凝土大量剥落，钢筋裸露与锈蚀。混凝土遇酸雨而溶解，然后在下滴过程小水分蒸发而硫酸钙等固体成分留了下来，形成类似石灰岩溶洞小的石钟乳。而下滴到地面上的硫酸钙留下来则形成“笋”。②酸雨对金属建筑材料的影响。酸雨中的 $H_2SO_4$ 和 $HNO_3$ 可以与许多金属发生化学反应或电化学反应，造成诸如：金属的锈蚀、水泥混凝土的剥蚀疏松、矿物岩石表面的粉化侵蚀以及塑料、涂料侵蚀破坏。研究表明，暴露在室外的钢结构建筑物，受酸雾的影响，腐蚀速率为 0.12~0.14mm/年。若直接受酸雨浇淋其腐蚀速率大于 1mm/年，明显高于无污染地区。对于碳钢、A1、Zn、Cu 等 4 种材料来说，酸雨环境下的腐蚀速率明显高于非酸雨地区。③

酸雨对古迹的影响。酸雨对古迹的影响是非常巨大的，我国故宫的汉白玉雕刻、敦煌壁画，埃及的斯芬克斯狮身人面雕像，罗马的图拉真凯旋柱等一大批珍贵的文物古迹正遭受酸雨的侵蚀，有的已损坏严重，给世界文化艺术造成重大伤害。

## 第四节　其他环境污染

除了废水、废气、固体废弃物之外，能源开发利用过程中还会产生其他环境污染问题，如放射性污染、油气开采运输过程中泄漏造成的污染以及重金属污染等。本节将系统梳理能源开发利用造成的其他环境污染及其危害。

### 一、放射性污染

放射性污染是指环境中放射性物质的放射性水平高于天然本底或超过规定的卫生标准。放射性污染物主要指各种放射性核素，其放射性与化学状态无关，每一放射性核素都能放射出一定能量的射线。放射性核素排入环境中后，造成对大气、水、土壤的污染。能源开发利用过程中的放射性污染主要指核电工业排放的废物，包括核燃料的开采、加工、转化和封存过程中放射性污染。

（一）铀矿开采过程的放射性污染

1. 废水

在铀矿开采过程中，坑道排出的放射性废水由于受矿床水文地质和工程地质的影响，主要含有放射性核素镭、铀，非放射性元素镉、锰、锌、砷等，坑道放射性废水不仅影响矿区的水质，还影响着矿区的植物、农田和土壤。

废水的主要危害。矿山酸性废水的污染表现为：直接污染地表水和地下水；造成地下水、地表水中 Pb、U、Cu、Zn、Ni、Co、As 和 Cd 等重金属离子严重超标，致使大面积农田受毒害，使河流水质污浊，甚至生物绝迹；酸水的渗透加速了土壤酸化，强酸阴离子（$SO_4^{2-}$）驱动盐基阳离子大量淋溶（$Ca^{2+}$、$Al^{3+}$等）导致土壤盐基营养贫瘠，土壤 N、S 饱和，土壤阳离子交换量（CEC）下降，矿区局部环境遭受破坏。

退役铀矿山废水中放射性物质浓度低，废水量大，分布广，造成了对附近天然水系的污染。铀矿废水不仅对粮食作物和水生生物有影响，而且也不利于居民的身体健康，废水是污染环境的主要因素之一。

2. 固体废物

铀矿山固体废物的来源主要包括：①露天剥离的废石。露天式开采的剥采比大，贫化率高。一般开采 1t 铀矿石需采出 4~6t 废石，有时高达 6~8t。②地下采掘的废石。地下式采掘时根据矿体赋存条件和地下采掘比，每开采 1t 铀矿石，约需采出 0.5~1.2t 废石。③选矿厂的废石。为了减少废石远距离运输和减少废石处理量，一般采用放射性选矿法把废石从矿石中选出来。通过此法选出的废石率约为 15%~30%。④地表堆浸后的矿渣。其中也包括了原地爆破浸出，开采的约 30%贫矿运至地表堆浸，这些浸取后的废渣废石需要妥善处理。由此可见，铀矿山和水冶产生的固体废物尽管放射性水平较低，但排出量大，且分布面广，是核燃料生产过程中造成环境污染的重要方面。

固体废物的危害。铀矿开采过程产生的废石由于含有一定量的铀和镭，不断释放出氡以及长寿命的放射性核素等，在山洪冲刷和风化的作用下，废石放射性核素及有害物质不断淋浸和析出，使其污染范围不断扩大，成为社会公害。大多数金属矿床和非金属矿床（如煤矿）都含有黄铁矿等硫化物，并常与重金属元素 Cd、Cu、Hg、Mo、Pb、Zn 及 As 等共生，若这些硫化物含量低或不含有用元素，则常作废石处理，堆放于废石堆或尾砂库。经过一系列复杂的化学反应，释放出大量的 $H^+$、$Fe^{2+}$、$SO_4^{2-}$及重金属离子，这些离子经雨水淋浸，发生扩散、渗透、迁移，形成含重金属离子的废水，严重污染地下水和土壤。所以，废石场是一个潜在的放射性环境污染源。

3. 废气

矿山开采过程中，凿岩、爆破、放矿、矿石装卸和运输过程等生产环节产生的铀矿尘会带来大量的粉尘污染；铀矿尘呈细散状颗粒，并长时悬浮在矿井空气中，部分被吸入到人体内。开采铀矿最主要的废气是氡气。氡是镭的衰变产物，属放射性气体。在含铀矿岩石内部产生的氡，从高浓度的地方向低浓度的地方扩散，经一段距离迁移后，只有一部分氡从矿岩的微细孔隙或裂隙扩散到空气中，其余仍留在矿岩内部继续衰变。

（二）核燃料制造、存储产生的放射性污染

原子能工业中核燃料的提炼、精制和核燃料元件的制造，都会有放射性废弃物产生和废水、废气的排放。这些放射性“三废”都有可能造成污染，由于原子能工业生产过程的操作运行都采取了相应的安全防护措施，“三废”排放也受到严格控制，所以对环境的污染并不十分严重。

核废料封存可能污染。核废料泛指在核燃料生产、加工和核反应堆用过的不再需要的并具有放射性的废料。也专指核反应堆用过的乏燃料，经后处理回收钚 239 等可利用的核材料后，余下的不再需要的并具有放射性的废料。核废料按物理状态可分为固体、液体和气体 3 种；按比活度又可分为高水平（高放）、中水平（中放）和低水平（低放）3 种。核废料的特征是：①放射性。核废料的放射性不能用一般的物理、化学和生物方法消除，只能靠放射性核素自身的衰变而减少。②射线危害。核废料放出的射线通过物质时，发生电离和激发作用，对生物体会引起辐射损伤。③热能释放。核废料中放射性核素通过衰变放出能量，当放射性核素含量较高时，释放的热能会导致核废料的温度不断上升，甚至使溶液自行沸腾，固体自行熔融。[46]

（三）放射性污染的危害

放射性污染造成的危害主要是通过放射物发出的照射来危害人体和其他生物体，造成危害的射线主要有 $x$ 射线、$\beta$ 射线和 $\gamma$ 射线。

就目前所知，人体内受某些微量的放射性核素污染并不影响健康，只有当照射达到一定剂量时，才能对人体产生危害。当内照射剂量大时，可能出现近期效应，主要表现为头痛、头晕、食欲下降、睡眠障碍等神经系统和消化系统的症状，继而出现白细胞和血小板减少等。超剂量放射性物质在体内长期残留，可产生远期效应，主要症状为出现肿瘤、白血病和遗传障碍等。[48–51]

## 二、油气泄漏事故造成的污染

石油在世界经济中的重要地位不言而喻，但世界石油资源分布与石油消费之间存在着严重的空间错位，石油资源主要分布在中东、北非等地区，而石油消费地区主要集中于欧洲、美洲及亚太地区，这使得大量的石油通过海运或管道的方式由石油产地运往石油消费地，2011 年海运油量已经达到 28.3 亿吨。同时，随着深海钻井技术的成熟，海洋石油开发已经成为原油重要来源，但在原油开采和运输过程中，海洋撞船和原油泄漏事故频发。

美国墨西哥湾原油泄漏是迄今人类历史上最为严重的原油泄漏事件。2010 年 4 月 20 日夜间，位于墨西哥湾的“深水地平线”钻井平台发生爆炸并引发大火后沉入墨西哥湾，据美国有线广播公司称，每天原油的泄漏量达 1.2 万至 2 万桶。巨大的原油泄漏量给美国墨西哥湾附近带来了巨大的环境灾难，据专家估计，墨西哥湾漏油事故不仅造成大量海洋生物受污染而死亡，其油污冲向路易斯安那州海岸，预计全美逾 40%湿地将需数十年才能恢复。而由于漏出的原油成分水溶性高，与墨西哥湾的海水融为一体，难以燃烧和清理，处理油污可能会耗时5年。并且，油污带进入海洋环流对佛罗里达群岛附近海域珊瑚礁等生态系统构成威胁。此外，油污随着海洋环流也对其他附加地区的环境造成不可低估的坏影响。墨西哥湾漏油使得许多地方土壤侵蚀、植物退化，某些海洋生物因此灭绝，英国石油公司可能因漏油事件的经济损失达到600多亿美元。

我国最近的原油泄漏事故是渤海康菲漏油事件。美国康菲公司与中海油合作开发的蓬莱19-3油田于2011年6月发生溢油事故，虽然与墨西哥湾漏油事故相比，漏油总量仅有其1/10左右，但渤海的面积只有墨西哥湾的1/20，而且封闭程度要比墨西哥湾强得多，计算出的油污染负荷量要比墨西哥湾漏油高出1倍多，所造成污染强度要超过墨西哥湾漏油事故。

原油泄漏的危害。漏油事件导致数万吨石油进入海水后，将会较长期地存在下去。石油将发生一系列复杂变化，包括扩散、蒸发、溶解、乳化、光化学氧化、微生物氧化、沉降，形成沥青球，以及沿着食物链转移等。石油也是各种烃类化合物的混合物，它具有烃类化合物的毒性，汽油中的芳香烃类污染物是公认的有毒致癌物质。

漏油事件造成的环境影响主要表现在以下几个方面：

渤海海域内的鸟类、鱼虾类动植物大量死亡，大部分海水养殖场将会相继减产，海产品滞销，部分将会倒闭破产；渤海海域内的一些物种可能会加速灭绝，尤其是珍稀濒危物种，植被退化，渔业品种将会更加单一；食物链将承受一笔“污染遗产”，各类污染物进入食物链后，直接影响到周边生活的民众的健康；海洋功能明显减弱，包括海水养殖，海洋生物保护区，旅游，度假娱乐，海水浴场，滨海食品加工、晒盐、海水淡化等，鱼虾类产卵场、索饵场，如继续恶化，生态系统将会严重失去平衡，病毒变异类疫病将会随时出现。[52]

## 三、重金属污染

密度在4.5g/cm$^3$以上的金属统称为重金属，包括金（Au）、银（Ag）、铜（Cu）、铅（Pb）、锌（Zn）、镍（Ni）、钴（Co）、镉（Cd）、铬（Cr）和汞（Hg）等45种金属。从环境污染方面来讲，主要有汞（Hg）、镍（Cd）、铅（Pb）、铬（Cr）和类金属砷等生物毒性显著的重金属，以及具有一定毒性的一般重金属，如锌（Zn）、铜（Cu）、Co、镍（Ni）、锡（Sn）。重金属污染指由重金属或其化合物造成的环境污染。重金属具有富集性，很难在环境中降解。能源利用过程的重金属污染物主要包括：煤燃烧、垃圾焚烧、重油燃烧、蓄电池生产等多方面。其中，煤炭燃烧和垃圾焚烧不仅占能源利用的重金属污染绝大多数，也是环境中重金属污染的主要来源。

### （一）燃煤的重金属污染

煤燃烧过程中，部分易挥发的重金属如汞（Hg）、铅（Pb）、锌（Zn）、镍（Ni）、铬（Cd）、铜（Cu）等极易气化挥发进入烟气，然后随粉煤灰颗粒一起向烟囱移动并逐渐降温，被粉煤灰颗粒吸附，经冲灰渣水排至贮灰场。在这一过程中，灰渣中部分可溶的重金属微量元素转入水中，如果冲灰渣水外排至江河，则可能对环境水体造成污染。煤中除了一些主量元素和次量元素以外，还含有多种痕量重金属元素，如硼（B）、铍（Be）、锗（Ge）、钴（Co）、铜（Cu）、锰（Mn）、铅（Pb）、镍（Ni）、钡（Ba）、锶（Sr）、汞（Hg）、铬（Cr）、砷（As）、硒（Se）等。由于各种元素本身的化学性质以及在煤中的存在形式不同，它们在燃烧过程中的特性也有所不同。有些痕量重金属元素在高温燃烧时难汽化，而有的易汽化生成金属蒸汽，随着温度降低会通过成核、凝聚、凝结等方式富集到亚微米颗粒表面，并随之排到大气中。亚微米颗粒在大气中主要以气溶胶形式存在，不易沉降，而且重金属元素不易被微生物降解，可以在人体内沉积，并可转化为毒性很大的金属有机化合物，给环境和人类的健康造成危害，所以需要对亚微米级的颗粒进行控制。

### （二）垃圾焚烧的重金属污染

垃圾处理有 3 种方式：填埋、焚烧和堆肥，目前我国的垃圾处理采用以填埋为主，堆肥和焚烧为辅的措施，这将占用大量的土地资源。随着地价的上升，城市环境要求的不断提高，垃圾填埋变得不再经济和安全，越来越多的城市开始考虑垃圾焚烧处理。

生活垃圾成分复杂，焚烧处理时会产生其他燃料燃烧所少有的严重的重金属污染物。现阶段通常认为垃圾焚烧过程中产生的重金属主要来自于电池、电器、温度计、颜料、塑料、报纸、杂志、半导体、橡胶、镀金材料、彩色胶卷、纺织品、杂草等。当垃圾进行焚烧处理时，其所含的重金属则会发生迁移和转化，一般富集于直径小于 1mm 的灰渣颗粒，但也可能受垃圾中所含的氯化物的影响而改变其在灰渣中的分布和种类。在燃烧的过程中，具有高沸点的重金属在燃烧过程中易均匀凝结，从而形成飞灰的核心，而在高温下易挥发的重金属会随着温度的下降凝结在飞灰的表面。[53-56]

(三) 重金属的主要危害

重金属一般以天然浓度广泛存在于自然界中，但由于人类对重金属的开采、冶炼、加工及商业制造活动日益增多，造成不少重金属如铅(Pb)、汞(Hg)、镉(Ni)、钴(Co)等进入大气、水、土壤中，引起严重的环境污染。[53]

从环境污染方面，重金属是指汞(Hg)、镉(Cd)、铅(Pb)以及“类金属”——砷等生物毒性显著的重金属。对人体毒害最大的有5种：铅(Pb)、汞(Hg)、铬(Cr)、砷(Se)、镉(Cd)。这些重金属在水中不能被分解，人饮用后毒性放大，与水中的其他毒素结合生成毒性更大的有机物。

对人体的伤害。以各种化学状态或化学形态存在的重金属，在进入环境或生态系统后就会存留、积累和迁移，造成危害。如随废水排出的重金属，即使浓度小，也可在藻类和底泥中积累，被鱼和贝的体表吸附，产生食物链浓缩，从而造成公害。如日本的水俣病，就是因为烧碱制造工业排放的废水中含有汞(Hg)，在经生物作用变成有机汞后造成的；又如痛痛病，是由炼锌工业和镉电镀工业所排放的镉所致。汽车尾气排放的铅(Pb)经大气扩散等过程进入环境中，造成目前地表铅(Pb)的浓度已有显著提高，致使近代人体内铅(Pb)的吸收量比原始人增加了约100倍，损害了人体健康。重金属对人体的伤害极大。常见的有：

汞(Hg)：食入后直接沉入肝脏，对大脑、神经、视力破坏极大。天然水每升水中含0.01毫克，就会导致人中毒。

镉(Cd)：导致高血压，引起心脑血管疾病；破坏骨骼和肝肾，并引起肾衰竭。

铅(Pb)：是重金属污染中毒性较大的一种，一旦进入人体将很难排除。能直接伤害人的脑细胞，特别是胎儿的神经系统，可造成先天智力低下。

钴(Co)：能对皮肤有放射性损伤。

钒(V)：伤人的心、肺，导致胆固醇代谢异常。

锑(Sb)：与砷能使银首饰变成砖红色，对皮肤有放射性损伤。

铊(Ti)：会使人患多发性神经炎。

锰(Mn)：超量时会使人甲状腺功能亢进，也会伤害重要器官。

砷(As)：是砒霜的组分之一，有剧毒，会致人迅速死亡。长期接触少量，会导致慢性中毒。另外还有致癌性。

这些重金属中任何一种都能引起人头痛、头晕、失眠、健忘、神经错乱、关节疼痛、结石、癌症。[57-58]

# 第三章　能源开发利用过程中的生态问题

能源开发利用过程中的生态问题是指人类为其自身生存和发展，大规模开发利用能源的过程中所造成的生态破坏。本章重点分析能源开发利用过程中生态问题的主要形式、起因以及主要危害。

## 第一节　能源开发的生态问题

随着人类能源开发利用规模和强度的日益扩大，能源开发利用过程造成的生态问题已经严重影响到社会的可持续发展。本节主要分析能源开发、开采过程中的生态问题。

### 一、煤炭开采的生态问题

煤炭是我国最主要的基础能源，由于煤炭资源特殊的形成地质环境，煤炭开采过程往往导致地表大面积剥离、地面沉陷和其他固体废弃物的堆积，造成土地退化、生态系统和景观受到破坏等一系列生态问题。

（一）地表形态的破坏

当煤炭埋藏较浅或地表有露头时，应用露天开采较为合适。与地下开采相比，露天开采优点是资源利用充分、回采率高、贫化率低，适于用大型机械施工，建矿快，产量大，劳动生产率高，成本低，劳动条件好，生产安全。但露天开采需剥离大量土岩，以揭露矿体。在丘陵地带露天采煤，通常划分为一定高度的分层，每个分层构成一个台阶，以进行剥离和采煤。结果，露天开采煤矿使得林木葱绿的山区、草木旺盛的丘陵、土肥水美的平原的地表土丧失，植被遭到破坏，翻到地面的土层已不适于植物生长。造成水土流失，陡坡塌方，附近的河流被淤塞，自然风景被破坏，地面被污染，整个生态平衡被打破。

（二）地形形态的破坏

煤炭开采损害土地资源的直接方式主要有挖损、塌陷和压占三种类型，其中，土地塌陷是主要形式，对生态环境的损害程度最大。采用地下开采方法，当煤层被采空后，上覆岩层的应力平衡被破坏，煤层以上一定范围的岩层发生冒落，继之引起其上岩层的断裂、塌陷，直至地表整体下沉，覆盖岩层陷落通常波及地表，造成地面沉陷。

1. 地面沉陷的主要形式

沉陷盆地。受到采动影响的区域，地表的标高下降，在采空区的上方形成面积远大于采空区的沉陷区域，称为地表沉陷盆地或地表移动盆地。沉陷盆地在刚达到充分采动时呈现出碗形，而超充分采动时呈盘形。地表沉陷盆地的形成，改变了原来的高度、坡度和水平位置，给区域内的建筑物、道路和生态环境带来了不同的影响和破坏，使农田减产甚至绝收。

裂缝和台阶。地下开采所产生的裂缝主要产生于沉陷盆地的外边缘，其宽度为几毫米至几十厘米，深度可达几十米，甚至有的与采空区相通。裂缝两侧有时产生落差，形成台阶甚至张开裂口。

沉陷坑。在开采急倾斜煤层、浅部的倾斜煤层或采深很小采厚很大的情况下，用立柱式采煤或水力采煤时，由于采厚不均匀，造成覆岩破坏的高度不一致[55]。

2. 地面沉陷的主要危害

地面沉陷裂缝在某种程度上改变了地面大气降水的径流与汇水条件，使部分地表水通过沉陷裂缝渗入地下，从而使地面大小河流等水系流量减小甚至干涸；其次是开采沉陷引起的沉陷裂缝，使上覆岩层含水层和松散含水层遭受一定程度的破坏，部分松散层和上覆基岩含水层中的地下水沿沉陷裂缝渗入采空区或开采煤层下方深部含水层，从而使采空区的地下水位降低，许多地表井泉等水源的水量减少甚至干涸。此外地面沉陷也可使水体受到污染，即地表或地下水通过松散层和岩层沉陷裂缝渗入井下采空区或深部含水层的过程中，可能携带地表和岩土层中的细菌和有害物质，同时在矿井和采空区中积存时，又可能受到人为和工作面作业过程中的废油、煤尘及废水的污染，矿井废水如果不经过处理排放到河流中，亦可使河流水受到污染。

采煤引起地面沉陷，破坏土壤生态系统的稳定，土壤质量下降。土壤是陆生植物的营养来源，土壤生态系统平衡被破坏，直接影响到植物生态系统的物质迁移、转化，从而引起地上植物的减少。煤炭开采还加剧水土流失，使林草生长受到影响，甚至导致森林植被的死亡。森林草地的减少引起植物多样性的下降，生物量和生产力减少，引起植被的逆向演替。

由于煤炭开采造成矿区自然景观发生巨变，影响植物的分布和生长，减少了动物的活动范围，改变了动物和微生物生存的栖息环境，降低了动物的生存活力，一些物种因不适应环境的变化将减少或者灭绝，使地球生态系统的食物链发生变化。破坏了生态平衡，导致生物多样性受损和生态恶化，最终危及人类的生存和发展。[59]

（三）地下水系破坏

1. 地下水系破坏的机理

煤层开采后，不可避免地对围岩造成破坏，对覆岩含水层和隔水层的结构和渗透性产生不同程度的影响和破坏。当隔水层位于垮落带内时，其隔水性能会完全被破坏，变为透水层；当隔水层位于裂缝带内时，其隔水性也被破坏，破坏的程度由导水裂缝带的下部向上部逐渐减弱；当隔水层位于上覆岩层的弯曲带下部时，其隔水性可能受到微小影响；当隔水层位于覆岩弯曲带中部或上部时，其隔水性不受采动影响。

煤矿在进行浅部开采时，煤层上部主要的水体是砂层水、沙砾层水及砂石层水等松散含水层孔隙水。若松散含水层底部无隔水黏土层或隔水黏土层较薄，则导水裂缝带可能波及松散含水层水体，松散层中的地下水就会渗漏到井下遭到破坏，导致含水层水位下降，增大矿井涌水量。若松散含水层底部有较厚的隔水黏土层，则采动形成的导水裂缝带发育受到抑制，波及不到上覆松散含水层，因而开采对松散含水层水体无影响或影响较小。当煤矿开采深度大时，煤层上部有若干层基岩含水层，若导水裂缝带波及上覆某一含水层，就会使该含水层遭到破坏，改变其径流特征，使含水层中的地下水通过覆岩破断裂缝流入采空区，形成矿坑水。

采煤对覆岩含水层的破坏，使地下水沿着导水裂隙进入采空区。如果上覆水体水量少或为弱含水层，且补给不足，这种涌水将增大矿井涌水量、恶化井下作业条件、长期水动力作用而导致矿井工程失稳等。若导水裂缝带沟通的是地表水、采空区水、溶洞水或地下暗河等大型水体，且这些水体补给充足时，充水通道由于水流冲刷而逐渐畅通，就会造成上覆水体溃入井下甚至挟泥沙涌入井下的严重水害，当井下排水能力难以满足时，就会导致人员和设备严重损失的淹井事故。

煤炭资源和地下水有共、伴生的紧密关系，但采煤须进行矿坑排水，使得采煤与地下水具有不相容性，煤炭开采不可避免地要影响和破坏地下水资源。煤炭开采对地下水资源的损耗主要存在于两个阶段：开采前的为保障开采安全所进行的预先人工矿井排水和开采过程中的上覆含水层的自然疏干。矿井长年累月大量疏排地下水，破坏了地下水的天然平衡状态，造成地下水流场的改变，形成以采空区为中心的地下水降落漏斗，当矿井排水量接近或小于补给量时，水位降落漏斗只随季节性气候变化而呈周期性变化，漏斗中心水位基本保持不变或时有回升；当矿井排水量大于地下水补给量时，地下水水位就持续下降，甚至在丰水年份也回升甚小。[61]

2. 地下水系破坏的主要危害

随着煤矿开采范围的不断扩大，矿坑长期疏干排水，地下水降落漏斗范围不断扩大，区域地下水位持续下降，特别是枯水季节，造成矿区及周边地区浅层地下水资源枯竭，水井干涸，取水工程报废，不仅直接影响矿区及其周围人民的生活和生产，生态平衡遭到破坏，生态环境恶化。同时，为了煤矿开采的需要，增加了外供水及矿坑调节。同时采煤过程中含水层结构发生了破坏，致使水循环规律和水量平衡条件发生很大变化，从而改变了矿区水环境条件，采煤条件下流域地表水的汇流条件不断改变，渗漏补给增加；地下水的补给径流和排泄条件为矿坑水；地下水的运动由采煤前的以横向运动为主，变为以垂向运动为主，地下水由以前的基流和潜流排泄为主，变为以矿坑排水为主，使得地下水资源逐步枯竭。

采煤引起的塌陷、地裂缝使煤层围岩中含水层发生变形和移动，含水层结构遭到破坏，地下隔水层—含水层关系发生变化，导致地下水及开采影响范围内的地表水不断涌入井下，以矿井废水排放，地下水位下降或丧失，地表水系受到破坏，河流断流，水源枯竭，土地干裂，庄稼枯萎，农作物减产。[58]同时，水环境的变化导致岩石淋蚀作用加强，水中有毒有害成分增加，大量未经处理的矿井水直接外排，不仅浪费了宝贵的水资源，而且污染了矿区及周边河流、湖泊，严重影响水生生物的生存和人畜饮水安全。[61]

## 二、油气开采的生态问题

油气开采对生态环境的影响主要体现在油田伴生气的排空对大气的影响，石油开采中管道、道路、井场建设对地层和地表的破坏、土壤影响，以及对水系生态的影响。

(一) 油田气开采的生态影响

油田气又称油田伴生气，是伴随石油从油井中开采出来的。油田气的主要成分是 $CH_4$、丙烷和丁烷等低分子量的烷烃，此外，还含有少量的 $H_2S$、$CO_2$、氢 ($H_2$)、氮 ($N_2$) 等气体，由于受到技术手段的制约，加之在油田开采过程中伴生气相对难以控制，无论在海上或是陆地油田，很大一部分伴生气被排空或烧掉。

1. 油田气开采对生态环境的影响

由于油田伴生气主要由 $CH_4$、丙烷和丁烷等低分子量的烷烃组成，此外还含有少量的硫化氢、$CO_2$、氢、氮等气体，伴生气被直接排空或烧掉产生大量的 $CO_2$ 和其他有害气体，如 $CH_4$、$CO_2$、$SO_2$、$SO_3$、NOx，其中 $CH_4$、$CO_2$ 和 NOx 能够产生温室效应，进而加剧全球气候变化；而 $SO_2$、$SO_3$、NOx 等通过空气中的氧化进一步加剧酸雨及其危害。关于全球气候变化和酸雨的形成机理及危害在化石能源利用的生态影响部分做详细的介绍。

2. 对地表的影响

石油开采中管道、道路、井场建设带来的环境破坏。在勘探、钻井、管线埋设、道路修建及油田地面工程建设等工程开发活动初期，一方面油田工程占用土地，在一定地域范围，减少了原来就很稀少的植被，使自然生态系统变为一种油田城镇化的人工生态系统，或成为裸地。另一方面，勘探道路、简易公路及施工现场附近等临时用地，使区域草场、植被由于人、机械及车辆践踏和碾压而被完全破坏，难以恢复，有些经反复碾压使表层土壤受到不同程度扰动，表皮层受到破坏成为虚土，遇风则更易形成大面积扬尘。

3. 对土壤的影响

在油田开发建设过程中，会产生落地油、岩屑、钻井泥浆等污染物质，会造成当地土壤的石油类、硫化物、挥发酚等污染，工程的建设还会对土体有一定的机械破坏。

钻井泥浆若进入土壤中，将加剧土壤的盐碱化、板结和钙化。废弃的钻井泥浆中含有一定量的石油，受降水的侵蚀和冲刷，可随地表径流进行横向和纵向迁移，使局部土壤污染。除了岩屑中夹杂的石油类等污染物会造成土壤污染外，岩屑本身可破坏土壤的物理性状。采油厂基地产生生活垃圾，内含汞、钙、铅等许多有害元素，若这些垃圾随意堆放，除了造成感官污染外，还会对局部土壤造成一定影响。

4. 对水系生态的影响

油田开发建设导致区域用水量较大程度增加，使地下水水位下降，局部区域的生态与环境可能会因地下水水位下降避免盐渍化而有所改善，但地下水位下降无疑会在一定程度上加重旱情，植被退化，还有可能使上层潜水水质劣化。随着油田大规模开发，人类活动范围的扩大，原有自然生态系统发生变化或局部平衡遭到破坏，使动植物赖以生存繁衍的环境日趋恶化，原有的动植物数量和种类减少。

（二）原油泄漏造成的生态破坏

由于油轮沉没或者油井破裂、爆炸，输油管道等油品运输设施、储油罐燃烧爆炸等引起的原油泄漏，并造成严重的海洋生物生命危险的事件。人类在开发利用原油的过程中，已经发生过多次大规模原油泄漏事故，造成重大生态灾难。原油泄漏造成的生态影响主要表现为短期影响和长期影响。

1. 短期影响

第一，原油密度通常较小，漂浮在海面上，遮蔽阳光，影响光合作用，影响藻类的光合作用，可能会导致某些藻类死亡，但是某几种藻类单一疯长，产生大量毒素，有毒物质污染，导致海洋生物大量死亡，或者有毒物质富集，通过食物链逐渐富集在较高营养级生物的体内，影响后续生物链上生物的生命安全。

第二，油污会附着沾染在一些生物的体表，影响部分生物活动（如海鸟，有可能丧失飞翔能力），并造成毒害，造成鸟类大量死亡。

第三，分解石油导致的细菌大规模繁殖是否会引起环境问题不可知，但石油分解后，会有大量的氮磷残留，导致海水富营养化，引发赤潮。并导致大批鱼类、龟类死亡，真菌分解石油消耗氧气，导致更多海洋生物缺氧死亡，海洋生产力下降。

第四，大范围的原油泄漏对生态系统的各个层次都有损害，而且油污很难被自然分解，自然状态下一般通过风浪扩散，逐步稀释并消解原油造成的影响，如果在较平静海域，危害会更加巨大。部分生物适应海水污染，导致整个生物链发生变化。

2. 长期影响

泄漏的原油即使表面看起来已被清除干净，实际上仍有大量有毒物质残留在被污染的海水和海岸上，会对海洋生物造成长期危害。研究人员在不同水域的岩石上喷洒上不同浓度的风化原油，然后将从这些岩石上收集的鲑鱼卵孵化后放回大海，通过检测洄游产卵的鲑鱼数量来判断泄漏原油对它们的影响。研究结果显示，岩石上喷洒的风化原油越多，回来产卵的鱼越少。目前人类还不知道这些毒素是什么。[36-39]

## 三、水电开发造成的生态破坏

从普遍意义上讲，水利水电工程在环境方面的影响主要包括局部气候的影响，对泥沙和河道、水文、土壤、水体、鱼类、生物物种、地质的影响以及对文物和景观的影响等。

（一）对局部气候的影响

一般情况下，地区性气候状况受大气环流所控制。但修建大、中型水库及灌溉工程后，原先的陆地变成了水体或湿地，使局部地表空气变得较湿润，对局部小气候会产生一定的影响，主要表现在对降雨、气温、风和雾等气象因子的影响。

对降雨量的影响主要表现在降雨量和降雨的分布改变上。由于修建水库形成了大面积蓄水，在阳光辐射下，蒸发量的变化引起降雨量的变化。实测资料表明，库区和邻近地区的降雨量有所减少，而一定距离的外围区降雨则有所增加。一般来说，地势高的迎风面降雨增加，而背风面降雨则减少。对于南方大型水库，夏季水面温度低于气温，气层稳定，大气对流减弱，降雨量减少；但冬季水面较暖，大气对流作用增强，降雨量增加。

对气温的影响。水库建成后，库区的下底面由陆面变为水面，与空气间的能量交换方式和强度均发生变化，从而导致气温发生变化，年平均气温略有升高。

（二）对水文的影响

水库修建后改变了下游河道的流量，从而对周围环境造成影响。水库不仅存蓄了汛期洪水，而且还截流了非汛期的基流，往往会使下游河道水位大幅度下降甚至断流，并引起周围地下水位下降，从而带来一系列的环境生态问题。

水利工程建设还会造成下游地区的地下水位下降；入海口处河水流量减少引起河口淤积，造成海水倒灌；因河流流量减小，使得河流自净能力降低；以发电为主的水库，多在电力系统中担任峰荷，下泄流量的日变化幅度较大，致使下游河道水位变化较大，对航运、灌溉引水和养鱼等均有较大影响；当水库下游河道水位大幅度下降以至断流时，势必造成水质的恶化。

（三）泥沙淤积问题

泥沙淤积主要是河水挟带的泥沙在水库回水末端至拦河建筑物之间库区的堆积。由于我国有许多河流是含沙量高、输沙量大的多泥沙河流，携带大量泥沙的河水进入库区后，由于水深沿流程增加，水面坡度和流速沿流程减小，因而水流挟沙能力沿流程降低，出现泥沙淤积。

水库淤积所造成的主要问题如下：第一，使防洪库容和水利库容减小，影响水库效益的发挥；第二，淤积向上游发展，造成上游地区的淹没和浸没以致盐碱化，带来一系列生态环境问题；第三，水库变动回水区的冲淤对航运会带来某些不利影响；第四，坝前泥沙淤积会在一定程度上影响枢纽的安全运行；第五，水库下泄清水对下游河道冲刷和变形的影响；第六，附着在泥沙上的污染物对水库水质的影响等。

（四）对水体的影响

水库蓄水后，随着水面的扩大，蒸发量的增加，水汽、水雾就会增多等。这些都是修坝后水体变化带来的影响。而水库蓄水后，对水质可产生正负两方面的影响。

有利影响。库内大体积水体流速慢，滞留时间长。有利于悬浮物的沉降，可使水体的浊度、色度降低；库内流速慢，藻类活动频繁，呼吸作用产生的 $CO_2$ 与水中钙、镁离子结合产生 $CaCO_3$ 和 $MgCO_3$；并沉淀下来，降低了水体硬度。

不利影响。库内水流流速小，降低了水、气界面交换的速率和污染物的迁移扩散能力，因此复氧能力减弱，使得水库水体自净能力比河流弱；库内水流流速小，透明度增大，利于藻类光合作用，坝前储存数月甚至几年的水，因藻类大量生长而导致富营养化；被淹没的植被和腐烂的有机物会大量消耗水中的氧气，并释放沼气和大量 $CO_2$；悬移质沉积于库底，长期累积不易迁移，若含有有毒物质或难降解的重金属，可形成次生污染源。

（五）对生物物种的影响

这里生物物种则泛指动物、植物和微生物。需要强调的是，在不同的地区、不同的河流上建坝，对鱼类和生物物种的影响是不同的，要对具体的河流进行具体的分析，不能一概而论。

1. 对陆生植物和动物的影响

永久性及直接的影响：库区淹没和永久性的工程建筑物对陆生植物和动物都会造成直接破坏；间接的影响：指局部气候，土壤沼泽化、盐碱化等所造成的对动植物的种类、结构及生活环境等的影响。

2. 对水生生物的影响

主要指对水生藻类植物的影响。水库淹没区和浸没区原有植被的死亡以及土壤可溶盐都会增加水体中氮磷的含量，库区周围农田、森林和草原的营养物质随降雨径流进入水体，从而形成富营养化的有利条件。

3. 对鱼类的影响

切断了洄游性鱼类的洄游通道；水库深孔下泄的水温较低，影响下游鱼类的生长和繁殖；下泄清水，影响了下游鱼类的饵料，影响鱼类的产量；高坝溢流泄洪时，高速水流造成水中氮氧含量过于饱和，致使鱼类产生气泡病。

4. 生态系统多样性的影响

库蓄水淹没原始森林，涵洞引水使河床干涸，大规模工程建设对地表植被的破坏，新建城镇和道路系统对野生动物栖息地的分割与侵占，都会造成原始生态系统的改变，威胁多样生物的生存。

（六）其他生态问题

1. 大型水库蓄水后地质灾害

一是地震。其主要原因在于水体压重引起地壳压力增加，水渗入断层，可导致断层之间的润滑程度增加；增加岩层中空隙水压力。二是库岸产生滑塌。水库蓄水后水位升高，岸坡土体的抗剪强度降低，易发生塌方、山体滑坡及危险岩体的失稳。三是水库渗漏。渗漏造成周围的水文条件发生变化，若水库为污水库或尾矿水库，则渗漏易造成周围地区和水体的污染。

2. 水土流失

一是浸没。在浸没区，土壤中的通气条件变差，造成土壤中的微生物活动减少，肥力下降，影响作物的生长。二是沼泽化、潜育化。水位上升引起地下水位上升，土壤出现沼泽化、潜育化，因过分湿润致使植物根系衰败，呼吸困难。三是盐碱化。由库岸渗漏补给地下水经毛细管作用升至地表，在强烈蒸发作用下使水中盐分浓集于地表，形成盐碱化。土壤溶液渗透压过高，可引起植物生理干旱。

## 四、 非常规能源开发造成的生态问题

近年来，随着全球气候变暖等议题的持续升温，以致密砂岩气、页岩气、煤层气、天然气水合物为代表的非常规能源凭借其资源储量大和分布范围广的优势逐步进入快速发展时期。但非常规能源的开发过程中也存在着各种环境风险，我们重点关注非常规能源尤其是能源开发过程中的生态问题。

（一）页岩气勘探开发的生态问题

页岩气是一种封闭在页岩地层中的非常规天然气，页岩层具有坚硬且易于

呈薄片状剥离的性质，以往利用的常规天然气集中存于地下的气层中，只要从地面向气层钻井，天然气就会自动从地下喷出来。但稀薄且分布广泛的非常规天然气必须采取特殊的挖掘方法，才能从地下开采出来。自进入21世纪以后，随着“水平坑井”和“水压致裂”等新技术的出现，开采成本迅速降低，页岩气产量快速攀升。页岩气开发产生的环境问题主要有以下5点。[63-66]

1. 水资源消耗

页岩气储层的孔隙度和渗透率非常低，除少数裂缝发育区域具有较高的自然产能外，一般页岩气藏均需水力压裂后才可获得工业气流。据美国能源部统计，Marcellus页岩气田投产一口井平均耗水量约为$1.5\times10^4$ $m^3$，其中水力压裂用水量占98%；Barnett页岩气田投产一口井用水约$1\times10^4$ $m^3$，其中水力压裂用水占85%；Fayetteville每口页岩气井需水量约为$1.2\times10^4$ $m^3$，水力压裂用水占95%；Haynesville每口页岩气井约需水$1.4\times10^4$ $m^3$，水力压裂用水占73%。可见，页岩气开发需要大量用水，其中水力压裂工艺耗水量巨大。页岩气开发区域如果存在大部分长期缺水或季节性水资源匮乏，大规模页岩气钻探大量消耗地表水或地下水，很可能影响当地水生生物的生存、城市和工业用水等，给当地的生态环境和人民生活带来严峻考验。

2. 水体污染

页岩气井水力压裂用的压裂液（滑溜水）主要由水、支撑剂（主要是砂粒）和少量化学添加剂配制成，其中水和砂粒含量一般为99.5%左右，化学添加剂含量约为0.5%。在压裂过程中，压裂液起到压开裂缝，传导压力，支撑裂缝和保护油气层的作用。压裂液中的化学添加剂种类繁多，常用的有十几种。例如，溶解岩屑和诱导裂缝生成的盐酸；降低压裂液与管道摩阻的聚丙烯酰胺；抑制和杀灭水生微生物的戊二醛；缓蚀、防垢的N，N二甲基甲酰胺和乙二醇等。化学添加剂的使用引发公众对页岩气钻井和压裂过程可能造成地下水污染的担忧。页岩气井压裂后的返排液约占注入压裂液量的60%~80%。除含有压裂液中的化学添加剂，返排液还含有一定量的烃类化合物、重金属和水溶性盐类等，其中水溶性盐类主要包括钙、钾、钠的氯化物和碳酸盐。大量的返排液对偏远地区的井场来说，无论是就地处理还是外输至污水处理厂都是巨大的挑战，如果处理不当势必对当地水资源造成污染。美国环保局在事实面前也不得不表示：“根据已有证据，水力压裂很有可能影响到地下水。”更可怕的是在可预见的未来，地下含水层污染是永久性的，不能被清理干净。

3. 地表和植被破坏

此外，页岩气开发对地表的破坏还有可能导致水土流失、地表沉降和泥石流等问题。除了页岩气井的修建外，输送页岩气的管道建设也是造成这些破坏的重要原因。由于页岩气开采钻井密度较大，相应的页岩气管道建设也比常规天然气井多，由此对地表造成更严重的破坏。管道在施工过程中的运输、施工作业带的整理、管沟的开挖、布管等施工活动将不可避免地对周围环境产生不利影响。除了施工过程中产生的“三废”排放对环境造成的影响，还有对土壤扰动和自然植被等的破坏，在原生态地区，将造成大量的野生植被破坏，影响野生动物的栖息环境，甚至导致局部水土流失和泥石流灾害等；在农垦区，占用大量的耕地资源，加剧土地矛盾。

4. 温室气体排放

$CH_4$ 是一种比 $CO_2$ 更强大的温室气体，$CH_4$ 逃逸到大气中会加剧全球变暖，$CH_4$ 渗入地下蓄水层，会造成地下水污染。$CH_4$ 泄漏可能来自页岩气开发过程中的故意排气，设备泄露，或者水力压裂过程。与常规尤其开采相比，页岩气开采过程中 $CH_4$ 的泄露量更大，常规油气开采 $CH_4$ 泄露量仅为 1 个多百分点，而页岩气开采过程中 $CH_4$ 泄露量却占到产气量的 3.6%~7.9%，尽管 CH4 在大气中的停留时间约为 $CO_2$ 的 1/10，但 $CH_4$ 的温室效应是 $CO_2$ 的 21~72 倍（因时间尺度而异）。页岩气勘探开发过程中 $CH_4$ 气的泄漏不可忽视。

5. 地质环境影响

根据水力压裂技术的原理，页岩气的开采可能引发地质结构的改变，严重时可能引发地震。美国地质调查局研究发现美国发生的震级超过里氏 3 级的地震明显增加，虽然目前尚无法确定用于开采页岩气的新型液力加压开裂技术与地震发生是否具有内在的联系，但有证据证明地震发生的时间与往处理井内灌入废水的时间相吻合。鉴于水力压裂法开采技术可能引发地震，威胁人类健康和环境，2011 年英国暂停了 Cuadrilla 资源公司的页岩气开采。

（二）可燃冰开采可能造成的生态问题

可燃冰：即天然气水合物（Natural Gas Hydrate，简称 Gas Hydrate）是分布于深海沉积物或陆域的永久冻土中，由天然气与水在高压低温条件下形成的类冰状的结晶物质。其分子式用 $mCH_4 \cdot nH_2O$ 来表示，m 代表水合物中的气体分子，n 为水合指数（也就是水分子数）。其外观像冰一样而且遇火即可燃烧，可燃冰具有使用方便、燃烧值高、清洁无污染等特点，可燃冰像固体酒精一样可被直接点燃，$1m^3$ 就可释放 $164m^3$ 天然气，其能量密度是煤的 10 倍，是公认的地球上尚未开发的大规模新型能源。作为绿色清洁能源，可燃冰是21世纪公认的替代能源之一，但是，开发和利用所面临的难度和风险也是世界公认的。

1. 温室气体效益

除了地质灾害之外还有空气污染问题。可燃冰的主要成分是$CH_4$，还有一部分丙烷，以及$CO_2$等其他物质和水的混合物。$CH_4$作为强温室气体，对大气辐射平衡的影响仅次于$CO_2$。据测算，全球天然气水合物中蕴含的$CH_4$量约是大气圈中的3000倍，而天然气水合物分解产生的$CH_4$进入大气的量即使只有大气$CH_4$总量的0.5%，也会明显加速全球变暖的进程。可燃冰中的$CH_4$，其温室效应为$CO_2$的21~72倍。如果一旦打开封闭，让可燃冰中的$CH_4$逃逸到大气中去，会加剧温室效应，对全球气候变化造成严重后果。

2. 其他生态问题

除温室效应外，海底天然气水合物开采还会带来更多问题。例如，$CH_4$气体如果排入海水，其氧化作用会消耗大量氧气，对海洋微生物生长发育带来危害；如果排入海水的$CH_4$量特别大，还可能造成海水汽化和海啸等，造成巨大危害。

此外，天然气水合物在开采过程中还会分解产生大量的水，释放岩层孔隙空间，使其赋存区地层发生结构性变差，引发海底滑塌等地质灾变。

（三）煤层气开发的生态问题

煤层气是指储存在煤层中以$CH_4$为主要成分、以吸附在煤基质颗粒表面为主、部分游离于煤孔隙中或溶解于煤层水中的烃类气体，是煤的伴生矿产资源，属非常规天然气，是近年来在国际上崛起的洁净、优质能源。

1. 煤层气开发对水环境的影响

煤层气开发过程中产生的废水主要有：钻井废水、压裂返排液、煤层气井采出水。

煤层气开发钻井过程中的废水污染源主要是钻井废水（废弃钻井液）。钻井过程中泥浆经处理后循环使用，所以排放量较小。煤层气开采过程中通常采用压裂法沟通煤层中的天然裂缝，加速煤层的排水降压，提高煤层气的释放率。压裂法需配制特定功用的压裂液，使其具有传递压力、压开煤层（或地层）、携带支撑剂等性能。根据需要，压裂液中添加不同化学药剂，起到稠化剂、交联剂、pH值调节剂、杀菌剂、黏土稳定剂、破乳剂、助排剂、破胶剂、降滤剂、黏度稳定剂、络合剂等作用。

煤层气井建成初期，地层采出水的产生量较大，一般煤层气采出水矿化度和悬浮物浓度较高。大量的煤层气采出水，若直接排放，会对水环境造成污染。

2. 煤层气开发对生态环境的影响

煤层气开发对生态环境的影响主要来自施工期井场、站场、道路建设、采气和集气管道敷设临时占地及运行期永久占地对生态的破坏。

3. 煤层气开发对大气的影响

煤层气开发对大气环境的影响主要来自施工期和运行期。施工期废气主要是施工扬尘及施工机械排放的废气。。施工扬尘主要来自土方挖掘、建筑材料如水泥、石灰、砂子等装卸、堆方的扬尘及交通运输引起的扬尘。钻井废气主要来源于钻井机械排放的废气，其主要污染物是 $SO_2$、烟尘、NOx 等。但这种影响是局部的、短期的，工程完成之后影响就会消失。运行期对大气环境的污染主要来自开采初期的煤层气放空。不仅造成了资源浪费，而且燃烧产生的大量 $CO_2$ 和氮氧化物排放后，污染环境。

（四）油页岩开采加工的生态问题

页岩油是指以页岩为主的页岩层系中所含的石油资源。其中包括泥页岩孔隙和裂缝中的石油，也包括泥页岩层系中的致密碳酸岩或碎屑岩邻层和夹层中的石油资源。通常有效的开发方式为水平井和分段压裂技术。油页岩开采加工的生态问题主要表现在油页岩的开采和油页岩的利用过程中。

1. 油页岩开发对生态环境的影响

油页岩多半埋藏于煤层之上，范围较大，往往需要露天开采，造成土壤破坏，生存于土壤之上的森林、草原、农作物、微生物及野生动物等的栖生环境被破坏，进而威胁到个别物种动物和植物，其程度与开采区域生物珍奇物种的数量和种类有关；另外，土坡和植被的破坏将引起土地结构的变化，植被的调节作用也随之消失，被破坏的土壤直接裸露，由于雨水冲刷和风蚀作用，使土地质量下降，必然引起水土流失和土地沙化现象。

2. 油页岩的利用过程对生态环境的影响

在油页岩的开采、运输、破碎、筛分、热加工、干馏或直接燃烧等环节中，如烃类气体、吡啶、硫、氮、碳的氧化物、硫化氢及大量颗粒物等释放到大气之中，不仅会造成一定程度的污染，还会对酸雨、温室效应等生态问题起到一定的助推作用。

# 第二节　能源利用的生态问题

大规模的能源开发利用，不仅在能源开发环节可能引发生态问题，在能源使用环节也可能引发全球生态问题，如核能泄漏引发的生态危机、化石能源燃烧引发的全球变暖及热污染等。

## 一、全球变暖

与当前全球变暖趋势密切相关的许多危险现已众所周知：海平面上升，从而将吞没全球各地的岛屿和低洼海岸线地区；热带森林消失；破坏珊瑚礁；导致大量作物消失；引发极端天气事件；饥饿和疾病四处蔓延。一个日益令人关注的问题是，$CO_2$ 排放量不断上升，从而导致海洋酸化。在 $CO_2$ 溶解之后会变成碳酸，从而加剧海洋的酸性。因为 $CO_2$ 在冷水中比在温水中更容易溶解，所以北极地区的冰冷的海水正在以前所未有的速度增强其酸性。在十年之内，北极附近水域的腐蚀性会变得如此之强，以至于会溶解水生贝壳类动物的贝壳，并影响到整个海洋食物链。同时，海洋酸化似乎在降低海洋吸收 $CO_2$ 的能力，从而加速全球变暖。因此，人类产生的温室气体排放量的增加所引起的气候变化不是逐渐的、线性的过程，而是处于危险的加速状态，正在朝着地球系统突然变化的方向前进。

### （一）温室效应

温室效应，又称“花房效应”，是大气保温效应的俗称。大气能使太阳短波辐射到达地面，但地表向外放出的长波热辐射线却被大气吸收，这样就使地表与低层大气温度增高，因其作用类似于栽培农作物的温室，故名温室效应。促使地球气温升高的气体称为“温室气体”。$CO_2$ 是数量最多的温室气体，约占大气总容量的 0.03%，许多其他痕量气体也会产生温室效应，其中有的温室效应比 $CO_2$ 还强。自工业革命以来，人类向大气中排放的 $CO_2$ 等吸热性强的温室气体逐年增加，大气的温室效应也随之增强，已引起全球气候变暖等一系列严重问题，引起了世界各国的关注。

（二）能源开发利用与温室效应

尽管科学界对全球变暖的原因有不同的解释，但普遍认为温室效应加剧主要是人为因素造成的，特别是由于现代化工业社会燃烧过多煤炭、石油和天然气，这些燃料燃烧后放出大量的 $CO_2$ 气体进入大气造成的，$CO_2$ 气体具有吸热和隔热的功能。IPCC2012 报告指出：自 20 世纪中叶以来，大部分已观测到的全球平均温度的升高很可能是由于观测到的人为温室气体浓度增加所导致。已有越来越多的科学证明表明，人类活动是造成全球气候变暖的主要因素，其中与能源开发利用相关的人类活动主要有：

1. 温室气体排放

环境污染的日趋严重也是导致全球气候变暖的主要原因之一。工业生产中产生大量废弃物，特别是煤炭、石油等含碳燃料的燃烧，产生大量 $CO_2$，并排向大气中，造成大气成分的改变，进而改变大气环境。此外，生活中，空调等耗能机器的使用，致使大气中 $CO_2$、一氧化氮、氟氯烃等温室气体急剧增加。

2. 海洋油气资源开发引发的生态环境恶化

人类为了满足日益增长的能源需求，将油气开采转向了油气资源丰富的海洋。海洋石油开采导致的石油泄漏使得石油在海面上迅速大面积扩散，海洋生态环境恶化。海洋对气候有一定的调节作用，但生态环境的恶化则会降低海洋的调节能力。同时，海水吸收空气中 $CO_2$ 的量减少，空气中 $CO_2$ 的量得不到有效控制，进而减弱了海洋对温室效应的调控能力。

3. 能源开发活动加剧了森林资源减少

人类能源开发活动造成地表植被的破坏、地面坍陷，以及对水系的破坏，加剧了人为活动对森林资源的破坏，使得森林资源不断减少，森林资源的减少导致对 $CO_2$ 的吸收量降低，产生的大量 $CO_2$ 不能被及时消耗而残留在空气中；同时森林资源的减少削弱了其对气候的调节功能。

4. 黑炭气溶胶等物质影响因素

从几十年的观察研究，科学家们提出新观点，认为黑炭气溶胶等物质也能使气候变暖。黑炭气溶胶是一种固体颗粒状物质，主要是由于燃烧煤和柴油等高碳量物质时碳利用率太低而造成的，不仅浪费能源，而且造成环境污染。大量的碳粒聚集在对流层中，作为凝结核导致了云的堆积，云层越厚地球的热量越是不能向外扩散。黑炭所造成的全球变暖的作用可能比预期的要大，但它比温室气体容易得到控制，高效的燃烧就能大量减少碳粒子。

### （三）温室效应的危害

1. 温室效应对健康的影响

气候变暖有可能增加疾病发生的危险和死亡率，增加传染病。气温升高，会给人类生理机能造成影响，人类生病的概率将越来越大，各种生理疾病（例如，眼科疾病、心脏类疾病、呼吸道系统疾病、消化系统类疾病、病毒类疾病、细菌类疾病等）将快速蔓延，甚至会滋生出新疾病。

美国科学家近日发出警告，由于全球气温上升令北极冰层溶化，被冰封十几万年的史前致命病毒可能会重见天日，导致全球陷入疫症恐慌，人类生命受到严重威胁。一系列的流行性感冒、小儿麻痹症和天花等疫症病毒可能藏在冰块深处，目前人类对这些原始病毒没有抵抗能力，当全球气温上升令冰层溶化时，这些已埋藏在冰层千年或更长的病毒便可能会复活，形成疫症。

2. 全球气候变暖导致海平面上升

全球气候变暖将导致海洋水体膨胀和两极冰雪融化。科学家预测，今后大气中 $CO_2$ 每增加 1 倍，全球平均气温将上升 1.5℃~4.5℃，而两极地区的气温升幅要比平均值高 3 倍左右。如果海平面升高 1m，直接受影响的土地约 500 万$m^2$，人口约 10 亿，耕地约占世界耕地总量的 1/3。有研究表明，过去百年海平面上升了 4.4cm，我国海平面上升了 1.5cm。更有两项独立的新研究显示，由于全球变暖，南极一个名为沃迪的冰架已经完全消失，另有两个冰架的面积也在迅速减少，面临坍塌危险。这些发现进一步证实，南极洲冰川融化的速度比人们想象的快得多。目前，全球约有 50%的人口居住在沿海地区。海平面上升将会导致以下后果，如：将会导致沿海的一些低地和岛屿被淹没，大批人口流离失所，对人身财产安全造成威胁；海岸被冲蚀；地表水和地下水盐分增加，污染地下水资源，城市供水紧张困难；地下水位升高，影响地基承载力；旅游业特别是沿海旅游业受到冲击；影响沿海和岛国人民的生活，海平面上升不仅仅使一些沿海地区经济受损，更有甚者，可能会使这个地区从地图上消失。

3. 全球气候变暖将严重威胁生物多样性

（1）对生物多样性的影响。全球性气候变暖并不是一个新现象。过去的 200 万年中，地球就经历了 10 个暖、冷交替的循环。在暖期，两极的冰帽融化，海平面比现今要高，物种分布向极地延伸，并迁移到高海拔地区。相反，冰河时期，冰帽扩大，海平面下降，物种向着赤道的方向和低海拔地区移动。无疑，许多物种会在这个反复变化的过程中走向灭绝，现存物种即是这些变化过程后生存下来的产物。物种能够适应过去的变化，但它们能否适应由于人类活动而改变的未来气候呢？这是一个悬而未决的问题。但可以肯定的是，由于人为因素造成的全球变暖比过去的自然波动要迅速得多，那么这种变化对于生物多样性的影响将是巨大的。

一是对温带生物多样性的影响。由于气温持续升高，北温带和南温带气候区将向两极扩展。气候的变化必然导致物种迁移。然而依据自然扩散的速度计，许多物种似乎不能以高的迁移速度跟上现今气候的迅速变化。所以，许多分布局限或扩散能力差的物种在迁移过程中无疑会走向灭绝。只有分布范围广泛，容易扩散的种类才能在新的生存环境中建立自己的群落。二是对热带雨林生物多样性的影响。热带雨林具有最大的物种多样性。虽然全球温度变化对热带的影响比对温带的影响要小得多。但是，气候变暖将导致热带降雨量及降雨时间发生变化。此外森林大火、飓风也将会变得频繁。这些因素对物种组成、植物繁殖时间都将产生巨大影响，从而将改变热带雨林的结构组成。三是对沿海湿地和珊瑚礁生物多样性的影响。湿地和珊瑚礁是生物多样性丰富的生态系统，然而它们也会受到气候变暖的威胁。温度升高会使高山冰川融化和南极冰层收缩。在未来的50~100年中，海平面将升高0.2~0.9米，甚至更高。海平面的升高会淹没沿海地区的湿地群落。海平面升高对珊瑚礁种类有极大危害，因为珊瑚对海水的光照及水流组合有严格的要求。如果海水按预算的速度升高的话，那么即使生长最快的珊瑚也不能适应这种变化；此外海水温度升高同样会对珊瑚产生极大危害。由此将导致大量的珊瑚沉没以致死亡。四是对鸟类种群的影响。首先，气候变暖将直接影响鸟类种群。鸟类学家认为由于气温升高，导致一系列恶劣气候频繁出现，将影响候鸟迁徙时间、迁徙路线、群落分布和组成。此外，气候变化导致各种生态群落结构改变，将间接影响鸟类的种群。

(2) 温室气体直接影响生物种群变化。$CO_2$是重要的温室气体，同时又是植物进行光合作用的原料。随着大气中$CO_2$浓度的升高，植物的光合作用强度将增强，但不同植物具有不同$CO_2$饱和点。当$CO_2$浓度超过饱和点时，即使再增高$CO_2$浓度，光合强度也不会再增强。一般$CO_2$饱和点较高的植物能够适应大气中$CO_2$浓度的升高而快速生长，$CO_2$饱和点低的植物则不能快速生长，甚至会发生$CO_2$中毒现象，从而导致种群衰退。植物种群的变化必然导致植物食性昆虫种群的变化。而植物种群和昆虫种群中不可能预测的波动可能导致许多稀有物种的灭绝。

4. 温室效应对农业的影响

全球气温变暖将使世界粮食生产及其分布状况发生变化。加拿大北部和西伯利亚的永久性冻土带将消失，使那里有可能成为世界的大粮仓。气温升高使作物生长季节变暖和延长，导致农业病害的传播和害虫的滋生，从而影响农产品的产量。气候变暖、蒸发强烈又加剧气候的干旱程度。根据现有技术和粮食品种，若全球气温升高 2℃，而降雨量不变，则粮食产量可能下降 3%~17%。气候变暖使农业结构发生变化，进而使许多农产品的生产状况和贸易模式产生相应的变化。特别是发展中国家，农业对气候变化相当敏感，受温室效应的冲击更为明显。

众所周知，植物的光合作用可以固定 $CO_2$ 形成碳水化合物。$CO_2$ 浓度的增加，在一定程度上会加速植物的生长，但是 $CO_2$ 浓度如果过高，达到植物的饱和点后，其浓度升高则对植物的影响就没有那么大了，反而，由于 $CO_2$ 浓度升高，植物叶片气孔只需张开一个小口即可吸收足够的 $CO_2$，但气孔张口变小后，植物的蒸腾作用减弱，植物由于蒸发所损失的水分就减少了，结果是植物会长得更大。农作物生长较快，就可能较快地把土壤中的养分吸光，含氮量可能减少。

5. 温室效应对水环境的影响

随着地表的增暖，全球的降水格局也在发生着变化。北半球中、高纬度地区的降水出现了明显的增加趋势，而在萨赫勒、地中海、非洲南部、亚洲南部部分地区则观测到降水量减少的趋势。20 世纪 70 年代以来，在热带和亚热带地区出现了强度更强、持续时间更长的干旱，全球陆地许多区域的强降水事件发生频率却有所上升。在我国季风活动活跃的东部地区，小雨、中雨日数明显减少，大雨、暴雨等强降水日数却明显增多。在非洲南部，降雨量呈减少趋势，但强降水的比例却上升了。这意味着这些区域的自然降水条件变得恶劣，出现暴雨和洪涝的概率上升，水土流失呈加剧的势态，降水的可利用性在下降。

受气候变化的影响，地球生态系统也出现了多方面的变化。由于海水的受热膨胀和地球冰雪圈（山地冰川与积雪、极地雪盖、海冰等）的受热消融，已对全球海平面的上升产生了显著影响。目前观测到的数据显示，全球海平面在 20 世纪平均每年上升 1~2mm。海平面上升直接影响着海岸带的自然环境与海岸带经济，如风暴潮的加剧，导致海岸带湿地、红树林的减少，沿海地区洪灾加剧与海水倒灌的加剧。

全球变暖会加速陆地表面水蒸气的蒸发，对地面上水源的运用带来压力。导致陆地水分大量流失。不光是森林中的山火，城市中的火灾也将会非常频繁。全球降雨量可能会增加。但是，地区性降雨量的改变则仍未可知。某些地区可能有更多雨量，但有些地区的雨量可能会减少，因此破坏了水循环系统的平衡，导致地球上水资源分配的不平衡。使得降水不足地区地面上植被由于缺水而枯竭，进而导致土地沙漠化。此外，还会导致水土流失、山体滑坡、泥石流等自然灾害。

## 二、热污染

热污染是指自然界和人类生产、生活产生的废热对环境造成的污染。热污染通过使受体水和空气温度升高的增温作用污染大气和水体。火力发电厂、核电站和钢铁厂的冷却系统排出的热水，以及石油、化工、造纸等工厂排出的生产性废水中均含有大量废热。[63-66] 这些废热排入地面水体之后，能使水温升高。若把人为排放的各种温室气体、臭氧层损耗物质、气溶胶颗粒物等所导致的直接的或间接的影响全球气候变化的这些特殊危害环境的热现象除外，常见的热污染有：

第一，因城市地区人口集中，建筑群、街道等代替了地面的天然覆盖层，工业生产排放热量，大量机动车行驶，大量空调排放热量形成城市气温高于郊区农村的热岛效应；

第二，因热电厂、核电站、炼钢厂等冷却水所造成的水体温度升高，使水体里溶解氧减少，某些毒物毒性提高，鱼类不能繁殖或死亡，某些细菌繁殖，破坏水生生态环境进而水质恶化的水体热污染。

### （一）热污染产生的原因

热污染是异常热量的释放或被迫吸收产生的环境“不适”造成的，既有人类活动造成的，也有自然的因素。近年来，太阳活动频繁，太阳黑子的活动也相应较剧烈，使得大气环流运行状况随之改变，南北气流交换频繁，导致冬冷夏热；由于大气环流的原因，改变了大气正常的热量运输，厄尔尼诺现象增强，旱涝等灾害天气增强。各种自然灾害如火山、地震等爆发频繁，产生的地热也会影响环境中的热量。相比较自然原因产生的热污染，热污染更多的是人类活动引起的。[67]

第一，工业的迅速发展，各种燃料（煤、石油、天然气等）消费剧增，产生的大量 $CO_2$ 等温室气体被释放到大气之中，温室效应显著加速了地球大气平均温度的增高，造成全球热量平衡紊乱。人类大量砍伐森林、过度放牧，使能吸入 $CO_2$ 放出 $O_2$ 的森林牧草大量减少，也使 $CO_2$ 进一步增加。

第二，工业生产（如电力、冶金、石油、化工、造纸、机械等）过程中的动力、化学反应、高温熔化等，居民生活（如汽车、空调、电视、电风扇、微波炉、照明、液化气、蜂窝煤等）向环境排放了大量的废热水、废热气和废热渣以及散失了大量热量。

第三，工业生产过程中，与热过程有关的工业热灾害，如火灾、爆炸和毒物泄漏，也是热污染的来源。这些灾害可以引起大范围内人员伤亡和大面积的区域污染，而且持续时间长，导致环境热化，从而损害了环境质量，影响了人类生产和生活。

另外，城市建设中，水泥、柏油马路代替了原来的土地，使得地层上覆面结构改变，导致辐射平衡被改变、水分平衡被改变、局部环流被改变。同时，高楼大厦会影响对流，使得热量不能够及时与周围环境进行交换，导致城市温度高于郊区，热污染因此而产生。

（二）热污染的危害

1. 热污染对人体健康的影响

热污染严重危害人体健康。热环境平衡的破坏，使得人体的正常免疫功能降低。高温不仅会使体弱者中暑，还会使人心率加快，导致情绪烦躁、精神萎靡、食欲不振、思维反应迟钝、工作效率低。高温为多种病原体、病毒的繁殖和扩散提供了适宜的气候条件，易引起疾病，特别是肠道疾病和皮肤病。

2. 热污染对全球气候变化的影响

随着人口的增长，耗能量的增加，城市排入大气的热量日益增多。使地面对太阳热能的反射率增高，吸收太阳辐射热减少，沿地面空气的热减少，上升气流减弱，阻碍云雨形成，造成局部地区干旱，影响农作物生长。

整个地球的热污染可能破坏大片海洋从大气层中吸收 $CO_2$ 的能力，热污染导致水体环境发生变化，使得吸收 $CO_2$ 能力较强的单细胞水藻死亡而使得吸 $CO_2$ 能力较弱的硅藻数量增加。如此引起恶性循环，使 $CO_2$ 吸收量减少，地球变得更热。热污染使海水温度升高，使海藻、浮游生物和甲壳类动物等物种栖息的珊瑚礁和极地海岸周围的冰架遭到破坏；同时滋生了未知细菌和病毒，它们的大量出现，正在杀害海洋生物，威胁着人类的健康。

热污染引起南极冰原持续融化，造成海平面上升。这对于那些地势较低的海岛小国和沿海地区生活着大量人口的国家无疑是灾难性的，热污染引起冰川的融化最初可能导致洪水肆虐，贮有冰川融水的冰川湖也可能泛滥成害，一旦冰川湖枯竭，河流就会断流。由于全球气候变暖，空气中水汽相对较干旱地区明显增多，土地干裂，河流干涸，沙化严重，全世界每年都有超过 600 多万公顷的土地变成沙漠，尤其是在副热带干旱区和温带干旱区。因此，从某种意义上说，全球变暖与干旱地区日益扩大有很大关系。

3. 大气热污染

按照大气热力学原理，现代社会生产、生活中的一切能量都可转化为热能扩散到大气中，大气温度升高到一定程度，引起大气环境发生变化，形成大气热污染。根据热力学中的能量耗散现象可知，人类利用的全部能量最终将转化为热能进入大气，逸向宇宙空间。在此过程中，废热直接使大气升温；建筑物的增多不仅导致绿地减少还使风力减弱，阻碍了热量的扩散，同时建筑物白天吸收太阳光能，晚上放出热量，特别是冬季取暖期，本身也成为较强热污染源。造成的影响是一方面夜晚温度升高，减小了昼夜温差，人的生理代谢发生紊乱；另一方面是暖冬现象，使冬季气温持续偏高，病毒和细菌滋生，疾病流行。

4. 热污染对水环境的影响

水体与地面具有不同的性质，水的比热容比地面高。白天，水体表层水面接受太阳辐射后，部分太阳辐射性表层水温上升；夜间，水体由于温度比气体温度下降慢，使其比其上气体温度高，所以，以红外线的形式向外辐射能量，使之温度下降，在某种条件下，水面的能量收支相等，这时的水温被称为“平衡水温”。自然状态下的江、河、湖、海的水温不会高于平衡水温，但这些水体沿线分布了许多城市和工厂，如钢铁厂、化工厂等人为排放了一些比自然水温高的废水，这类水被称为“混排水”，由于混排水的缘故，自然水体受到了热污染，其水温常常高于平衡水温。热污染对水体的影响主要有以下几个方面：

(1) 影响水质。温度变化会引起水质发生物理的、化学的和生物化学的变化。专家研究表明，温度升高，水的黏度降低、密度减小。水中沉积物的空间位置和数量会发生变化，导致污泥沉积量增多。水温增加，还会引起溶解氧减少，氧扩散系数增大。水质的改变会引发一系列问题。

(2) 影响水中（水生）生物及生物群落。溶解氧的减少，会使存在的有机负荷因消化降解过程加快而加速耗氧，出现亏氧。鱼类会因缺氧而死亡。温度升高还会使水体中物理化学和生物反应速度加快，导致有毒物质毒性加强，需氧有机物氧化分解速度加快，耗氧量增加，水体缺氧加剧，引起部分生物缺氧窒息，抵抗力降低，易产生病变乃至死亡。此外由于水体温度的异常升高，会直接影响水生生物繁殖行为如鱼在冬季产卵及异常洄游，生物种群发生变化，寄生生物及捕食者相互关系混乱，影响生物的生存及繁衍。

由于不同生物的温度敏感性不一致，热污染改变了生物群落的种类组成，水体增温使水生生物群落结构发生变化，影响生物多样性指数，还使动物栖息场所减少。持续高温导致南极浮动冰山顶部大量积雪融化，使群居在南极冰雪地带海面浮动冰山顶部的阿德利亚企鹅数目大减，大量企鹅失去了赖以产卵和孵化幼仔的地方。

⑶ 水体富营养化。水体的富营养化以水体有机物和营养盐 (氮和磷) 含量的增加为标志，它引起水生生物大量繁殖，藻类和浮游生物爆发性生长。这不仅破坏了水域的景色，影响了水质，还对航运带来不利影响。如海洋中的赤潮使水中溶解氧急剧减少，破坏水资源，使海水发臭，造成水质恶化，致使水体丧失饮用、养殖的价值。水温升高，生化作用加强，有机残体的分解速度加快，营养元素大量进入水体，更易形成富营养化。藻类的大量生长，消耗大量溶解氧，对水生动物的生长造成威胁，由于缺少赖以生存的氧气，许多生物死亡。

⑷ 传染病蔓延。有毒物质毒性增大。水温的升高为水中含有的病毒、细菌形成了一个水下温床，使其得以滋生泛滥，造成疫病流行。水中含有的污染物，如毒性比较大的汞、铬、砷、酚和氰化物等，其化学活动性和毒性都随水温的升高而加剧。

⑸ 热污染加快水分蒸发。水温的升高使水分子热运动加剧，也使水面上的大气受热膨胀而上升，加强了水汽在垂直面上的对流运动，从而导致液体蒸发加快。陆地上的液态水转化为大气水，使陆地上失水增多，这在贫水地区尤其不利，使得贫水地区更加干旱。

5. 热污染对城市环境的影响

热岛现象在近地面气温分布上表现为以城市为中心形成一个封闭的高温区，犹如一个温暖而孤立的岛屿。由于热岛中心区域近地而气温高，大气做上升运动，与周围地区形成气压差异。周围地区近地面大气向中心区辐合，从而形成一个以城区为中心的低压旋涡，造成人们生活、工业生产、交通工具运转等产生的大量大气污染物 (硫氧化物、氮氧化物、碳氧化物、碳氢化合物等) 聚集在热岛中，威胁人们的身体健康甚至生命。其危害主要有：直接刺激人们的呼吸道黏膜，轻者引起咳嗽流涕疾病。刺激皮肤，导致皮炎，甚至引起皮肤癌；长期生活在“热岛“中心，会表现为情绪烦躁不安、精神萎靡、忧郁压抑、胃肠疾病多发等。因城区和郊区之间存在大气差异，可形成“城市风”，它可干扰自然界季风，使城区的云量和降水量增多；大气中的酸性物质形成酸雨、酸雾，诱发更加严重的环境问题。

## 三、核泄漏引发的生态灾难

在人类开发利用核能的过程中，不仅存在核辐射的危险，也可能由于技术或非人为因素造成核能反应炉发生故障，严重时造成核能外泄，核泄漏一旦发生，将引发严重的生态灾难。

（一）主要核泄漏事故

三哩岛核泄漏事故，通常简称“三哩岛事件”，是1979年3月28日发生在美国宾夕法尼亚州萨斯奎哈河三哩岛核电站的一次严重放射性物质泄漏事故。大约20吨二氧化铀堆积在压力槽底部，大量放射性物质堆积在反应堆安全壳内，少部分放射性物质泄漏到周围环境中。尽管它并没有造成人员伤亡，仍然是美国核电经营历史上最严重的核泄漏事故。

切尔诺贝利核电厂泄漏事故。1986年4月26日，切尔诺贝利核电站的4号动力站开始按计划进行定期维修。由于连续的操作失误，导致反应堆发生爆炸。切尔诺贝利核电站事故带来的损失是惨重的，爆炸时泄漏的核燃料浓度高达60%，事故中当场死亡2人，至1992年，已有7000多人死于这次事故的核污染。这次事故造成的放射性污染遍及苏联15万平方公里的地区。核电站周围30公里范围被划为隔离区，附近的居民被疏散，庄稼被全部掩埋，周围7千米内的树木都逐渐死亡。在长达半个世纪的时间里，10公里范围以内将不能耕作、放牧；10年内100公里范围内被禁止生产牛奶。

日本地震核泄漏。2011年3月11日，日本福岛核电站由于受到日本东海岸强震的影响，第一核电站2号机组发生核泄漏，3号机组反应堆面临遭遇外部氢气爆炸风险。能源环境调查研究所（IEER）的工作小组公布了一份推算数据。该数据称东京电力福岛第一核电站事故所释放出来的放射性物质量相当于1979年美国三哩岛（TMI）核电站事故的14万~19万倍。

（二）核泄漏的主要危害

1. 放射性核素的危害

最大的放射性核素是碘（I）、铯（Cs）、锶（Sr）、铈（Ce）。这些核素不但可以对人体构成外照射，也可通过生物链进入人体构成内照射，引起种种生物效应。放射性核素碘，在核反应堆发生严重事故，大量放射性物质释放到大气中的情况下，放射性碘进入人体的途径，主要是随饮食被摄入，其次是随受污染的空气被吸入。放射性核素铯，环境中的铯主要是通过食物链进入人体，经呼吸道的吸入量只占食入量的1%左右。沉降在粮食、菜蔬、牧草上的放射性铯以及通过根系被吸收到植物中的放射性铯，可被人、畜食入。放射性核素锶，属于高毒组核素，其生物损伤作用是由于它对骨髓和骨组织持久的照射所致。放射性核素钚，由于钚从胃肠道的吸收率低，吸入危害便成为放射性钚生物危害的重点问题。

2. 核辐射对人体的影响

辐射对生殖系统的影响。性腺是人体对电离辐射较敏感的器官。男性全身或局部受一定剂量照射后，可出现精子数减少、活动度降低及畸形精子增加，从而影响生育能力。辐射对女性生殖系统也易造成损伤。

辐射对胎儿的影响。孕妇受大剂量照射后，有可能导致儿童智能低下。

辐射对眼晶体的影响——辐射性白内障。由电离辐射引起的眼晶状体混浊，称为辐射性白内障，属于外伤性白内障的一种。人眼辐射性白内障平时多属于头面部特别是眼部放射治疗的合并征，其次见于辐射装置或核反应堆事故照射。

放射性核素的吸入，将引发甲状腺癌变、再生障碍性贫血、白细胞增生、白血病以及恶性骨肿瘤等多种疾病。

3. 核泄漏对生物遗传的影响

遗传性损害是电离辐射引起的另一种重要的远后效应，这是由于性腺受照射而引起的。性腺是产生精子和卵细胞的器官，而电离辐射能在这些细胞或其前体中引起通常是有害的突变，从而对胚胎或子代产生影响，引发生物物种变异。[71-74]

# 第四章　能源环境问题治理

随着能源环境问题的日益凸显，能源环境问题的治理引起了各国的高度重视。本章所讲的环境治理是政府、企业、公众等社会多元主体，为解决各种既有或预期的环境问题，通过不同的途径和手段改善环境质量或消除环境影响，从而维持人类社会的生存与可持续发展。根据治理机理的不同，能源环境治理手段可以分为：技术手段、行政手段、法律手段和经济手段。本章重点介绍能源环境治理基本手段的基本内涵、主要特点和基本类型。

## 第一节　能源环境治理的技术手段

科学技术的进步对生产力发展水平和速度有举足轻重的影响，科学技术也是能源环境治理的重要手段，离开科技进步不仅难以实现改善环境质量的目标，就是做到控制环境污染的发展也是很困难的，只有以先进的防治技术为基础，通过实施严格的法律监督才能实现控制污染、改善环境的目标。本节主要介绍环境技术手段的内涵、特点、主要类型以及能源环境技术选择的基本原则。

### 一、技术手段的内涵

能源环境治理技术手段有狭义和广义之分。狭义上技术手段是指为了达到环境保护目的、能够把环境污染和生态破坏控制到最小限度的生产技术、污染性和非污染性排放物工程处理技术以及生态修复技术的统称。广义上能源环境治理技术手段还包括环境管理的技术手段，这类技术包括开展宏观层面各种定量化、半定量化以及程序化的分析技术，如环境预测技术、环境评价技术和环境决策技术；微观层面对企业生产和资源开发过程中的污染防治、生态保护活动实施全过程控制和监督的手段。本书主要重点是环境治理技术手段的狭义含义。

## 二、技术手段的特征

能源环境治理技术具有工程技术的一般特征：

第一，改造世界的实用性和可行性。科学研究的目的是认识世界，技术研究的目的是改造世界，工程技术研究的目的则是系统化和规模化地改造世界。工程技术活动则是在实践操作中产生技术方法、工艺流程和工程产品的过程。所谓实用性，即工程技术的发明和应用在改造世界的实践中是管用的，能够产生预期的积极效果，发挥促进技术进步和经济发展的强大生产力功能。所谓可行性，即工程技术在改造世界的实践中是可以实施的，具有实际改造自然，实现既定目标，达到预期效果的现实可能性。

第二，创造价值的功效性和经济性。功效性和经济性是工程技术的显著特点。所谓功效性，即工程技术在改造世界的实践活动中是有效的，它的发明和应用能够实现预期的功能，为人们带来利益。经济性特点，即任何工程技术的发明和应用都以获取最大的经济利益为目标，以消费最少的成本为原则，尽可能有效地和合理地利用材料、能源和人力，使其产出与投入比达到最大值。追求最大经济效益、节约成本消费是工程技术活动的重要经济原则。

第三，自成体系的系统性和综合性。工程技术的研究对象是庞大的人工自然物，它必须把原来在科学研究中被舍弃的因素和关系一一恢复起来，加以综合考虑。任何一项工程技术问题的解决，不仅要综合地应用多门自然科学的原理和方法，应用多门社会科学尤其是经济科学的原理和方法，而且要系统地考虑经济效益、社会效益和生态效益，做到统筹兼顾。所以，工程技术不仅要遵循自然科学，而且要符合社会科学、管理科学、环境科学等，具有很强的系统性和综合性特征。

第四，历史发展的先进性与时效性。工程技术既不是从来就有的，也不是凝固不变的，而是历史发展并不断进步的。工程技术发展的历史表明，任何一种产品从开始出现社会需要到研制、生产、使用，直到该产品淘汰又出现新产品往往有一个更新换代的发展规律，表现出一个“产品生命循环”的周期。[75]

除了具有工程技术的一般特征，能源环境治理技术手段最为主要的特征是规范性。与技术的标准性相比，技术手段的规范性具有推荐的性质，代表了较为先进的技术；而技术的标准性具有强制性，一般代表技术水平的最低要求或较低要求。

## 三、技术手段的主要类型

按照不同的标准或依据，环境治理技术手段可以分成不同的类型。按照环境技术内容，环境技术主要包括末端治理技术和清洁生产技术；按照技术的治理对象可以分为“三废”治理技术、生态修复技术；按照技术手段的工作原理可以分为物理技术、化学技术、生物技术等。

### （一）按照环境技术内容

1. 末端治理技术

（1）定义。生产链的终端通过物理、化学或生物技术，实施环境破坏的控制和治理。传统“三废”处置技术均属末端控制技术，如：废气燃烧后脱硫脱硝、除尘、$CO_2$ 捕捉等。末端治理在环境治理发展过程中是一个重要的阶段，它有利于消除污染事件，也在一定程度上减缓了生产活动对环境污染和破坏的趋势。

（2）局限性。随着时间的推移、工业化进程的加速，末端治理的局限性也日益显露。首先，污染控制与生产过程控制没有密切结合起来，资源和能源不能在生产过程中得到充分利用。任何生产过程中排出的污染物实际上都是物料，因此污染控制应该密切地与生产过程控制相结合，末端控制的环保管理总是处于被动的局面，资源不仅不能充分利用，浪费的资源还要消耗其他的能源和资源去进行处理，这是不合理的。其次，污染产生后再进行处理，处理设施基建投资大，运行费用高。“三废”处理与处置往往只有环境效益而无经济效益，因而给企业带来沉重的经济负担，使企业难以承受。第三，由于没有抓住生产全过程控制和削减，末端治理往往不是彻底治理，而是污染物的转移，如烟气脱疏、除尘形成大量废渣，废水集中处理产生大量污泥等，所以不能根除污染。第四，末端治理未涉及资源的有效利用，不能制止自然资源的浪费。

2. 洁净生产技术

（1）定义。联合国环境规划署与环境规划中心（UNEPIE/PAC）将“清洁生产”这一术语定义为：“清洁生产”是指将综合预防的环境策略持续地应用于生产过程和产品中，以便减少对人类和环境的风险性。对生产过程而言，清洁生产技术包括节约原材料和能源的技术，有毒原材料替代技术，并在全部排放物和废物离开生产过程以前，减少它的数量和毒性的技术。对产品而言，清洁生产技术旨在减少产品在整个生产周期过程（包括从原料提炼到产品的最终处置）中对人类和环境的影响的技术。清洁生产技术通过改进工艺技术和改变管理态度来实现生产经济、环境与社会三大效益的统一。

(2) 特点。战略性。清洁生产是污染预防战略，是实现可持续发展的环境战略。作为战略，它有理论基础、技术内涵、实施工具、实施目标和行动计划。

预防性。传统的“末端治理”与生产过程相脱节，即“先污染、后治理”。清洁生产从源头抓起，实行生产全过程控制，尽最大可能减少乃至消除污染物的产生，其实质是预防污染。

综合性。实施清洁生产的措施是综合性的预防措施，包括结构调整、技术进步和完善管理。

统一性。传统的“末端治理”投入多、治理难度大、运行成本高、经济效益与环境效益不能有机结合；清洁生产最大限度地利用资源，将污染物消除在生产过程之中，不仅环境状况从根本上得到改善，而且能源、原材料和生产成本降低，经济效益提高，竞争力增强，体现了集约型的增长方式，能够实现经济效益与环境效益相统一。

持续性。清洁生产的最大特点是持续不断地改进。清洁生产是一个相对的、动态的概念。所谓清洁的工艺技术、生产过程和清洁产品是与现有的工艺和产品相比较而言的。推行清洁生产，本身就是一个不断完善的过程，随着社会经济的发展和科学技术的进步，需要适时地提出新的目标，争取达到更高的水平。

### (二) 按照技术的治理对象

#### 1. 废气治理技术

废气是指人类在生产和生活过程中排出的有毒有害的气体。废气中污染物种类很多，其物理和化学性质非常复杂，毒性也不尽相同，既包含气态污染物，也包含固态颗粒污染物。如燃料燃烧排出的废气中含有 $SO_2$、氮氧化物（NOx）、碳氢化合物等；因所用原料和工艺不同，工业生产排放的各种有害气体还包含固体颗粒物。这些废气和固体颗粒物是大气污染物主要成分。因此，废气治理技术主要包括：颗粒污染物治理技术和气态型废气治理技术。按照技术作用于气态型废气产生的生产阶段，气态型废气治理技术又分为燃烧前处理技术、燃烧过程中处理技术和末端治理技术。$CO_2$ 捕获与封存技术（CCS）是典型的末端治理技术。

#### 2. 废水治理技术

废水是指人类生产和生活活动过程中排出的水及径流雨水的总称，它包括生活污水、工业废水和初雨径流流入排水管渠等其他无用水。与能源环境相关的废水主要是指能源开发利用过程中产生的废水、污水和废液。

废水处理方法按对污染物实施的作用不同可分为两大类：一类是通过各种外力的作用把有害物从废水中分离出来，称为分离法；另一类是通过化学或生物作用使有害物转化为无害或可分离的物质（再经过分离予以除去），称为转化法。

按废水处理程度划分，废水处理技术可分为一级、二级和三级处理。一级处理主要是通过筛滤、沉淀等物理方法对废水进行预处理，目的是除去废水中的悬浮固体和漂浮物，为二级处理作准备。经一级处理的废水，其 BOD 除去率一般只有 30%左右。二级处理主要是采用各种生物处理方法除去废水中的呈胶体和溶解状态的有机污染物。经二级处理后的废水，其 BOD 除去率可达 90%以上，处理水可达标排放。三级处理是在一级、二级处理的基础上，对难降解的有机物、磷、氮等营养性物质进一步处理。三级处理方法有混凝、过滤、离子交换、反渗透、超滤、消毒等。

3. 固体废弃物治理技术

根据固体废物的特性，以及固体废物处置的主要目的，固体废物处置（管理）的技术主要包括三类：固体废弃物减量技术，即尽量避免固体废物产生的技术；其次，固体废弃物综合利用技术，即合理利用固体废物资源价值的技术；最后，载能固体废弃物的能源的再生利用技术，即对于妥善处置暂时无法利用的固体废物，如果废物无法通过再生进行物质回收，或者这种回收在经济上不合理，那么利用其中包含的能量也是一种资源再生手段。能源工业固体废弃物处理技术主要涉及煤矸石、粉煤灰和锅炉渣的综合利用技术。

4. 生态修复技术

人类在能源开发利用的过程中，在对生态系统造成不同程度上的影响，直接或间接导致了环境污染、土壤退化、植被破坏、气候异常、生物多样性降低等生态问题。综合修复和改善已退化生态系统，是能源环境治理的重要内容。生态修复是在生态学原理指导下，以生物修复为基础，结合各种物理修复、化学修复以及各种工程技术措施，通过最佳优化组合，使之达到最佳效果和最低耗费的一种污染环境综合修复方法。

生态修复技术是生态修复的核心内容，它以生态修复理论为研究基础，以不同特点的退化具体环境为研究对象，从而提出并形成适用于当地生态环境修复和可持续发展的技术模式。按照技术复合形式，生态修复技术可以分为单一生态修复技术和复合修复技术。植物修复技术、微生物修复技术、化学修复技术等是常用的单一生态修复技术；而化学-生物联合修复则是常见的复合生态修复技术。

（三）按照技术原理

按照技术原理，环境治理技术可以分为物理技术、化学技术、生物治理技术等。以废水处理为例：

物理处置法是经过物理效果分离、收回废水中不溶解的呈悬浮状况的污染物（包括油膜和油珠）的废水处置法。一般选用沉积、过滤、离心分离、气浮、蒸腾结晶、反浸透等办法。将废水中悬浮物、胶体物和油类等污染物分离出来，从而使废水得到净化。

化学处置法是经过化学反应和传质效果来分离、去除废水中呈溶解、胶体状况的污染物或将其转化为无害物质的废水处置法。一般选用办法有：中和、混凝、氧化复原、萃取、汽提、吹脱、吸附、离子交换以及电浸透等办法。

生物技术是经过微生物的代谢效果，使废水溶液、胶体以及微细悬浮状况的有机物、有毒物等污染物质，转化为安稳、无害的物质的废水处置办法。生物处置法又分为需氧处置和厌氧处置两种办法。需氧处置法当前常用的有活性污泥法、生物滤池和氧化塘等。厌氧处置法，又叫生物复原处置法，常用于处置高浓度有机废水和污泥等。

## 第二节　能源环境治理的行政手段

在世界范围内，行政手段不仅在早期的环境保护中举足轻重，在现代的环境治理中也是不可取代的。特别是在我国，由于市场机制加强环境保护方面尚不够完善，环境政策法律透明度不高，行政手段在能源环境治理中仍占据重要地位。

### 一、行政手段的含义

在环境治理的诸多手段中，行政手段是最早运用的一种手段。所谓环境治理的行政手段特指国家级和地方级政府机构，根据国家行政法规所赋予的组织和指挥权利，以命令、指示、规定等形式作用于直接管理对象，对环境资源保护工作实施行政决策和管理的一种手段。例如，对一些环境污染严重的排污单位实施禁止排污或严格限制排污，甚至将这些排污单位关、停、并、转。又如，对某些环境危害较大的项目不予审批上马，或暂缓上马。

## 二、行政手段的主要特点

随着环境问题的日益凸显，现代环境治理过程中更多倾向于综合运用经济手段、法律手段，但我国目前发展阶段，社会自觉接受环保要求不够，特别是一些落后地区在客观上还存在生存和环保矛盾问题，需要有统一标准和强制的执行力，才能够取得实效。行政手段仍是我国环境治理中重要选项。这是由行政手段自身特点决定。

第一，直接性。行政手段则是由行政机关直接规定相对方应为与不应为的事项，无需通过其他的媒介。

第二，强制性。在行政行为中，相对方没有自由处分利益的权利，而且相对方之间经济、法律地位的差异并不影响他们在行政措施中必须做出同一反应。这就使得行政手段比经济手段以及其他手段更具有强制性，而且更易贯彻。

第三，高效性。正因为行政手段能够直接参与法律关系，对相对方产生强制性效力，也就更易于达到施行行政手段的目的。

尽管我国现行的各项环境治理制度是在改革开放过程中逐步建立起来的，比较多地借鉴和吸收了市场经济国家的先进管理思想和方法。但行政手段的局限性也是比较突出：

①与市场经济不完全兼容。市场经济的基本要求是主体之间平等与意志自由，在遵循价值规律的基础上以获得最大利益为动机自由处置利益，相比较之下，强硬的行政手段无法适应市场经济相对灵活、效益的要求。而且行政规章即使细如牛毛，也难以适应市场的瞬息万变和相互之间利益关系的庞杂。

②受人为因素的影响程度较大。从行政法规的制定者到具体措施的实施者，都有主观臆断的条件，使得行政手段的有效性往往取决于制定或者实施者的个人素质而非客观规律。与客观规律相符的行政措施将发挥很大的效能，而一旦与客观规律相悖，也将产生较大的危害性。

③易引发政府失灵。在环境治理行政手段运用过程中，政府是该手段的实施主体，在环境治理过程中，由于政府处于信息劣势地位，以及在行政关系中，行政机关与相对方相比几乎总是处于强势。信息劣势可能使政府的行政部门制定的环境制度或政策未能达到预期目标；而行政关系中的强势地位可能引发权利侵犯，经常的权利侵犯或对此可能性的恐惧导致相对方或者自行设法躲避，

或者与行政机关人员相勾结，从而对国家和社会造成损害，进而导致环境治理的政府失灵。

世界各国的环境治理手段大都从最初侧重于行政手段转换为强制性、经济性、技术性、社会性等各种管理方式并重的局面，也在一定程度上反映了行政手段的局限性。

## 三、我国行政手段的主要类型

### （一）环境影响评价制度

环境影响评价，又称环境质量的预评价，是指在进行某项人为活动之前，对实施该活动可能给环境质量造成的影响进行调查、预测和估价，并提出相应的处理意见和对策。环境影响评价制度，则是环境影响评价活动的法律化、制度化，是国家通过立法对环境影响评价的对象、范围、内容、程序等进行规定而形成的有关环境影响评价活动的一套规则。环境影响评价制度是我国环境保护的主要制度之一，也是环境监督管理的主要制度之一，对于贯彻预防为主的环境保护原则，预防新的污染源出现发挥着极为重要的作用。

1. 环境影响评价制度的由来与发展

环境影响评价的概念最早是在 1964 年加拿大召开的一次国际环境质量评价的学术会议上提出来的。而环境影响评价作为一项正式的法律制度则首创于美国。1969 年美国《国家环境政策法》把环境影响评价作为联邦政府管理中必须遵循的一项制度。环境影响评价制度不仅为多数国家的国内立法所吸收，而且也已为越来越多的国际环境条约所采纳，如在《跨国界的环境影响评价公约》《生物多样性公约》《气候变化框架公约》等中都对环境影响评价制度作了规定，环境影响评价制度正逐步成为一项各国以及国际社会通用的环境管理制度和措施。

我国环境影响评价制度建立始于 1979 年颁布的《环境保护法（试行)》，从此，我国从立法上确立了环境影响评价制度。后经过多次修订、修改、补充和更具体的规定，从而在我国确立了内容较为完整的环境影响评价制度；并且，通过各种具体立法对环境影响评价制度作了规定，形成了较为完善的环境影响评价法律制度体系。

2. 我国环境影响评价制度的主要内容

根据《建设项目环境保护管理条例》（以下简称《条例》）以及其他相关规

章的规定，我国环境影响评价制度的主要内容包括：

(1) 环境影响评价的对象是建设项目。《条例》所称的“建设项目”是指按固定资产投资方式进行的一切开发建设活动，包括国有经济、城乡集体经济、联营、股份制、外资、港澳台投资、个体经济和其他各种不同经济类型的开发活动。按计划管理体制，建设项目可以分为基本建设、技术改造、房地产开发（包括开发区建设、新区建设、老区改造）和其他共四个部分的工程和设施建设。

(2) 对建设项目的环境影响评价实行分类管理。根据《条例》第七条的规定，国家根据建设项目对环境的影响程度，实行分类管理。第一类是对环境可能造成重大影响的项目。建设对环境可能造成重大影响的项目，应当编制环境影响报告书，对建设项目产生的污染和对环境的影响进行全面、详细的评价。第二类是对环境可能造成轻度影响的项目。建设对环境可能造成轻度影响的项目，应当编制环境影响报告表，对建设项目产生的污染和对环境的影响进行分析或者专项评价。第三类是对环境影响很小的项目。建设对环境影响很小的项目，不需要进行环境影响评价的，应当填报环境影响登记表。《建设项目环境保护分类管理名录》则对“重大影响”“轻度影响”“影响很小”进行明确界定，并对各类建设项目的具体名录进行明列。

(3) 建设项目环境影响报告书的内容。《条例》第八条规定，建设项目环境影响报告书应当包括下列内容：建设项目概况；建设项目周围环境现状；建设项目对环境可能造成影响的分析和预测；环境保护措施及其经济、技术论证；环境影响经济损益分析；对建设项目实施环境监测的建议；环境影响评价结论。涉及水土保护的建设项目，还必须有经水行政主管部门审查同意的水土保护方案。

(4) 环境影响评价报告书（表）或登记表由行业部门预审，环保部门审批。建设项目环境影响报告书（表）或登记表，由建设单位报有审批权的环境保护行政主管部门审批；建设项目有行业主管部门的，其环境影响报告书或者环境影响报告表应当经行业主管部门预审后，报有审批权的环境保护行政主管部门审批。

(5) 对从事建设项目环境影响评价工作的单位实行资格审查制度。《条例》第十三条规定，国家对从事建设项目环境影响评价工作的单位实行资格审查制度。从事建设项目环境影响评价工作的单位，必须取得国务院环境保护行政主管部门颁发的资格证书，按照资格证书规定的等级和范围，从事建设项目环境影响评价工作，并对评价结论负责。《建设项目环境影响评价资格证书管理办法》对评价证书的等级、申请评价证书的条件和程序、评价证书管理与考核、罚则等作了具体规定。

(6) 征求公众意见。《条例》第十五条规定，建设单位编制环境影响报告书，应当依照有关法律规定，征求建设项目所在地有关单位和居民的意见。

(二) 环保“三同时”制度

1. 环保“三同时”制度概述

环保“三同时”是建设项目环境管理的一项基本制度，是我国以预防为主的环保政策的重要体现。即，建设项目中环境保护设施必须与主体工程同步设计、同时施工、同时投产使用。“三同时”制度的适用范围包括：新、改、扩建项目；技术改造项目；可能对环境造成污染和破坏的工程项目。

1973年国务院下发的《关于保护和改善环境的若干规定》中首次正式提出：一切新建、扩建和改建的企业必须执行“三同时”制度；1976年中共中央批转的《关于加强环境保护工作的报告》中重申了这项制度；1979年的《环保法（试行)》”、1989年的《环保法》、各时期单项环保法律及国务院《建设项目环境保护管理条例》均规定了建设项目必须执行“三同时”制度。

2. 环保“三同时”制度主要内容

环境保护“三同时”制度是指一切新建、改建和扩建的基本建设项目（包括小型建设项目)、技术改造项目以及自然开发项目和可能对环境造成损害的工程建设，其中防治污染和其他公害的设施及其他环境保护设施，必须与主体工程同时设计、同时施工、同时投产。

同时设计是指建设单位在委托设计单位进行项目设计时，应该将环境保护设施一并委托设计；承担设计任务的单位必须依照《设计规范》的规定，把环境保护设施与主体工程同时进行设计，并在设计过程中充分考虑建设项目对周围环境的保护，对未同时委托设计环境保护设施的建设项目，设计单位应该拒绝。

同时施工是指建设单位在委托施工任务时，应委托环保设施的施工任务；施工单位在接受建设项目的施工任务时，应该同时接受环境保护设施的施工任务，否则不得承担施工任务。在施工阶段，建设单位和施工单位应该做到必须将环保工程的施工纳入项目的施工计划，保证其建设进度和资金落实；做好环保工程设施的施工建设、资金使用等资料、文件的整理建档工作。

同时投产与使用是指建设单位必须把环境保护设施与主体工程同时竣工验收并同时投入运转。建设项目在正式投产使用前，建设单位要向环保部门提交环保设施竣工验收报告，说明环保设施运行情况、治理效果，经过验收合格后由环保部门出具项目竣工环保验收意见。需要试生产的建设项目，经过环保部门同意后，建设项目方可进行试生产，试生产期间在3个月内完成（有特殊原因的，可说明情况申请试生产延长，试生产期最长不超过1年），试生产期间主体工程应当与环保设施同时投入使用。在试生产期间，建设项目配套的环保设施未与主体工程投入试运行的或者投入试生产超过期限的，建设单位未申请环保设施竣工验收或者环保设施未建成、未经过验收或验收不合格，主体工程正式投入生产或者使用的，都要责令停止生产或使用，并处罚款。未经环保部门的同意，排污单位不得擅自闲置或者拆除环保设施或者不正常使用环保设施。

（三）许可证制度

1. 排污申报登记制度

（1）排污申报登记制度概述。排污申报登记制度是指由排污者向环境保护行政主管部门申报其污染物的排放和防治情况，并接受监督管理的一系列法律规范构成的规则系统。它是排污申报登记的法律化。实行这一制度，有利于环境保护行政主管部门及时准确地掌握有关污染物排放和污染防治情况的准确信息，为进行其他方面的环境管理提供依据。该制度的基本要求是：排放污染物的单位，应向所在地的环境保护行政主管部门申报登记其拥有的污染物排放设施、处理设施和在正常作业条件下排放污染物的种类、数量和浓度，并提供防治污染方面的有关技术资料；排放污染物的种类、数量和浓度有重大改变的，应当及时申报。不执行这一制度，拒报或者谎报有关污染物排放申报登记事项的，由环境保护行政主管部门给予警告或者罚款的行政处罚。

（2）排污申报登记制度的主要内容。第一，排污者的基本情况。包括排污者的详细地址、法人代表、产值与利税、正常生产天数、缴纳排污情况、新扩改建设项目、产品产量、原辅材料等指标。第二，生产工艺示意图。第三，用水排水情况。包括新鲜用水量、循环用水量、污水中污染物排放浓度与排放量、污水排放去向及功能区、污水处理设施运行情况等项指标。第四，废气排污情况。包括生产工艺废气排污情况，如生产工艺排污环节、生产工艺排污位置、生产工艺排放污染物的种类和数量、废气排放去向及功能区、污染治理设施的运行情况等；燃料燃烧排污情况，如锅炉、炉窑、茶炉及炉灶燃料的类型、燃料的耗量、污染物排放情况、废气排放去向及功能区、污染治理设施的运行情况等。第五，固体废物的产生、处置与排放情况。包括各种固体废物的名称、产生量、处置量、综合利用量、排放量等。第六，环境噪声排放情况。包括噪声源的名称、位置、所在功能区、昼间和夜间的等效声级等。

2. 许可证的监督管理

第一，建立健全管理体系。应从人员结构、职能、管理制度和程序等方面考虑，建立一整套许可证管理体系，整个体系应具备组织严密、管理灵活、运行可靠的特点，确保许可证制度发挥应有的作用。

第二，制定相应的管理制度。主要从两个方面去考虑：一是从许可证制度的协调关系考虑，如许可证制度与“三同时”和排污收费的协调关系等；二是从许可证制度本身出现的一些客观问题去考虑，如总量指标的确定，指标分配和有偿转让等问题。

第三，问题监督规范化，抽查监督制度化。在推行过程中，要抓住总量计量与监督检查这两个中心环节。要完善各排污口的总量计量系统，并统一总量计量技术；此外，环保部门要加强监督性检查，并使之经常化、制度化。

3. 污染物排放总量分配

确定法律规定排放总量控制指标后，分配污染物总量削减指标是发放和管理排污许可证最核心的工作。一个地区要想科学地确定污染物排放总量控制指标，并合理地分配污染物削减指标，就必须对当地的环境目标、经济发展、财政实力、治理技术等因素，进行综合考虑和分析。大气污染总量控制主要考虑能源结构、能源消耗量及燃烧方式等因素；水污染物总量控制主要考虑流域、区域水量水质等状况，总用水量和总排水量等因素；固体废弃物考虑排放种类和总量，以及运输等因素。

4. 审核发证

排污许可证的审批，主要是对排污量、排放方式、排放去向、排放口位置、排放时间加以限制。每种污染源分配的排污量之和必须与问题控制指标相一致，并留有一定的余地。在这一阶段的工作中，需要确定排污许可证的类型（临时或正式两种），与领取排污许可证的企业协商对话，最后颁发许可证。颁发许可证可以采取公开、公证形式，赋予其严肃性。排污许可证的审核颁发工作，应由专人管理，从申请、审核、批准到变更均应建立完整的工作程序。

（四）政府目标责任制度

1. 政府目标责任制度概述

目标责任制是通过工作目标设计，将组织的整体目标逐级分解，转换为单位目标最终落实到个人的分目标。在目标分解过程中，权责利明确，而且相互对称。这些目标方向一致，环环相扣，相互配合，形成协调统一的目标体系。每个个体目标的完成，是组织完成整体目标的前提。有关考评机构将对目标完成情况进行考核，并对考核结果进行运用。政府目标责任制是一种自上而下的、层层落实的政策执行机制，既涉及省、市、县以及乡镇四级人民政府，还涉及规模不一的各类重点耗能企业。目标责任制主要包括目标的确定与分解、目标责任书签订、数据的统计和监测、责任目标的评价、考核与奖惩等几个方面，具有较强的主导性。在目标分解方面，许多地方政府不仅按地区进行了分解，还按行业、行政部门进行了分解，并扩展了目标责任制的应用范围。

2. 我国主要的能源环境政府目标责任制度

（1）环境保护目标责任制。环境保护目标责任制是我国环境体制中的一项重大举措。它是通过签订责任书的形式，具体落实到地方各级人民政府和有污染的单位对环境质量负责的行政管理制度。责任制是一种具体落实地方各级政府和有关污染的单位对环境质量负责的行政管理制度。一个区域、一个部门乃至一个单位环境保护的主要责任者和责任范围，运用目标化、定量化、制度化的管理方法，把贯彻执行环境保护这一基本国策作为各级领导的行为规范，推动环境保护工作的全面、深入发展，是责、权、利、义的有机结合，从而使改善环境质量的任务能够得到层层分解落实，达到既定的环境目标。

（2）环境保护目标责任制的主要形式及内容。主要污染物总量减排目标责任书。该责任书是中央政府为了落实国家减排目标和地方政府环境保护责任，与各级地方政府签订的目标责任书，将主要污染物总量减排目标、减排任务、减排措施等，通过签订责任书的形式，具体落实到地方各级人民政府和有污染的单位。目标责任书详细列出了各省（区、市）和企业集团重点减排项目清单，规定重点减排项目建设必须完成的时间。目前，主要污染物包括化学需氧量、$SO_2$、氨氮和氮氧化物排放总量限制目标和排放强度下降目标。

该责任书纳入各级政府绩效考核。根据各级政府的《节能减排综合性工作方案》，上级政府将每年组织对下一级人民政府总量减排目标责任评价考核，考核结果向社会公告。对年度减排目标未完成或者重点减排项目未落实的地方和企业，实行问责和一票否决。

大气污染防治目标责任书。该责任书是中央政府为了贯彻落实《大气污染防治行动计划》，落实地方政府环境保护责任，与各级地方政府签订的目标责任书。责任书首要目的是明确各地空气质量改善目标和重点工作任务，目标责任除空气质量改善目标外，还包括《大气污染防治行动计划》中的主要任务措施，并要求各地制定实施细则和年度计划，分解落实任务，细化到年度。该目标责任书根据区域的不同，内容略有差异。

为保障大气污染防治目标如期实现，国务院颁布考核办法，每年对各省（区、市）环境空气质量改善和任务措施完成情况进行考核。对未通过考核的地区，环境保护部门将会同组织部门、监察部门进行通报批评，并约谈有关负责人，提出限期整改意见。

节能目标责任书。节能目标责任书是中央政府为了落实国家节能目标，与各级人民政府和重点企业就国家能耗降低目标而采取的一种管理制度，该责任书详细规定了各地方政府能耗下降目标及节能主要措施，同时，还详细制定了当地每个重点企业的节能指标。节能目标通过签订责任书的形式，由上级政府向下一级政府层层分解，逐步建立一级抓一级、一级考核一级的目标责任落实体系，来实现国家节能目标。

（五）其他行政手段

除了上述主要行政手段，环境治理中的行政手段还有大量的环境标准、环境规范、环境规程等。环境标准、规程、规范本质上讲都是标准的一种表现形式，习惯上统称为标准，只有针对具体对象时才加以区分。当针对产品、方法、符号、概念等基础标准时，一般采用“标准”。当针对产品规划、设计、制造、检验等通用的技术事项作出规定时，一般采用“规范”；当针对操作、工艺、管理等专用技术要求时，一般采用“规程”。涉及的相关概念我们将在后续的章节予以详细介绍。本节重点介绍环境标准。

1. 环境标准基本概念

环境标准是为了保护人群健康，防治环境污染，促使生态良性循环，合理利用资源，促进经济发展，依据环境保护法和有关政策，对有关环境的各项工作所做的规定。环境标准是监督管理的最重要的措施之一，是行使管理职能和执法的依据，也是处理环境纠纷和进行环境质量评价的依据，是衡量排污状况和环境质量状况的主要尺度。

2. 环境标准的分类

按照标准理论，根据环境标准的层级，可以分为国家环境保护标准、地方环境保护标准和行业环境保护标准，其中，国家环境保护标准主要包括：国家环境质量标准、国家污染物排放标准（或控制标准）、国家环境监测方法标准、国家环境标准样品标准和国家环境基础标准。地方环境保护标准是对国家环境标准的补充和完善，主要包括：地方环境质量标准、地方污染物排放（控制）

标准和国家环保总局标准。

国家环境标准与地方环境标准的关系：执行上，地方环境标准优先于国家环境标准执行；污染物排放标准之间的关系：国家污染物排放标准又分为，跨行业综合性排放标准（如：污水综合排放标准、大气污染物综合排放标准、锅炉大气污染物排放标准）和行业性排放标准（如：火电厂大气污染物排放标准、合成氨工业水污染物排放标准、造纸工业水污染物排放标准等）。综合性排放标准与行业性排放标准不交叉执行。即：有行业性排放标准的执行行业排放标准，没有行业排放标准的执行综合排放标准。

按照标准执行来看，国家环境标准分为强制性环境标准和推荐性环境标准。环境质量标准和污染物排放标准及法律、法规规定必须执行的其他标准为强制性标准。强制性环境标准必须执行，超标即违法。强制性标准以外的环境标准属于推荐性标准。国家鼓励采用推荐性环境标准，推荐性环境标准被强制性标准引用，也必须强制执行。

按照标准体系结构和内容，我国的环境标准体系包括：环境标准基本体系和合格评定的技术支撑体系。其中，环境标准基本体系分为两部分：一部分为标准基本体系：主要包括强制实施的技术法规、自愿实施的标准、合格评定程序等内容；另一部分为标准推行体系：主要包括与标准相关的法律法规体系、运行保障体系、信息服务体系等内容。[76]

## 第三节　能源环境治理的法律手段

环境治理是一项涉及面广、技术复杂的系统工程。在行政、经济、技术和法律四种手段来实施环境管理和治理中，法律手段是环境治理的准绳和保障，是国家环境管理部门在行政管理领域内，依照法定职权和程序，把国家法律、法规实施到具体环境管理和治理过程中，以达到有效环境治理和保护目的。在环境管理和治理中占有特别重要的地位。本节重点介绍环境治理的法律手段的基本含义、主要特点以及我国主要的能源环境法律体系。

### 一、法律手段含义

法律手段是环境治理的一种强制性手段，按照环境法规来处理环境污染和环境破坏问题，对严重污染和破坏环境的行为提起公诉，甚至追究法律责任；也可依据环境法规对危害人民健康、财产，污染和破坏环境的个人或单位给予批评、警告、罚款或责令赔偿损失等。依法治理环境是控制并消除污染，保障自然资源合理利用，并维护生态平衡的重要措施。

从环境法调整对象的角度看，环境法的体系主要包括了污染防治法律、自然保护法律、循环经济法律和能源法律。其中污染防治法律的内容有水污染防治、大气污染防治、土壤污染防治、噪音防治、放射性污染防治、危险化学物防治等；自然保护法律的内容有自然资源保护，如森林、草原、土地、矿产资源、野生动植物的保护和生态环境的保护，如山川河流、地形景观、生物多样性、海洋环境、水土保持、防沙治沙，以及历史遗迹等；循环经济法律包括了节约用水、清洁生产、资源综合利用、可再生资源回收利用等；能源法律包括能源的供给和使用、节约能源，以及能源的开采、加工、运输中的环境保护等。[77]

## 二、法律手段的主要特征

法律手段是监管者整体意志的体现。与行政手段、经济手段、技术手段相比较，法律手段能够以最坚定的方式贯彻管理意志。它不会因管理者和被管理者作为人的个体差异而不同。

法律手段的主要特征可以概括为以下几点：第一强制性，法律手段对全体公民和组织成员均具有强制性的约束力，也就是人人都必须遵守这些行为准则。第二规范性，法律手段通过确定行为规范来进行管理。第三概括性，法律制约的对象是抽象的、一般的人，而不是具体的、特定的人。第四稳定性，法律一经制定，就不能随意改变，具有一定的稳定性。第五可预测性，法律一经制定，组织成员可以根据法律条文预见到组织对自己的和他人的行为会有什么样的反应。

## 三、我国主要的能源环境法律体系

### （一）污染防治法律体系

经过多年的建设，我国污染防治立法取得了较大的成绩，污染防治法律体系已经初具规模。全国人大常委会通过和修改了包括《水污染防治法》《大气污染防治法》《环境噪声污染防治法》《固体废弃物污染环境防治法》《海洋环境保护法》《放射性污染防治法》等多部专门法律。国务院制定并公布或经国务院批准而由主管部门公布了大批综合性或专项行政法规或部门规章，如《大气污染防治法实施细则》（1993 年）、《淮河流域水污染防治暂行条例》（1995 年）、《国务院关于环境保护若干问题的决定》（1996 年）、《机动车排放污染防治技术政策》（1999 年）、《水污染防治法实施细则》（2000 年）等。这些法律法规为我国污染防治工作提供了较为完备的法律依据。另外，我国还制定了环境质量标准、污染物排放标准、环境基础标准、样品标准和方法标准，基本上建立了环境标准法律体系。从总体上看，我国已经形成了较为完善的污染防治法律体系和制度规范体系。

（二）自然保护法律体系

宪法性法律中的规定。《中华人民共和国宪法》作为我国的基本法对自然资源的开发、利用和保护作了一些原则性的规定，其他有关资源保护的法律、法规是这些原则性规定的具体体现。我国现行宪法第 9 条规定“国家保障自然资源的合理利用，保护珍贵的植物和动物。禁止任何组织和个人用任何手段侵占或者破坏自然资源”；第 26 条规定“一切使用土地的组织和个人必须合理利用土地”，“国家保护和改善生活环境和生态环境，防治污染和其他公害。国家组织和鼓励植树造林，保护林木”。

环境基本法中有关自然资源保护的规定。自然资源保护和污染防治是《环境保护法》的两大基本内容。该法第 3 章《保护和改善环境》中有多个条文涉及自然资源保护问题，对自然资源保护作了原则性规定，20 条规定：“各级人民政府应当加强对农业环境的保护，防治土壤污染、土地沙化、盐渍化、贫瘠化、沼泽化、地面沉降和防治植被破坏、水土流失、水源枯竭、种源灭绝以及其他生态失调现象的发生和发展，推广植物病虫害的综合防治，合理利用化肥、农药及植物生长激素。”

单行性资源保护法律。《土地管理法》《水土保持法》《森林法》《草原法》《水法》《矿产资源法》《渔业法》《野生动物保护法》《文物保护法》和《农业法》等单行性法律是我国宪法中相关自然资源保护的规定的具体化，这些法律在保护我国自然资源方面起着不可估量的作用。

其他地方性法规和国际公约。地方性法规因地制宜，对资源保护作了一些规定，此外，参加的国际公约也表明我国是一个负责任的国家，保护地球自然资源也是中国人民义不容辞的义务，这些国际公约主要有《气候变化框架公约》《生物多样性公约》《海洋法公约》《世界文化和自然遗产保护公约》等。

### （三）循环经济法律体系

尽管我国在 20 世纪 70 年代就开始注意用法律手段推动环境保护和资源的综合利用、循环使用等工作，但循环经济体系建设相对落后。与循环经济法律体系密切相关的是《中华人民共和国清洁生产促进法》（2003 年 1 月 1 日起施行），就提高资源利用效率、实施污染预防为主要内容，是专门规范企业等清洁生产的法律规范。该法的公布实施，表明我国发展循环经济是以法制化和规范化的清洁生产为开端，是可持续发展的历史性进步。2008 年通过的《循环经济促进法》确立了循环经济发展的基本管理制度和政策框架，对发展循环经济的战略地位、遵循原则、实施原则等做出了明确的法律界定，是发展循环经济的基本法律依据。

循环经济法律体系不健全。只有这一部总纲性质的《循环经济促进法》还是不够的，要落实这部法律，还有很多工作要做，最重要的是要使循环经济变成经济生活中被各方参与者视为必须遵循的基本原则，还需要制定更加详尽的分门别类的法规、规范、标准等。先进的发达国家有很多教训与经验，它们经过多年的探索，已经形成了完整的循环经济的法律体系。以日本为例，循环经济法就有《容器包装回收利用法》《家用电器回收利用法》《循环型社会形成推进基本法》《资源有效利用促进法》《建筑材料循环利用法》《食品循环利用法》《废物处理法》和《绿色消费法》等法律，这些法律是日本现实经济生活中的硬约束，确保了日本在发展“动脉产业”的同时发展“静脉产业”，做到了“动脉产业”与“静脉产业”同时发展，步入更加环保的循环经济，步入良性轨道。

### （四）能源法律体系

能源法律体系，是指调整能源合理开发、加工转换、储运、供应、贸易、利用及其规制，保证能源安全、有效、持续供给的法律规范和法律制度组成的完整、统一、协调、有内在逻辑构成的系统。[77] 能源法律体系不是能源法律规范和制度的堆砌，而是一个有机的组合。能源法律规范和制度的设置，意在保证能源安全、有效、持续供给，其覆盖面宽，贯穿能源开发利用的全过程。各种能源法律规范和制度无论出现得早晚，在哪一部法律中的规定都应该是一致的，而不是冲突的；而每一项能源法律规范和制度，都与整体有内在的联系。能源法律体系由能源矿业法、能源公共事业法、能源利用法、能源替代法等构成。

我国主要的能源法律。能源矿业法，我国矿产资源法的法律体系主要包括：《矿产资源法》《矿产资源法实施细则》《矿产资源监督管理暂行办法》《石油及天然气勘查、开采登记管理暂行办法》《煤炭法》（1996年）、《煤炭生产许可证管理办法》《乡镇煤矿管理条例》等。能源利用法，《电力法》，其中规定的主要法律制度有电力供给制度和电业设施和工程安全制度。《中华人民共和国节约能源法》，共包括六章五十条内容，并以节能计划制度、重点管制制度、用能产品标识制度、节能标准和节能产品认证制度、节能技术开发、产品生产鼓励制度为其重要法律制度。《中华人民共和国可再生能源法》，规定的主要法律制度，有总量目标制度、强制上网制度、分类电价制度、费用分摊制度以及专项资金制度。

随着时代的发展和能源问题的不断尖锐化，现有能源法律体系不健全的问题日益突出，作为能源法律体系中的基本法能源法至今未能出台，这严重制约了能源法律体系的建设进度。

## 第四节 能源环境治理的经济手段

经济手段是能源环境治理的重要措施之一，通过利用价值规律，运用价格、税收、信贷等经济杠杆，改变经济主体的行为，激励积极治理污染的单位，限制损害环境的社会经济活动，促进节约和合理利用资源，充分发挥价值规律在环境治理中的杠杆作用。

### 一、经济手段的内涵

环境治理的经济手段是为了达到环境保护和经济发展相协调的目标，从影响成本—收益入手，引导经济当事人进行选择，以便最终有利于环境的一种政策措施。

环境经济手段有广义与狭义之分。从广义的角度看，一种政策手段只要同时对环境与经济有影响，就可以称之为环境经济手段。一般从狭义的角度对环境经济手段进行界定。按照经济合作与发展组织的观点，当某种手段的应用足以影响到经济当事人对可选择的行动（如安装治污设施以减少污染排放、缴纳排污费以获准污染、与其他厂商协商以取得许可等）的费用进行评估时，该手段之前便可以冠之以“经济”之名。经济手段主要影响当事人决策和行为，这种影响表现在使得当事人的决定能够导致比没有这种手段更加理想。

环境经济手段主要功能包括行为激励功能和资金配置功能。其中，行为激励功能表现为通过经济手段，借助于市场机制的作用，使外部不经济的环境费用内部化，改变生产者和消费者原有的经济刺激模式，纠正他们破坏环境的行为。资金配置功能包括三方面的内容：①依据法律、行政授权，筹集用于环境保护的资金；②资金的重新分配；③资金的使用。

## 二、经济手段的特点

### （一）经济手段的主要优点

第一，经济手段的基本特征是贯彻经济利益原则。从经济利益上来处理国家和个人、污染者和被污染者等的各种经济关系，达到控制不利于保护环境的活动和调动各方面保护环境的积极性的目的。

第二，经济手段通过经济主体自主选择实现环境治理目标。环境管理者在设定具体环境目标时，为经济主体提供了多种选择的自由，经济主体可以通过成本与收益的比较，选择最有效或最有利的手段。一方面，政府的环境目标既可使得环境效益最大化，也可选择在环境效益相同时政策手段成本的最小化。另一方面，经济主体可根据政策手段进行权衡比较，根据适合自身状况，自主选择可使它获益最大的方案，即，经济主体基于经济利益的考虑，通过对成本、收益进行分析选择实施成本最小化而收益最大化的方案。

第三，经济手段有利于提高经济效率。由于经济主体之间知识、技术等存在着差异，自然资源开发最佳水平和环境污染最佳水平存在着一定差异，且每个经济体有着不同的边际成本。经济手段是通过市场机制使各种资源在不同经济体之间得到合理配置，使资源开发量和污染水平均达到最佳水平，使得不同经济主体之间的边际成本相等，最终治理环境污染的效率得到提高。避免了用行政手段治理环境时“一刀切”的模式导致的资源开发量和污染水平高于或低于最佳水平，提高了环境治理的经济效率。

第四，经济手段对经济主体行为的调节主要通过市场机制调节和信号刺激，而不是直接限制经济主体的行为。适用的是价值规律、利益驱动原则、供求关系和市场需求原理。

第五，在较为完善的市场机制、理性的政府和企业行为下，经济主体能够根据自身行为的收益和代价，并自主选择最合适降低污染的方式，不仅仅是环境治理的经济效率较高的手段，也是人们自觉运用环境经济规律，治理环境问题措施的高级阶段。

（二）经济手段的局限性

尽管环境治理经济手段已经成为一种发展趋势，我国也正在加紧进行环境经济政策的贯彻执行和改进。但无论何种经济手段，都有受制于环境问题特殊性而存在的局限性，专注于环境经济政策研究和制定的时候，不应当忽略解决环境问题的经济手段自身存在的固有局限性。[78]

1. 目标不确定性

无论是以环境治理目标为直接目的，还是以环境治理为手段而实现“可持续发展”均有目标不确定或目标不可度量问题。

第一，环境治理目标的不确定性。在制定环境治理目标时，首先就会遇到环境承载极限、环境价值以及效用等一系列变量难以精确测定和衡量的问题。以污染控制目标为例，给定污染水平，我们可以通过计算污染造成的生产损失、效用损失以及存量损害，结合私人成本来制定最优污染税，使得外部成本内部化。但是，究竟什么样的污染水平是最优水平？由于我们不可能得到与污染相关的所有函数形式和参数值，在实践中可能无法识别有效的或者最优的污染目标。正因为如此，人们只好另外基于技术可行性、健康或安全等效率之外的方面的考虑，来制定一些标准和规则。无论标准和规则本身多么具体明确，从目标意义上讲，它仍是“随意的”和不明确的。

第二，实现“可持续发展”目标的多重选择性。由于人们通常所普遍提及的可持续概念，更多的是在对经济行为进行限制的意义上使用的，因此，我们既可以把“可持续状态”看作是效用或者消费不随时间而下降的状态，也可以把“可持续状态”看作是自然资本存量不随时间而下降的状态，还可以把“可持续状态”视作自然资源得到管理以维持未来的生产机会等。可持续性作为一种理念很容易得到认同，而在具体目标的制定上就会存在争议或者说面临着各种不同的选择。

同时，可持续目标涉及代际最优资源配置和代际社会福利问题，尽管我们可以依据当代人的理解从理论上进行设定和推测，但很难说能保证符合未来的实际情况和未来人们的意愿，这是不得不承认和思考的事实。

2. 资源可替代性

经济学研究所关心的并不是技术上的可行性，而是特定条件下资源可利用性。反映在环境经济研究中，通常所指的资源稀缺性指的是自然资源变得越来越难以获取，从而用为获取资源而上升的机会成本来作为衡量稀缺的指标，它是一种相对稀缺性。当讨论环境资源最佳利用时，通常是在给定资源存量条件下，研究如何通过满足静态和动态的效率条件找到最优开采路径，以实现经济系统的社会福利最大化。但是，在给定资源环境的条件下，替代可能性的大小很可能对长期生产能否得到维持具有决定性的意义。也就是说，最佳的资源消耗模式在某种意义上取决于该种资源是否是生产过程中“必需”的。

然而，实际的情形是我们根本不知道现在所必需的各种资源，到底在多大程度上能够实现替代，即使考虑持续不断的技术进步也是如此。值得注意的是，有人认为环境经济手段的刺激可以促使企业不断寻求新的投入替代品和开发新的技术，这很容易给人造成环境经济手段完全可以解决资源可替代性的印象。实际则并非如此，至少环境经济手段解决资源可替代性的可能性不能被认为是很可靠的。

3. 不可逆性与风险

资源利用和环境保护的决策不仅影响现在，也涉及将来，而未来是无法预知的，更重要的是许多有关环境治理的经济行为和决策实际上是不可逆的。环境治理中经济手段要受到不可逆性的制约，而存在着风险和不确定性。

4. 对某些既定环境损失问题无效

这是很容易被忽视的一点，假若一个国家或地区在采取相应政策和措施之前，已经存在大量环境问题，那么依赖当下采取的环境经济政策并不能有效解决这一问题。例如空气污染、水土流失、生物多样性丧失、森林遭到过度砍伐，等等，当污染物存量累积超过环境承载极限，对可再生资源的开发利用已经越过其阈值而导致不能恢复，那么无论当下采取什么样的经济手段，都不足以弥补既定损失。而只能是通过节约当前的环境资源消费，以及通过采取实物或者价值补偿措施，对环境进行投资。即便如此，诸如生物多样性丧失以及一些不可再生资源的损失仍然是无法弥补的，而且也是无法估量的损失。因此，在制定环境经济政策的时候，必须对既定的环境问题进行特别的考虑，对于现行政策不能有效解决的“存量”问题，需要辅以有特别针对性的包括经济手段在内的多种不同的方法。而不能认为只要环境经济政策科学有效，则所有的环境问题都能够自然而然地“迎刃而解”。

5. 政府失灵导致的干预低效甚至失效

环境经济手段的实施主体主要是政府，而正如市场会由于不完全竞争、信息不充分以及外部性等原因而存在失灵一样，政府同样也会失灵。政府可能会由于信息不足、决策失误以及寻租活动等原因，而导致在环境治理中运用的经济手段，非但不能实现环境资源的有效配置，提高经济效率，反而是扭曲价格与竞争机制使得资源利用和污染控制等偏离最优化水平。政府在信息和知识量的拥有方面并不一定总是超越所有的个人和群体的，其纠正市场失灵的能力也是有限的，一旦制定出的环境经济政策没有给予环境问题充分的重视，或者干预过度，就可能导致环境管理低效甚至失效。同时，环境问题所产生的外部性，尤其污染问题的负外部效应，很可能是由许多分散的个体承担的，政府的介入使得寻租活动成为可能。政府或者污染者等相关利益群体的寻租行为都可能导致环境经济政策的低效甚至失效，同时对收入分配和公平问题产生影响。并且，寻租行为是一种“直接的非生产性寻求利益活动”，它本身就造成社会资源的浪费而不是社会剩余的增加。[75]

## 三、经济手段的主要类型和主要形式

### （一）主要类型

经济手段是解决环境问题的“市场失灵”和“政策失效”而引起的低效率和不公平的重要选项。尽管对于经济手段的分类理论界有多种鉴定，但根据经济手段的作用机制，从“市场—政府”的维度，以庇古为代表的经济学家强调政府干预的手段使得外部性内部化，即“调节市场”，通过政府干预来解决环境问题，其核心思想是由政府给外部不经济性确定一个合理的负价格，由外部不经济性的制造者承担全部外部费用；而以科斯为代表的经济学家强调由市场机制本身来解决外部性问题，即“建立市场”。前者称为“庇古手段”，后者称为“科斯手段”。

两类环境经济手段的相同点，都是为了使外部费用内部化；都允许经济人为了实现环境目标，通过费用效益的比较，选择一种最优方案。

不同点，第一，庇古手段依赖于政府对环境问题及其重要性的认识以及掌握的信息；而科斯手段更多地依赖市场机制。第二，庇古手段需要政府实施收费或补贴，管理成本较大；而科斯手段需要政府界定产权。第三，实施庇古手段，除了使社会获得环境效益外，还可使政府获得经济收益；科斯手段则一般只获得环境效益。第四，庇古手段因为费率或税率的固定而一般不具有刺激作用（低于治理污染的边际成本、厂商之间的不公平）；而科斯手段一般能刺激厂商采取措施改进生产设备，减少排污。第五，如果被税收保护的人企图通过自己的行为影响税负和税收，实施庇古税可能导致另外一些外部性（过度利用环境税收政策)。

(二) 主要形式

1. 税收和收费

这是经济手段最主要的表现形式，政府通过征收税费而使环境成本和资源价值直接反映在产品价格中，也就是将外部不经济性直接内化到资源开发过程中，从而刺激开发者节约资源，保护环境。由于存在市场竞争机制，若开发者使用了超过社会必要的、平均的自然资源消耗量，或其生态破坏和环境污染程度超过了社会平均水平，则其付出的税费也高，其个别劳动时间就会超过社会平均劳动时间，则在将个别劳动转化为社会劳动时，其利润低于社会平均利润。从某种意义上说，环境收费和税收可以看成是对环境污染所支付的价格。这种价格的刺激作用取决于由于收费和税收的变化而带来的成本的变化。其具体的形式主要有：排污收费和税；产品收费和税。

2. 押金制度

政府要求自然资源开发者在开发之前交出一定数额的押金，当开发者对自然资源进行一定程度的补偿，如植树造林，复垦以后，再将其返还，否则予以没收。其主要形式有押金-退款制度。比如，可以在那些具有潜在污染的产品价格之上征收一个环境附加费作为押金。也就是对可能污染环境的产品征收一定的押金，当这些产品回到指定的地点或者是指定的污染处理场后再返还押金。

3. 政府拨款

政府对经济上不能赢利，但是对环保有利的项目进行补助，从而促进环保事业的发展。主要形式有：补贴制度，即出于对环境预防和治理的目的，对环境管理中薄弱环节进行补助。

4. 创造市场

上述手段都是与价格有关的措施，而创造市场则是直接为环境商品创造一个市场，使其在市场上直接交换。最典型的创造市场是许可证交易。这主要是通过创造市场制度来实现的。环境和某些自然资源具有公共物品的属性，是不能在市场上交易的要素，因此，通过界定污染权、使用权等措施，并允许人们在市场上对这些权利进行交易，从而达到有效使用稀缺性环境容量和自然资源的目的。排放权交易就是一种典型的创造市场制度安排。厂商之间可以自由地进行排放污染量的交易，当然所说的“排放量”均是在政策允许范围之内的。

# 第五章　能源环境经济理论基础

从自然学科的角度来看，能源环境问题产生主要是由于能源组成成分和开发利用过程的特殊性引起的，但能源环境问题的解决不仅需要从自然学科认识能源环境问题产生的物理或化学等的原理，还要分析能源环境问题产生制度性原因，才能为解决能源环境问题制定科学的政策。本章主要从外部性理论、市场失灵和公共产品理论等角度介绍能源环境问题产生的经济学原因。

## 第一节　环境经济学的理论基础

从经济学的视角分析能源环境问题产生的制度性原因，需要以环境经济学的基本理论为指导。本节主要介绍环境经济学的基本理论知识。

### 一、新古典资源配置理论

新古典经济学的核心问题是研究稀缺资源的有效配置，相对于人类需求的无限性，资源永远是相对稀缺的，要用有限的资源满足人类多样化的无限需求，就必须尽可能地有效地配置和利用资源。新古典经济学利用边际效用理论和一般均衡理论证明了市场机制可以有效率地把产品配置于不同消费者之间，有效率地配置生产要素于不同的厂商之间，有效率地配置生产要素于不同的产品之间，从而实现帕累托最优状态。[79] 新古典经济学的资源配置理论实现资源的帕累托最优状态，需要一系列严格的假设条件，这些假设主要包括：

（一）存在完备市场和完全信息

1. 完备市场

完备市场又叫作纯粹竞争市场，是指竞争充分而不受任何阻碍和干扰的一种市场结构。完全竞争市场必须具备一定的条件。

第一，市场上有众多的生产者和消费者，任何一个生产者或消费者都不能影响市场价格，他们都只能是市场既定价格的接受者，而不是市场价格的决定者。

第二，产品具有同质性，不存在差别。市场上每个企业在生产某种产品时不仅是同质的产品，而且在产品的质量、性能、外形、包装等方面也是无差别的，各种商品互相之间具有完全的替代性。任何一个企业都无法通过自己的产品具有与他人产品的特异之处来影响价格而形成垄断。

第三，资源流动性。这意味着厂商进入市场或退出市场完全由生产者自己自由决定，不受任何社会法令和其他社会力量的限制，从而保证了在一个较长的时期内，生产者只能获得正常的利润，而不能获得垄断利益。

2. 完全信息

市场上的每一个买者和卖者都掌握着与自己的经济决策有关的一切信息，这也就排除了由于信息不通畅而可能导致的一个市场同时按照不同的价格进行交易的情况。所以，任何市场主体都不能通过权力、关税、补贴、配给或其他任何人为的手段来控制市场供需和市场价格。

（二）消费和生产中不存在外部性

经济外部性是经济主体（包括厂商或个人）的经济活动对他人和社会造成的非市场化的影响，即社会成员（包括组织和个人）从事经济活动时其成本与后果不完全由该行为人承担，分为正外部性和负外部性。外部性的存在导致产品的私人边际成本与社会边际成本不再相等，产品的市场价格与边际收益和边际成本不再相等，影响了人们的决策行为，导致生产过度或供给不足，消费不足或过度消费，导致资源配置不合理和浪费。在新古典资源配置理论中讨论资源的最优配置是不存在外部性的。[80]

（三）所有消费品都是私人物品，而非公共物品

私人物品指消费时具有竞争性和排他性的物品。公共物品是与私人物品相对应的，严格意义上的公共物品具有非竞争性和非排他性。所谓非竞争性，是指某人对公共物品的消费并不会影响别人同时消费该产品及从中获得效用，即在给定的生产水平下，为另一个消费者提供这一物品所带来的边际成本为零。所谓非排他性，是指某人在消费一种公共物品时，不能排除其他人消费这一物品（不论他们是否付费），或者排除的成本很高。[81] 新古典资源配置理论讨论的是在竞争性市场中的私人物品，而没有考虑公共物品的存在。当存在公共物品时，由于公共产品具有消费的非竞争性和非排他性特征，公共产品或资源的市场配置将出现失灵，无法实现资源配置的帕累托最优状态。

### (四) 市场交易不存在交易成本

交易成本是指完成一笔交易时，交易双方在买卖前后所产生的各种与此交易相关的代价，主要包含：搜寻信息的成本、协商与决策成本、契约成本、监督成本、执行成本与转换成本，简言之，所谓交易成本就是指当交易行为发生时，所随同产生的信息搜寻、条件谈判与交易实施等的各项成本。交易成本的存在，影响市场交易的难易程度、交易规模、市场流动性，进而使市场机制无法实现资源配置的帕累托最优状态。[82-85]

上述关于市场机制有效运行的假设条件都是极为苛刻的，在现实经济中，上述假设条件是很难同时满足的。同时，现实中通常存在公共物品、外部效应，市场结构也不是完全竞争的，垄断因素总是或多或少地存在，这些因素都将导致市场机制不能实现资源的有效配置，即：市场失灵。

## 二、环境资源的经济属性

### (一) 环境资源是典型的公共物品

环境污染是指人类活动产生的污染物或污染因素排入环境，超过了环境容量和环境的自净能力，使环境的构成和状态发生了改变，环境质量恶化，影响和破坏了人们正常的生产和生活条件。由于受环境容量和环境的自净能力的约束，在相对于日益严重人类生产生活行为的影响，环境作为资源属性的稀缺性日益凸显，但环境资源无论是作为生产性的环境资源（如牧场），还是作为服务性容量资源的大气环境（如良好的生态系统），都具有消费的非竞争性和非排他性，因此具备典型的公共物品属性。这就意味着任何一个人对环境物品的消费不会影响他人对该物品的消费；而环境物品消费的非排他性，在环境物品的消费中会产生“搭便车”行为，免费享受环境物品而不付费，导致环境资源的过度消费。同时，环境物品的生产方无法获得其优化配置生产的收益，而消费者又不愿意真实表达自己对环境物品的主观需求，使得环境资源供给不足。由于其他人不用为使用环境物品而支付费用，环境资源公共物品的属性导致最直接的后果是会出现公地悲剧，即涉及个人利益与公共利益对资源分配有所冲突时，最容易导致的一种社会悲剧。

### (二) 环境资源外部性属性

环境资源存在明显的负外部性。环境资源的负外部性使边际私人成本和边际社会成本存在差异，从而不能实现资源配置的效率。与环境资源有关的外部性，主要是生产和消费的外部不经济性。一般来说，如果无法把污染所带来的福利损失内化到生产成本与市场价格中，那么市场就无法确保资源的有效配置。环境问题是生产领域外部不经济的典型例证，包括大气污染、水污染。环境问题的外部不经济还表现在代际外部性。由于生态破坏、环境污染等环境问题都已经危及我们自身后代的生存，我们当代的环境行为已经对后代产生了负的外部性。

（三）环境资源的稀缺性

经济学意义上的稀缺，是指相对于既定时期或时点上的人类需要，资源是有限的。而资源的稀缺性，既不是指这种资源是不可再生的或可以耗尽的，也与这种资源的绝对量大小无关，而是指在给定的时期内，与需求相比较，其供给量是相对不足的。环境资源的稀缺性是研究环境资源配置的前提。随着人们对环境资源需求的进一步增加，环境资源的稀缺性在迅速提高。主要表现为：一方面，人类从自然界获取的可再生资源大大超过其再生能力，人类消耗不可再生资源的速率快于人类发现替代资源的速率，导致可再生资源和不可再生资源的稀缺程度都急剧上升。另一方面，人类排入环境的废弃物，特别是有毒有害物质迅速增加，超过了环境的自然净化能力，干扰了自然界的正常循环，导致环境容量资源稀缺程度的急剧上升。

正是环境资源利用过程中存在的负外部性、缺乏完备的环境资源市场、信息不完全和不对称，以及环境资源公共物品的属性，这些特性导致了环境资源使用的低效率，结果就使环境污染、生态破坏和资源过度开发，市场机制在环境资源的配置中出现失灵。

## 第二节　能源环境问题的经济学解释

正是由于环境资源的特殊经济属性，市场机制在环境资源配置上出现了市场失灵，这是环境问题的制度根源。本节主要介绍市场失灵、政府失灵与环境问题。

### 一、市场失灵

由于垄断、外部性、信息不完全，在公共物品领域，仅仅依靠市场机制来配置资源无法实现帕累托最优，经济学将现实市场机制不能导致资源的有效配置的情况称之为市场失灵。市场失灵有狭义和广义之分，传统狭义的市场失灵理论认为，垄断、公共物品、外部性和信息不完全或不对称的存在使得市场难以解决资源配置的效率问题；广义的市场失灵理论又在狭义市场失灵理论的基础上认为市场不能解决社会公平和经济稳定问题。在资源配置理论中，市场失灵一般是指狭义的市场失灵。

### （一）市场失灵的经济学解释[79]

#### 1. 外部性与市场失灵

在新古典经济学的市场分析中，资源配置达到帕累托最优要求经济活动不存在外部性的假设。一旦经济行为主体的经济活动产生外部性，市场机制在竞争市场中的资源配置效率就会受到损失，导致市场失灵。

我们先考察存在正的外部性的情况。假定某个人采取某项行动的私人收益是 $V_p$，私人成本是 $C_p$；该行动所产生的社会收益是 $V_s$，社会成本是 $C_s$。由于存在正外部性，私人收益小于社会收益：$V_p<V_s$。如果个人采取该行动的私人成本高于私人收益而小于社会收益，即：$V_p<C_p<V_s$，尽管该行动对社会是有利的，也不会采取该私人行动。此时，帕累托最优状态没有得到实现，还存在帕累托改进的余地。如果这个人采取这项行动，则他遭受的损失为 $C_p-V_p$，社会其他人从这些行动得到的好处为 $V_s-V_p$，只要（$V_s-V_p$）大于 $C_p-V_p$，那么就可以从社会上其他人所得到的好处中拿出一部分来补偿行动者的损失。结果是使得社会上某些人的状况变好而没有其他人的状况变坏。显然发生了帕累托改进。一般而言，存在正的外部性将导致带有正外部性的活动供给水平低于最优水平，即配置于该活动的资源数量比帕累托最优状态所要求的少。

当存在负外部性时，假定某个人采取某项行动的私人收益是 $V_p$，私人成本是 $C_p$；该行动所产生的社会收益是 $V_s$，社会成本是 $C_s$。此时，私人成本小于社会成本 $C_p<C_s$。如果个人采取该行动的私人收益高于私人成本而小于社会成本，即：$C_p<V_p<C_s$，显然，他会采取行动，尽管该行动对社会是不利的。此时，帕累托最优状态也没有得到实现，还存在帕累托改进的余地。如果这个人不采取这项行动，则他需要发起的好处是 $V_p-C_p$，但社会其他人由此避免的损失却为 $C_s-C_p$。只要 $C_s-C_p>V_p-C_p$，可以以某种方式重新分配损失，就可以实现每个人的损失都减少。一般而言，在存在负外部性的情况下，私人活动的水平常常高于社会所需要的最优水平，即通过市场机制配置于该活动的资源比帕累托最优状态所需要的要多。

在完全竞争条件下，负外部性如何导致资源配置效率损失可由图 4-1 加以解释。图中直线 $D=MR$ 代表某竞争厂商的需求曲线和边际收益曲线，$MC$ 表示其边际成本曲线。由于存在生产的负外部性，社会的边际成本高于私人边际成本，从而社会边际成本曲线位于私人边际成本曲线上方，它由虚线 $MC+ME$ 表示，虚线 $MC+ME$ 与私人边际成本曲线 $MC$ 的垂直距离，即 $ME$，可以看成边际外溢成本，及由于厂商增加一单位生产所引起的社会其他人所增加的成本。竞争厂商为了追求利润最大化，必然将其产量定在边际收益等于边际成本之处，即：$X^*$；但使社会收益达到最大的产量应该使社会的边际收益等于社会的边际成本，即 $X^{**}$ 处。因此，生产的负外部性造成了生产过多，超过了帕累托效率所要求的水平 $X^*$。

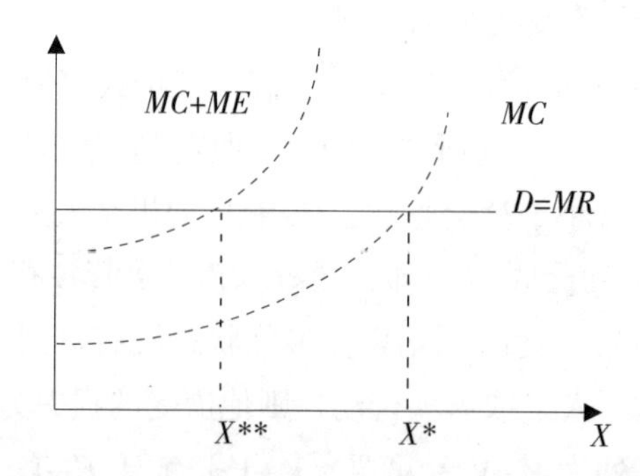


**图 4-1　外部性导致的资源配置损失的示意图**

存在负外部性导致市场机制在配置资源时低效率的深层原因是，存在外部性时，经济活动的行为主体与受到外部性影响的其他主体之间难以达成一致意见，使得潜在的帕累托改进机会不能得到实现。以上述生产负的外部性如环境问题为例，即使污染面积较小，污染者只对少数其他人的福利造成影响，但由于涉及公平等问题，污染排放者与少数受害者就如何分配所得的好处也不易达成一致意见；当污染面积较大，污染受害者众多，此时污染排放者与众多受害者之间达成协议就更加困难了。另外，由于污染问题的责任界定有时存在困难，很难避免环境污染“免费搭便车”的情况发生。即使就环境污染问题污染排放者与受害者达成一致意见，但通常是由一个污染者面对众多受害者，因此，污染者在改变排放行为时处于垄断地位，外部性导致的垄断行为也会引发资源配置的效率损失。

2. 公共物品与市场失灵

当存在公共物品时，由于公共产品具有消费的非竞争性和非排他性特征，市场机制本身提供的公共产品通常不等于社会最优数量。

为了说明公共物品的最优数量的决定，我们假定社会只有 $A$ 和 $B$ 两个消费者，他们对公共物品的需求曲线是已知的，分别为 $D_A$ 和 $D_B$，公共物品的市场供给曲线为 $S$。由于公共物品消费的非竞争性的特点，公共物品的市场需求曲线不再是个人需求的水平相加，而是个人需求水平的垂直相加。这是因为，由于公共物品消费上的非竞争性，不同的消费者消费的都是同一商品总量，每一个消费者消费的物品总量和总消费量相等，同时，对各个总销量所支付的全部价格，等于所有消费者支付价格的总和。如图 4–2 所示，消费者 $A$ 和消费者 $B$ 对公共物品消费量都是 $R$，此时，他们所愿意支付的价格按各自的需求曲线分别是 $L$ 和 $N$，相应地公共物品总量是 $R$ 时，公共物品的均衡价格是 $T=L+N$。

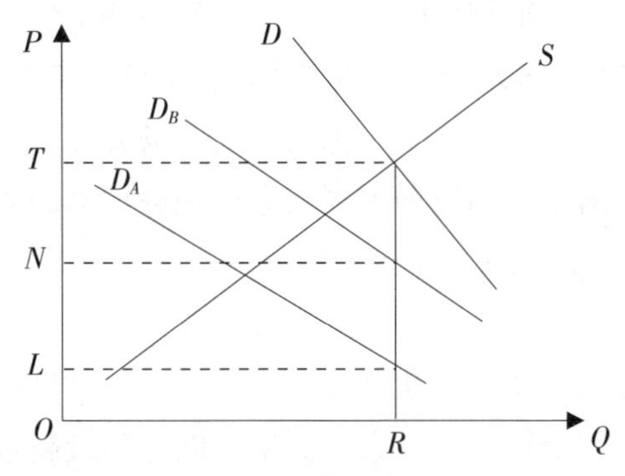


**图 4–2 公共物品最优数量决定的示意图**

得出了公共物品的市场需求曲线之后，公共物品的最优数量的决定就是市场需求市场供给，此时，公共物品的边际成本为 $T$，而根据消费的需求曲线可知，消费者 $A$ 和消费者 $B$ 的边际收益分别为 $L$ 和 $N$，社会总边际收益为 $L+N$。公共物品的社会边际成本与边际收益相等，公共物品的数量达到社会最优，即：每个消费者的边际收益之和与边际成本相等，这与私人产品的每个消费者的边际收益和边际成本相等的最优标准不一样，这主要根源于公共物品消费的非竞争性。

3.信息不对称与市场失灵

信息经济学认为，在市场交易中，一方面，由于人的“有限理性”和“机会主义行为”的存在，使市场参与者不可能完全掌握市场交易的有关信息，市场经济主体掌握的信息就总是不完全的；另一方面，信息作为一种有价值的资源，不可能免费提供。这样，市场机制本身不可能生产足够的信息并有效地配置它们，因此，市场在交易中始终存在信息不对称，信息不对称可分为事前不对称和事后不对称。研究事前不对称的类型可以归结为逆向选择类型，研究事后不对称的类型可归结为道德风险类型。

所谓逆向选择是指拥有信息优势的一方隐瞒自己掌握的信息和利用对方不知情来做出有利于自己的选择的行为。逆向选择的存在使得市场价格不能真实地反映市场供求关系，导致市场资源配置的低效率。在环境问题管理方面存在的逆向选择主要有排污费制度、环境资源产权制度、财政分权制度、政绩考核制度、环境智力法律制度等。例如，排污收费制度存在的缺陷会促使企业缴纳排污费比自己治污更合算些。

道德风险是指从事经济活动的人在最大限度地增进自身效用的同时做出不利于他人的行动。或者说是：当签约一方不完全承担风险后果时所采取的自身效用最大化的自私行为。道德风险的存在不仅使得处于信息劣势的一方受到损失，而且会破坏原有的市场均衡，导致资源配置的低效率。

道德风险是由于事后的信息不对称而导致市场失灵，环境领域普遍存在道德风险。例如，发达国家利用发展中国家进口先进技术的心态，把大批电子垃圾出口到发展中国家，造成发展中国家环境污染。

4.垄断与市场失灵

按照经济学的有关定义，垄断可分为两种，一种是自然垄断，一种是市场垄断。自然垄断是指一个行业由一家厂商生产能达到最高效率的情况下所产生的垄断。市场垄断是指由于某家或几家厂商控制了市场的供给或需求而产生的垄断。垄断造成的市场失灵主要表现在经济效率损失和社会福利的损失。

(1) 经济效率损失。由微观经济学关于垄断厂商的长期均衡分析可知，垄断厂商的长期均衡条件是 $MR=SMC=LMC$，这就是说，只有当垄断厂商的长期边际成本与短期边际成本等于边际收益时，垄断厂商的长期均衡才能达到，如果

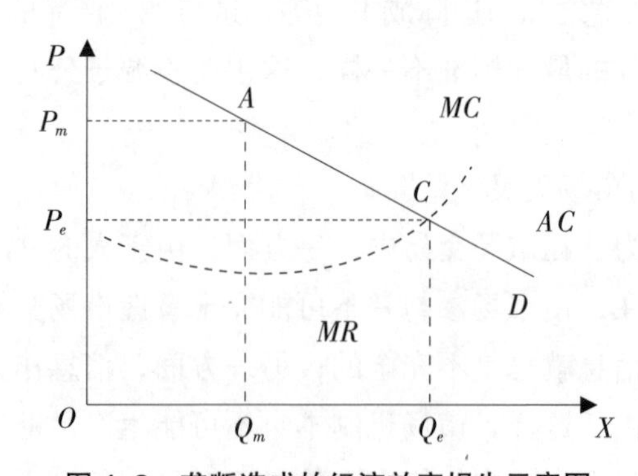


图 4-3 垄断造成的经济效率损失示意图

垄断厂商扩大其长期均衡产量，它可以利用具有更低平均成本的工厂，但并不是以可能最低平均成本进行生产的那种工厂。在完全竞争条件下，每个厂商在长期平均成本最低点经营，但从图 4-3 可以看出，完全垄断条件下，垄断厂商的长期均衡产量为 $Q_m$，低于与平均成本最低点相对的产量 $Q_e$，$Q_e>Q_m$。所以说垄断厂商的长期均衡状态下，其资源配置是缺乏效率的。

(2) 福利损失。由于商品的市场价格可看成是商品的边际社会价值，商品的长期边际成本可看成是边际社会成本，因此对于一个行业来说，长期均衡时价格是否等于长期边际成本是判断该行业垄断程度的一个理论上的条件。在垄断性行业中，商品的价格在长期边际成本之上，表明资源并没有得到充分利用，社会福利受到了损失。图三角形 $ABC$ 面积代表长期均衡下由于垄断造成消费者剩余的净损失。

与完全竞争相比，垄断造成的社会福利的损失至少有两种情形。一种是包括消费者剩余和生产者剩余在内的整个剩余的损失；另一种是所谓的“X 非效率”，即垄断者由于处于垄断地位而丧失了追求成本最小化和利润最大化的动力，致使垄断企业的平均生产成本高于“最低可能成本”。在剩余损失中，尽管垄断厂商因提高价格而使生产者剩余增加，但消费者剩余减少得更多，整个剩余因较高的价格、较低的产量而产生无谓损失。而“X 非效率”则完全是社会资源的浪费。

垄断造成的社会福利的损失还在一定程度上表现为社会公平损失。所谓公平损失是指社会成员因为不公平对待而导致的损失。垄断企业一般除了经济垄断力量之外，还有一定的行政垄断影响力，可以通过游说等活动促使政府形成有利于其的决策，从而造成社会公平损失。[83]

(二) 市场失灵的矫正

1. 外部性内部化

当出现外部性时，依靠市场是不能解决这种损害的，只有将外部性内部化，才能实现资源的有效配置。从外部性概念的提出至今，外部性内部化主要有以下几种手段：

(1) 庇古税或补贴。庇古税是根据企业组织所产生的负外部性由政府对其征税，然后再拿这笔费用对受到负外部性损害的经济主体进行补偿。而补贴是根据企业组织所产生的正外部性，使得边际私人收益等于边际私人成本。从理论上分析，政府通过庇古税或补贴的实施就可以实现最优的外部性，而这个理论模型需要满足诸多的假定条件，即完全竞争的市场、能够针对每个企业的边际私人收益和边际外部性成本确定各自的税收或补贴。利用庇古税或补贴将外部性内部化都存在着外部性度量问题。

(2) 政府的直接干预。针对负外部性，如环境污染，政府干预主要有两种，一种是对排放污染的企业征收清污费，另一种是颁布污染排放标准。政府对负外部性合理干预的一个重要前提，是确定污染排放的社会最优水平或者社会最优污染程度。确定了社会最优污染排放水平，就可以据此制定将负外部性内部化的具体政策。一般而言，采取征收清污费的办法控制企业的污染排放，使其排污量符合社会最优标准，清污费应该等于污染的边际社会成本，使得企业生产活动的负外部性通过清污费完全内部化。

信息完全程度影响政府干预政策的效果。当政府掌握的信息是完全的，这里信息主要指每个污染企业污染排放造成的社会边际成本、企业减排的边际成本、减排的社会边际收益等，无论是制定污染标准，还是征收清污费，这两种政府干预措施所产生的效果没有差异。当政府掌握的信息是不完全的时候，即政府不能确定每个污染企业污染排放造成的社会边际成本、企业减排的边际成本、减排的社会边际收益等信息时，这两项政府干预措施所产生的效果具有较大差异，政府干预措施的优劣取决于不确定性的性质和成本曲线的形状。

对于正外部性，除了给予企业补贴以鼓励其将产量扩大到社会最优水平，政府往往把能够产生正外部性的企业实施合并或国有化，以便将企业生产活动的正外部性内部化，或该企业的经营目标从利润最大化转变为社会收益最大化，最终也实现正外部性的内部化。

运作良好的政府干预可以将外部性问题内部化，减少市场失灵。但政府干预可能会危害自由经济秩序，征收清污费还导致社会财富从私人部门向公共部门的转移，同时政府干预还有可能带来另外一个问题，就是政府失灵。

(3) 产权交易。产权交易是科斯首先提出来的，在科斯看来，可以通过交易成本的选择和私人谈判、产权的适当界定和实施来实现外部性内部化。若谈判或交易是无成本的，那么由外部性产生的社会成本将被纳入交易当事人的成本函数，政府只需适当地界定产权，而无须对生产进行干涉，私人交易完全可以克服外部性造成的效率损失。科斯也意识到，由于现实世界中交易成本的无所不在，即无论是市场还是政府，其解决外部性的行为都是有成本的。通过产权的适当界定和实施来实现外部性内部化取决于，政府寻找最优外部性所耗费的成本和当事人通过市场谈判来寻求最优外部性的成本的相对大小，只要政府寻找最优外部性所耗费的成本高于当事人通过市场谈判来寻求最优外部性的成本，市场和企业就能够通过产权交易很好地解决外部性问题。

2. 促进公平

市场失灵除了其本身的缺陷外，更多的原因是市场缺乏保证促进公平竞争的条件而产生的市场失灵。因此，促进公平竞争对矫正市场失灵具有重要意义。在促进公平竞争方面，首先是建立完善法律法规体系，特别是完善反垄断竞争法、中小企业竞争法等，通过法制建设保障经济主体的公平竞争的权利。其次，转变政府职能，当前市场失灵的相当一部分原因是由政府造成的，政府应强化政府公共服务职能，加快健全基本公共服务体系，要加快政企分开、政事分开、政资分开、政府与市场中介组织分开的步伐，解决政府越位、错位、缺位的问题，改变代替市场主体、垄断权力和充当市场资源分配者的角色；切实下放权力，减少行政审批。要加强市场监管，健全现代市场体系，建立良好的市场环境和市场秩序，推进公平准入，维护和促进公平竞争。

3. 增进市场信息透明

市场失灵中的信息不对称总是存在的，但可以通过市场信息透明化建设，将其危害降低到尽可能低的水平。根据信息经济学理论，信息的获取是有成本的，因此，为了矫正市场失灵，促进社会福利提升，政府应当在市场信息透明化建设过程中承担重要职能。首先是政府应该根据市场发展条件、环境保护要求、行业经营特征制定好市场公共信息内容；其次，政府应该严厉打击提供虚假、不实信息的企业和相关方；再次，政府应该建设权威信息发布中心和对企业信息的评级等工作；最后，加强市场信息透明化的网络建设，增加市场信息公共化建设的广泛性。

## 二、政府失灵与环境问题

### （一）政府失灵的概述

1. 政府失灵的含义

政府失灵是指政府由于对非公共物品市场的不当干预而最终导致市场价格扭曲、市场秩序紊乱，或由于对公共物品配置的制度安排缺失或资源不当，而最终导致公共物品供给不足或过度消费。

2. 政府失灵的原因

公共选择理论认为，政府活动的结果未必能校正市场失灵，政府活动本身也许就有问题，甚至造成更大的资源浪费。主要原因包括政府决策的无效率、政府机构运转的无效率和政府干预的无效率。

(1) 政府决策的无效率。公共选择理论在用经济模型分析政府决策时指出，民主程序不一定能产生最优的政府效率。

第一，投票规则的缺陷导致政府决策无效率。投票规则有两种，一是一致同意规则，二是多数票规则。常用的投票规则是多数票规则。多数票规则也不一定是一种有效的集体决策方法。首先，在政府决策超过两个以上时，会出现循环投票，投票不可能有最终结果。其次，为了消除循环投票现象，使集体决策有最终的结果，可以规定投票程序。但是，确定投票程序的权力往往是决定投票结果的权力，谁能操纵投票程序，谁也就能够决定投票结果。再次，多数票规则不能反映个人的偏好程度，无论一个人对某种政治议案的偏好有多么强烈，他只能投一票，没有机会表达其偏好程度。

第二，政治市场上行为主体动机导致政府决策无效率。公共选择理论认为，政府只是一个抽象的概念，在现实中，政府是由政治家和官员组成的，政治家的基本行为动机也是追求个人利益最大化。因此，政治家追求其个人目标时，未必符合公共利益或社会目标，而使广大选民的利益受损。

第三，利益集团的存在导致政府决策无效率。利益集团又称压力集团，通常是指那些有某种共同的目标并试图对公共政策施加影响的有组织的团体。在许多情况下，政府决策就是在许多强大的利益集团的相互作用下做出的。而这些利益集团，特别是还可能拥有政党政治权势的利益集团，通过竞选捐款、院外游说、直接贿赂等手段，对政治家产生影响，左右政府的议案和选民的投票行为，从而使政府做出不利于公众的决策。

(2) 政府机构运转的无效率。公共选择理论认为，政府机构运转无效率的原因主要表现在缺乏竞争、缺乏激励两个方面。

第一，缺乏竞争导致的无效率。首先是政府工作人员之间缺乏竞争，因为大部分官员和一般工作人员是逐级任命和招聘的，且“避免错误和失误”成为政府官员的行为准则，故他们没有竞争的压力，也就不能高效率地工作。其次是在政府部门之间缺乏竞争，因为政府各部门提供的服务是特定的，无法直接评估政府各部门内部的行为效率，也不能评价各部门间的运行效率，更难以设计出促使各部门展开竞争、提高效率的机制。

第二，缺乏降低成本的激励导致的无效率。从客观来看，由于政府部门的活动大多不计成本，即使计算成本，也很难做到准确，再加上政府部门具有内在的不断扩张的冲动，往往出现公共物品的多度提供，造成社会资源的浪费。从主观来看，政府各部门对其所提供的服务一般具有绝对的垄断性，正因为有这种垄断地位，也就没有提高服务质量的激励机制。此外，由于政府部门提供的服务比较复杂，他们可以利用所处的垄断地位隐瞒其活动的真实成本信息，所以无法评价其运行效率，也难以对他们进行充分的监督和制约。

(3) 政府干预的无效率。为了确保正常而顺畅的社会经济秩序，政府必须制定和实施一些法律法规。但是，有些政府干预形式，比如政府颁发许可证、配额、执照、授权书、批文、特许经营证等，可能同时为寻租行为创造了条件。因为在这种制度安排下，政府人为地制造出一种稀缺，这种稀缺就会产生潜在的租金，必然会导致寻租行为。寻租行为一般是指通过游说政府活动获得某种垄断权或特许权，以赚取超常利润的行为。寻租行为越多，社会资源浪费越大。[86]

(二) 环境领域的政府失灵

1. 环境领域政府失灵的含义及表现形式

(1) 环境领域政府失灵的含义。当市场机制在环境领域内不能正常运作时，政府干预以弥补市场失灵。处于理想状态的政府可解决环境中的外部性问题，通过矫正外部性资源配置能够达到帕累托最优状态。但现实中的政府并不能达到理想状态，并不能做到在处理公共物品外部性问题上完全公平、公正、公开，从而造成政府失灵。环境领域中的政府失灵是指一些政府政策的执行，使生产者的生产成本偏离生产要素的真实成本，导致生产要素的无效率使用和过度使用。

(2) 环境领域政府失灵的主要表现形式。环境领域政府失灵一个主要表现形式是由于生产要素的无效率使用和过度使用，引起资源退化和环境污染。

环境领域政府失灵的另一重要表现是环境公平问题。环境公平关注的是当代人在环境资源、利益、参与环境方面的机会、分配环境利益以及环境义务上的公平以及这一代人与下一代人的代际公平。

目前在我国，环境不公主要表现为代际不公、区域不公、城乡不公、阶层不公。从我国目前情况看，导致环境不公的重要因素体现在两个方面，一是过重的人口压力使人们不得不扩大和加深对自然资源的索取而难以顾及由此对生态环境产生的不利影响；二是经济的快速发展给环境带来强烈的冲击和破坏。环境公平问题必须由政府干预才能够得以缓解甚至矫正，但我国政府在环境治理过程中，环境法律制度的失灵，体现在环境治理权力分配的不均衡、政府环境治理权力与社会公众的参与权不均衡以及政府环境责任缺失造成政府失灵，导致环境公平问题一直没有得到有效缓解和矫正。

2. 环境领域政府失灵的原因

环境领域政府失灵的主要原因有：决策判断失误、利益集团的影响、决策信息不全和体制不健全等。由于环境问题往往是系统和复杂性的，政府并不能完全了解环境系统的全部知识，在这种环境知识不健全基础上制定的环境规制政策并不具备科学性，难以实现预定环境治理目标，从而造成政府失灵。同时，政府作为特殊的“经济人”，同样具有“利己”的特点。在市场机制有效运行时“利己”必先是“利他”的，但政府介入市场失灵的环境问题时，其“利己”行为经常演变成为有损公共利益的行为，也会造成政府失灵。[83]

3. 环境领域政府失灵的矫正

第一，正确把握“市场”与政府之间的关系。在许多情况下，市场解决不了的问题，政府也解决不了，不存在简单的市场与政府的替代关系。在环境领域，要充分认识到政府在弥补市场失灵作用的同时，不应过分或夸大政府在弥补和纠正市场功能方面的作用，也要看到政府存在失灵的一面。不能把政府和市场的功能固定化和公式化，要根据环境问题的变化调整两者之间的关系，实现政府与市场功能的有效组合。

第二，纠正“政府失灵”，必须严格界定政府活动的范围，采取合理、适度的干预方式。尽管“市场失灵”是政府干预的重要前提之一，但有些市场功能缺陷是政府干预难以弥补的，或政府干预的结果也是低效率的，在这种情况下，应该通过进一步完善市场来克服这些缺陷。同时，应该注意到政府干预也是有成本的，因此政府干预的规模应该严格限定在合理的范围，不能无限制地扩大。

第三，矫正“政府失灵”的核心问题是提高政府机构效率。公共选择理论指出，通过引进竞争，打破公共产品提供的垄断性，提高公共部门的竞争性，降低权力的集中度，都可以有效克服政府的低效率。其次，通过改革政府激励措施，对政府的税收和支出进行有效约束也能有效矫正“政府失灵”。

第四，加强社会监督和约束，可以有效矫正“政府失灵”。健全法制建设，通过立法对政府的行为进行有效监督，扩大社会监督，可以有效遏制政府官员的寻租行为，使政府能够行之有效地解决环境问题，减少环境领域的“政府失灵”。

在环境领域中，由于环境问题的特殊性，市场存在先天性失灵，同时政府存在后天性失灵。解决环境问题不能仅仅依靠市场手段或仅仅依靠政府手段，要综合考虑市场手段以及政府手段。[87-88]

## 第三节 能源环境伦理

由于能源在国民经济中的特殊地位，以及能源开发利用可能造成环境污染和生态破坏，在能源开发利用及其环境保护过程中，要遵循基本价值准则，如公平、权益和责任对等等。

### 一、环境伦理概述

伦理的本义是指社会关系，并没有包括我们现在所说的人与自然或人与环境之间关系的含义。但随着人与自然关系及其认识的深化，伦理本义中所强调的社会关系已逐渐扩大到包括非社会关系——人与自然关系或人与环境关系在内的广义的道德准则。人与自然关系和人与人关系密切关联，构成了人类社会及其发展过程中的最基本的关系。

环境伦理是指人与自然的伦理。它涉及人类在处理与自然之间的关系时，何者为正当、合理的行为，以及人类对于自然界负有什么样义务等问题。简单地说，是在探讨人与环境的相互关系，人类对自然环境所具有的观点、态度与作为的模式。环境伦理学是关于人与自然关系的伦理信念、道德态度和行为规范的理论体系，是研究人类在生存发展过程中，人类个体与自然环境系统和社会环境系统，以及社会环境系统与自然环境系统之间的伦理道德行为关系的科学。

### 二、能源环境伦理

鉴于能源在国民经济发展中的重要地位和作用，能源资源，特别是化石能源资源的不可再生性以及能源资源开发利用过程中对环境和生态的显著影响，能源开发和利用不仅影响当代能源和环境等问题，还影响着后代的能源和环境问题。这就要求用更为宽广的视阈来考察能源环境伦理问题，不仅要考虑到能源环境的生态伦理和经济伦理，还要考虑不同区域的伦理，考虑不同代际间的伦理。我们重点分析后两者，即能源环境的域际伦理和代际伦理[89]。

（一）能源环境的域际伦理

能源环境域际伦理是认识、厘清和重构区域之间在能源开发利用及其环境保护方面的基本关系和应坚持的基本价值规范和准则。公平是能源环境域际伦理的基本价值取向，所谓能源环境域际公平主要是指所有区域主体都应平等地享有开发利用能源的权利并承担保护能源的义务。在能源开发利用中，各区域之间形成紧密相关、平衡和谐的关系。这里“区域主体”，是指国内不同区域的各种族、各民族和各阶层的人们以及国际范围内世界各国和各民族的人们。域际伦理主要涉及国内的域际伦理和国家间的域际区域伦理。

1. 能源环境区域伦理

一个国家内部不同区域之间能源环境公平问题有多种表现，但总的来说，可以将这些表现归纳为两个方面：一是发达地区与欠发达地区在获取能源利益与承担相应的环保责任方面的不协调；二是城市与农村在获取能源利益与承担相应的环保责任方面存在不公平。发达地区与相对落后的欠发达地区、能源输出区域与输入区域对于能源收益占有的不公平以及承担环保责任方面的不平等，已经成为日益严重的问题。

发达地区往往占有和消耗了一国所拥有的大部分能源，获取了能源带来的绝大部分利益；而欠发达地区并没有获得与能源输出相应的经济利益，反而承受着发达地区污染物转移造成环境污染等问题。同理，在能源输入区域与能源输出区域，多数情况下，相对落后的欠发达地区比发达地区能源更富集，但从能源的开发利用中所获的利益却不多。在能源开发的过程中，发达地区获得了能源的大部分利益，集聚了相对较多的财富，实际情况往往是很多发达地区在自身经济发展起来后，并没有承担环境保护的主要责任，也没有在保护环境方面给予欠发达地区以必要的支持和帮助。结果造成，经济欠发达地区或能源输出区域，承担着能源开采、加工的或由于发达地区污染物转移造成的更为严重的环境污染。

建立国家内部趋于公平合理的能源域际伦理。在开发利用能源的过程中，做到开发利用能源与保护环境并重：在为自身的发展而开发利用能源之时，不仅要注重本地区的环境保护，还要顾及对其他地区的影响，要承担起本地区对能源和环境保护应尽的责任与义务。一个国家内部能源的域际公平就是要区域间做到公平利用能源；公平分配能源利益；遵循环境伦理的公平性原则，公平承担保护能源和生态环境良性循环的责任与义务，从而使人类社会和自然界和谐发展。

2. 国家间能源域际伦理

充分尊重每个国家的能源主权，和平利用能源。国家间能源域际公平问题主要表现于：尊重国家能源主权方面存在不公平；处理发展过程中能源开发利用与保护环境关系方面存在不公平；在能源与环境保护责任分担方面存在不公平。发达国家借发展中国家对发展的强烈渴望以及其经济、技术的不成熟，为了保存本国的能源贮藏量和不损害本国的环境，以援助开发和投资为名，大量开采和廉价购买发展中国家的能源，从中谋取利益，转移生态环境灾害，使发展中国家在发展过程中的能源开发利用与环境之间的矛盾凸显。

当今，世界能源和环境的一些重大问题多由发达国家酿成。能源方面如因能源而引起的战争、能源供给的紧张、能源危机的日渐临近；环境方面如臭氧层的破坏、温室效应、酸雨等发达国家无不应负主要责任；多数发达国家并没有积极地履行自己的责任，为了维护本国的利益，继续推行不合理的国际政治、经济旧秩序，在能源与环境保护方面采取与发展中国家相对立的立场与观点，不仅回避和推卸自身的责任，片面强调能源与环境保护，甚至利用保护能源和环境的名义指责和限制发展中国家的发展。

对因能源的开发利用造成的环境污染采取共同承担和区别责任相统一的原则，在解决国家间能源的域际不公平之时，还应重视因能源的开发利用造成的环境污染，遵循环境污染者承担责任的原则，通过增加破坏者的生产成本，引导因能源的开发利用而造成环境污染的国家走上事前预防的道路，最大限度地降低污染，提高环境保护的有效性，使能源生产与生态环境良性循环。

对于因能源的开发利用造成的环境污染采取区别责任的原则，就是基于公平的考虑，合理地处理和解决环境破坏者与承担责任的关系，发展中国家作为能源利益的较少获得者却成为国际环境问题的受害者，这是极其不公的，因此它们理应得到补偿；发达国家作为能源利益的较多获得者和环境破坏者，理应向发展中国家无偿提供解决环境问题所需的资金与技术，帮助发展中国家提高能源效益和环保能力。

（二）能源环境的代际伦理

代际公平。能源环境的代际伦理视角是能源环境伦理在时间上的要求，考察的是当代人与未出生的后代人之间的伦理关系，是代与代之间在能源的开发利用和环境保护过程中所结成的伦理关系。它存在于社会发展的代际之间。既是社会伦理长期演进积淀的结果，又是对现有社会伦理的超越；它以人类现在与未来的生存与发展作为伦理思维视角，是人类的生存伦理。

能源环境代际伦理把人类整体的生存摆在首要位置，是人类整体生存的社会伦理。能源环境代际伦理，是建立在可持续发展伦理观念上的人类和能源环境的伦理关系，它是在人类开发利用能源的过程中处理人类与能源关系的价值判断和理性选择；它从自己与他人、当代人与后代人之间的关系来构建作为社会伦理道德重要内容的能源伦理，其思维呈现出自己、他人与后代人的三维视角；它并不反对人们对物质利益的追求，也就是说，它不反对人们为物质生活的丰富而开发利用能源，只是强调人们在开发利用能源之时不能以损害他人与后代人的利益为代价，即对能源的开发利用不能危害到他人和后代人的生存与发展；它坚持人类整体生存与发展的原则，并把这一原则贯穿于人们对能源的开发利用方面。能源环境代际伦理是人与人之间公正、协调与和谐的代际关系的重要内容之一，其目的是使作为关系国计民生的能源环境具有可持续性，使人类能够永远地延续和生存下去。[89]

## 第四节　能源、环境与经济发展

### 一、可持续发展理论

#### （一）人地关系理论

人与环境的关系，即地理学上所说的人地关系，要远比其他动物与环境的关系复杂得多，它不仅包括人类与自然环境的关系，而且包括人与人为环境和社会环境之间的关系，同时也包括自然环境、人为环境和社会环境彼此之间的关系。在上述关系中，主要存在四个平衡：第一，人的自然的平衡，满足人的基本生理需求。第二，人与社会的平衡，满足人的社会需求，维持社会系统的正常运转。第三，自然环境系统本身的平衡，在自然环境可能的承受能力之内利用环境。第四，自然环境—人为环境—人之间资源、生产与消费的平衡。人的自然平衡和人的社会平衡均以人为环境的生产能力为基础，人类通过人为环境把自然资源转换为人类所需求的物质产品，从而抵御不利的自然环境，满足人的生理的需求，维系社会的运转；而生产能力的大小以自然环境所提供的资源和所能忍受的破坏程度为前提。

人地关系理论将人地关系视为包括环境和人类活动一个具有动态性、开放性和复杂性的系统。主要表现：一是随着人类对资源开发利用程度及方式的不断变化，人地系统的要素构成、结构状态发生相应的转变，它始终处于从简单到复杂、从封闭到开放、从低层次到高层次发展的动态变化过程。二是，人地系统在多个水平层次上存在，它的时间过程在静态上表现为规模、结构、方式、功能；在动态上表现为演变、交替、发展；在空间上表现为区域、生存空间、生态系统、地域系统。三是激励和响应是人地系统的重要动力特征。四是，人地系统的组合要素在地球表面空间分布的差异性，决定着不同地域具备不同的要素组合形式，从而形成不同类型的人地系统。[90-92]

（二）生态系统理论

一般系统理论最早也起源于生物学，该理论主张所有的有机体都是系统，每个系统由不同的亚系统组成，同时又是更大系统的一部分。一般系统理论在社会工作领域中得到广泛应用。但是，它的局限性也随之暴露，批评之声不绝于耳，批评的焦点主要集中在这几个方面：过分强调系统对个体的影响，忽视了个体的主体性、能动性与反思性；系统过于抽象，概念不够清晰，边界难以辨别；包容性过强，具体操作性不强，难以适用于任何特定的情景。正是在这样的批判声中一般系统理论逐渐发展到生态系统理论。

生态系统理论是由生态和系统两个理论结合产生的。生物学认为，自然界中的各种生物为了生存或延续物种而与所栖息的环境保持的一种适当的调和程度，是生物本身所具有的一种应环境变化的自身的自动调整能力，目的在于达到本身的顺利发展和生长。[93-95]

（三）资源环境价值理论

自然资源和环境是一对密切联系而又有区别的概念，环境与自然资源经济学把环境和自然资源看作一种稀缺的生产要素，纳入生产函数，把环境看作经济系统的一个部分。同时，随着资源环境压力的日益增大，环境日益成为一种稀缺资源。环境价值理论主要有以下几种。[96-97]

1. 自然资源价值论

自然资源是自然界形成的可供人类利用的一切物质和能量的总称，包括一切具有现实和潜在利用价值的自然物质。自然资源可分为生态资源和非生态资源两大类。生态资源包括土地资源、水资源、生物资源、海洋资源等，非生态资源包括矿产资源、大气资源等。具有天然性与有限性、整体性与种类功能多样性、可更新性与不可更新性和不可替代性、公共性与动态性以及自然资源的开发利用和保护成本不断递增性。这些特点也是形成自然资源价值的重要基础。自然资源价值论主要有以下几种理论。

效用价值论。认为价值反映的是物质对人的功能或功效。自然资源对人们生产、生活和人类社会的发展都具有重要作用，也就是说自然资源对人类的发展具有重大的效用，因而是有价值的。自然资源作为人类生存和发展的物质基础，自然资源的“有用性”表现为可以使人们获得心理和物质上的享受，即使最劣等的资源，也可能仍具有使用价值，可以满足人类某些方面的需要。按照效用价值理论，无论自然资源中是否凝结了人类的劳动，因其“有用性”就决定了它具有效用价值。当资源处于自然赋存状态时，它的价值表现为“潜在的社会价格”。因此，有用性是自然资源具有价值的前提和必要条件。

垄断价值论。该理论认为，自然资源因为垄断而具有垄断价值。从资源配置的角度来看，产权主要是四种权利：所有权、使用权、收益权和处置权。所有权是资源归谁所有的问题；使用权决定能否使用资源，以何种方式使用资源的权利；收益权就是通过使用资源而有权获取收益；处置权就是处置资源的权利。产权的初始界定就是通过法律明确这些权利。资源价值的一个重要方面是其产权的体现。设想在一个没有资源产权的地区，任何人可以以任何方式使用资源，而不支付任何报酬，这样只有在资源无限的情况下，才不会稀缺，那时资源也就没有价值。

地租论。该理论运用地租理论来分析资源价值的形成与决定。认为资源的价值就是土地租金的表现形式，并运用绝对地租和相对地租概念，来说明土地所属资源的丰度及质量差异等因素，造成了资源价值量的差异。自然资源系统中水体、土壤、矿产及生物资源存量的大小，生态功能的丰缺，资源开发的难易存在着差异，故形成自然资源的级差地租。各种资源，如水资源具有生产性、不可替代性和稀缺性，使水资源所有权的垄断成为可能。为了有效、合理地利用水资源，并在市场经济条件下，水资源所有权在经济上得以实现，就必须对资源的使用者收取一定费用，这种凭借水资源所有权取得的收益，就是水资源的绝对地租。其他资源同样也有其绝对地租。

稀缺价值论。认为资源具有有限性和稀缺性，资源的自然丰度、地理分布位置的差异，即资源禀赋差异以及资源的供求关系共同决定着资源的价值。资源稀缺性越强，则资源价值量就越大。

价格决定论。认为在市场化条件下，有价格的东西必定有价值，自然资源的价值实际上就是资源所有者所能获得的经济利益，并可以根据其收益的多少来确定资源价值量的大小，因此，资源价格决定资源价值。

2. 环境价值论

自然生态系统的各种物质、能量及其所处环境，只要能够被人类利用，就具有使用价值。资源环境不仅对于人类具有使用价值，对于自然生态系统也具有使用价值。生态文明时代，资源环境价值不再仅仅体现为人类从事商品交换活动的计量工具，还体现为人类健康生存的基本环境质量保证，以及维持自然生态系统自身平衡与发展的功能。环境资源这种满足人类的功效就是环境价值。

## 二、绿色 GDP 理论

### （一）绿色 GDP 的提出及理论基础

1. 绿色 GDP 的提出

在现行的国民经济核算体系（SNA）中将自然资源和环境要素排除在核算框架之外，只计算生态系统为人类提供的直接产品的市场价值，而未能测算其作为生命保障系统的间接的市场价值。由此产生对经济社会发展的误导作用，对世界范围的资源匮乏和环境污染推波助澜。

为克服国内生产总值的缺陷，从 20 世纪 70 年代起，联合国、世界各国政府、一些著名的研究机构和学者，开始对绿色 GDP 进行研究。其中，1971 年，美国麻省理工学院首次提出了“生态需求指标”，定量测算与反映经济增长与资源环境压力之间的对应关系。这是最早的对于绿色 GDP 的研究指标，掀起了研究绿色 GDP 的理论起源。随后，联合国统计署、世界银行、欧洲统计局、欧盟委员会等诸多研究机构和组织对绿色 GDP 的核算体系、编制方法、指标体系等展开了广泛的研究。

2. 绿色 GDP 的理论基础

绿色 GDP 理论基础主要有三个：可持续发展理论、福利经济学理论和国民经济核算理论。可持续发展理论前面已经介绍过，这里简要介绍一下后面两种。

（1）福利经济学理论。20 世纪 20 年代著名经济学家、福利经济学的创立者庇古教授在《福利经济学》一书中，就已将国民收入与经济福利联系起来，此后这一思想影响巨大，对当前的国民产出核算也仍然产生着影响。在福利经济学的指导下，国民经济产出核算不应只考虑到显性的成本与收益，还应考虑到经济活动的外部影响因素，即外部经济与不经济，特别是要从现行的 GDP 中扣除外部损害成本，并由此提出关于绿色 GDP 的具体核算方法。

（2）国民经济核算理论。经过几十年的发展与完善，国民经济核算已经形成了一个完整的体系，它通过采用一套标准的概念、定义、分类和核算规则，以一定的程式和表述来反映一国或地区经济运行的条件、过程和结果。1993 年联合国的 SNA 奠定了世界各国现行的核算制度，但是，国民经济核算本身也是一个不断修订完善的体系，处于不断地演进发展过程之中，例如：生产范围、资产范围、核算范围等无不随着人类社会生产活动的外延与内涵的扩大而向前演进，各国核算史特别是 MPS 体系与 SNA 体系的竞争史都有力地证明了这一点。依据国民经济核算中生产范围与核算范围对应的紧密关系，我们必须意识到，急待对现行的核算体系进行较大的修订，化解人们的"GDP 崇拜"，改变人们过度着眼于经济而忽视资源环境等因素的 GDP 指标的偏误。为此，许多学者都依据国民经济核算的理论提出，要在现有产出核算中将 GDP 指标进行修正，将地下经济、非市场服务、自然资源和环境因素纳入核算当中，以此来准确地反映一国或地区的产出规模和相应的生产成本。

（二）绿色 GDP 理论的基本概念

1. 绿色 GDP 的含义

人类的经济活动包括两方面的活动。一方面为社会创造财富，即所谓"正面效应"，但另一方面又以种种形式和手段对社会生产力的发展起着阻碍作用，即所谓"负面效应"。这种负面效应集中表现在不合理利用自然资源和向生态环境排泄废弃物，使资源数量日趋减少，生态环境质量日益恶化。所谓绿色 GDP，就是从 GDP 中扣除环境资源成本和对环境资源进行保护的费用，得到的经过资源、环境因素调整的国内生产总值。绿色 GDP 实质上代表了国民经济增长的净正效应。绿色 GDP 占 GDP 的比重越高，表明国民经济增长的正面效应越高，负面效应越低，反之亦然。

绿色 GDP 核算是逐步由资源环境实物量核算——资源环境价值量核算——资源环境与经济综合核算来实现的，核算内容包括土地、矿产、森林、水、海洋五大资源核算及污染治理、生态建设两大环境核算。最关键的是要理解三个概念，就是资源、环境和生态系统。[97]

2. 绿色 GDP 核算的基本方法

绿色 GDP 核算的两种思路，一种是直接法，另一种是间接法。

⑴ 直接测算思路。具体来看，直接测算思路可以采用生产法与支出法两种方法：

生产法。绿色 GDP 按生产法核算在原理上与 GDP 核算原理相同，是指在各产业部门的总产出中扣除中间投入后汇总得到，只不过这里的中间投入是指各产业部门生产中所消耗的经济资产和自然资产，用公式表示如下：

绿色 GDP=∑（某产业部门总产出–中间投入）

=∑（某产业部门总产出–某产业部门经济资产投入–某产业部门自然资产投入）

支出法。绿色 GDP 按支出法核算是根据绿色 GDP 的最终使用结果进行的，对于封闭经济而言包括消费与积累两部分，对于开放经济还要加净出口部分，计算公式为：

绿色 GDP=最终消费+经济资产积累+自然资产耗减（负值）+净出口

理论上说，直接测算法对绿色 GDP 进行核算时，对核算项的内涵界定非常清楚，不会产生遗漏和重复计算。但是，在当前的技术水平下，无论是生产法还是支出法，都存在着很大的核算困难，自然资产投入、经济资产积累与自然资产耗减等项都难以作非常准确的估算，存在着货币化难题。

（2）间接测算。间接测算法是在原有的 GDP 核算基础上，综合考虑资源、环境、经济因素，通过对 GDP 指标数据进行某些调整，由此得到绿色 GDP 的数值。具体来看，依据调整的角度或出发点不同，绿色 GDP 的间接测算思路又可分为以下几种类型：

外部经济与外部不经济测算法。考虑外部经济与外部不经济的绿色 GDP 核算方法，是在现行 GDP 核算的基础上考虑了外部影响因素后，由此计算出绿色 GDP 的数值。计算公式可以表述如下：

绿色 GDP=现行 GDP+外部影响因素=现行 GDP+外部经济因素–外部不经济因素

这里的外部影响因素与定义绿色 GDP 的概念是一致的，包括经济因素与不经济因素，这一核算方法的关键问题在于对外部影响因素的实际核算与估价问题。

社会福利测算方法。在福利经济学的基础上，可以将国民福利总值定义为广义的绿色 GDP，外部不经济是外部损害成本的理论表述，外部经济是经济行为对外部的福利外溢，并由此提出国民福利核算的理论模式：

国民福利总值（GNW）=国内生产总值（GDP）–外部损害成本+外部福利外溢

基于环境与经济核算体系（SEEA）的平衡推算方法。廖明球（廖明球，2000）通过研究联合国统计委员会所设计的环境与经济核算体系（SEEA），总结出了一个通过资产负债核算途径来核算绿色 GDP 的方法，公式如下：

绿色 GDP=国内生产净值–生产中使用的非生产自然资产。其中：国内生产净值=总产出–中间投入–固定资产损耗。

绿色 GDP=绿色国内生产净值+固定资产损耗

等价地，还可以从 SEEA 中得到另一个核算公式：

绿色国内生产净值=（净出口+最终消费+资本形成净额）-非生产经济资产净耗减-自然资产降级与减少

基于 GDP 的其他调整法。从实践上看，中国构建本国 SEEA 的研究目前大多限于局部账户核算及单纯绿色 GDP 指标估算方面，缺乏结合中国新国民经济核算体系最新改革实践。根据 SEEA 体系的构造原理，可以在 GDP 核算基础上提出一种有关绿色 GDP 的测算方法：

绿色 GDP=GDP-环境成本=GDP-(经济自然资产使用+非经济自然资产使用)

3. 绿色 GDP 与传统 GDP 的异同

（1）相同点。绿色 GDP 核算的理论构想与方案设计时，绿色 GDP 源于 SNA 体系中的 GDP，因此两者在绝大多数方面都是相同的。从作用和方法论的角度来讲，它们的相同点主要表现在两个方面。

第一个方面，从作用上来讲，绿色 GDP 和 GDP 均完整地衡量了经济总体生产活动的最终成果，为判断宏观经济增长及其走势提供了衡量尺度。它们都是衡量一个国家经济发展水平的重要指标，在国际比较中，这两个指标都被广泛地应用。当然，绿色 GDP 由于实行的国家并不是特别广泛，所以相对来讲，它在国际比较中的作用小一些。但是，随着绿色 GDP 体系的不断成熟，越来越多的国家开始关注和参与这个体系，它的作用也会越来越大。

第二个方面，从方法上来讲，绿色 GDP 和 GDP 的计算方法大体相同，均从生产法、收入法和支出法三个角度阐述其相应的内部结构，从而为分析经济生产的产出结构、投入结构，分析生产要素的分配结构，分析经济产品的最终使用结构提供了详细的数据体系。

（2）不同点。第一，GDP 只是从市场经济的角度计量了经济生产活动的最终成果。没有考虑到与经济生产活动密切相关的自然要素的投入与产出，割裂了经济与自然尤其是与环境之间的相互关系。投入总成本因为没有考虑到自然成本，所以 GDP 事实上是被高估的。而绿色 GDP 从人类社会生产活动更完整、更科学的角度计量了人类生产活动的最终成果。它不仅考虑了经济要素，而且还考虑了自然要素：既考虑了经济成本投入，也考虑了自然环境成本；既考虑了经济产出，也考虑了培育资产的自然资源。因此，它能够更加客观地计量出最终生产成果的完整成本，从而有利于贯彻、实施兼顾经济、自然协调发展的科学发展观。

第二，GDP的计量单位是统一货币价值单位，综合性强、可比性强；绿色GDP的计量单位虽然在原则性上也是统一的货币价值单位，但在具体操作上更有灵活性：首先，在估价方法上，既包括市场估价法、类似市场估价法，还包括其他各种各样的非市场估价法。其次，在价值认同上，具有不同的权重和处理方法。如资源环境的经济成本（或经济价值）一般是市场估价，与GDP具有可比性，在计算绿色GDP时，可以直接扣除；资源环境的生态成本（或生态价值）一般是非市场估价，主观性更强，与市场估价不具有可比性，计算绿色GDP的时候，就不能简单地加以扣除，此时就需要参照分析。

最后，GDP在计量时，只采用货币单位。而绿色GDP在计量单位上可以使用混合的计量单位，即经济计量采用货币单位，资源环境计量使用实物量单位。从某种意义上讲，资源环境的实物量单位比价值量单位更加重要，这主要是因为相同实物量单位的某种物品价值量由于国家和地区的不同相互之间会存在很大的差异，例如一片森林在中国和美国的价值量就有很大的差异，但是实物量单位却是一样的，因此可以更好地进行国别或地区之间的比较。

（三）绿色GDP理论的局限性

尽管绿色GDP在理论基础和核算实践方面取得了显著的进展，但仍然存在诸多实践制约问题，如：治理污染费用的处理问题，绿色GDP核算中货币化难题，劣质产品、有害产品的处理以及未观测经济等问题以及外部影响的计量与虚拟费用的计价等问题。除此之外，绿色GDP理论的局限性还表现在以下几个方面：

第一，绿色GDP不能有效地解决经济对自然资源环境的影响问题，也就无法实现发展模式的根本改变。

首先，全球范围内尚未找到合理评价自然资源消耗的价值损失和自然环境改变的价值损失的有效方法；其二，在传统经济增长理念依然占据主流地位的今天，要想彻底推翻原有的经济核算体系是非常困难的。目前研究者所提出的任何一种核算方法都依然主张经济量"越大越好"，尽管要扣除对资源环境的负影响，如果不改变"越大越好"的业绩评价理念，那么对经济活动、对资源消耗、对环境破坏不会有明显的抑制作用，只会助长经济主体把对资源环境的负影响转移到其他地区、他人或后代人身上；其三，任何的核算指标只要被确定为度量业绩的关键指标，那么就必然会使经济运行偏离经济发展的真正目标，即便确立了"绿色GDP"指标，也无法避免偏离真实目标的命运。

第二，最大的困难在于环境和资源的定价。

环境是公共品，无法界定产权，无法交易，也就无法计算其市场价值，资源有交易，但交易价格只反映当前市场供求，而不能反映其未来的、实际的价值。比如，物种灭绝的价值就很难计量。当然，现在有一些方法可以部分解决上述问题，比如环境，就有两个方法可对其进行估计，一个是测定在不同环境中的房地产的价格可以推算出人们愿意为新鲜空气或青山绿水付出多大的代价，一个是对限定的污染权进行拍卖或无偿分配，形成排污权市场，从而确定污染的价格。前者是从消费的角度，后者是从生产的角度。

第三，绿色 GDP 只解决了环境和污染问题，其他问题仍然没有得到解决，比如撞车增加 GDP、浪费增加 GDP，绿色 GDP 都不能加以校正。[98-100]

## 三、能源生产函数理论

### （一）生产理论的含义

生产理论有广义和狭义之分，广义的生产理论是从社会生产系统的角度出发，把生态（环境）生产、精神生产和人口的生产纳入到生产理论的分析框架里，把物质生产、生态（环境）生产、精神生产和人口生产四种生产理论概括为四种再生产相互适应与协调发展的理论，它是指导现代经济社会总的生产运动的生态经济原理。在生态经济理论中的“生产”应是一个四义的概念，即是指物质生产、精神生产、人口生产和生态生产。四种生产理论对世界“生态—经济—社会”三维复合系统运行进行了科学、全面的刻画，与可持续发展理论相契合。广义的生产理论主要应用在政治经济学分析中。[101]

狭义的生产理论主要关注企业层面或厂商的生产活动，所谓生产，在以下三个方面做出改变，即为生产。其一是商品或服务的数量发生变化；其二是商品或服务的质量发生变化；其三是商品或服务的时空状态发生变化。生产的经济理论主要研究在给定生产函数情况下，以利润极大化理论为基础的投入需求函数和产出供给函数的特征。

生产理论说明的是生产者的最大化行为，揭示了这种行为的规律性特征。它包括两类问题：一类是描述企业可利用的生产工艺变动范围的技术约束，即生产技术；另一类是企业的生产函数。

### （二）生产函数理论

1. 生产函数概述

生产函数源自自然科学和生物科学的概念，它反映的是经济技术关系。生产函数描述了企业有效运行的技术可行性，即厂商尽可能地有效运用投入品的每一种组合方式。它反映的是投入—产出关系，同时表明了要素转变为产品的比例关系。任何一种既定的投入—产出关系说明生产一个特定产品所需要的要素数量和质量。

生产函数表示在一定经济技术条件下，特定的投入品组合有效使用时所产生的最大的可能性产出。厂商总是在一定的经济技术条件下，根据利润最大化原则，进行生产。生产要素数量的使用是与该生产要素的相对价格有关的。生产要素对产出量的作用与影响，主要是由一定的经济技术条件决定的，在一定的经济技术条件下就有一定的生产函数。所以生产函数，从本质上来讲，是反映厂商生产过程中投入要素与产出量之间的经济技术关系。一方面从实用角度出发，生产函数必须与所研究的生产过程和生产条件相适应。另一方面，生产函数必须展望未来或者进行预测，才能用于计划将来的行动。它是一种计划手段。生产函数描述的是一个既定时间单位内生产过程引起的产出。如果一种要素在生产周期内数量不发生变化，这种要素称为固定要素。如果这种要素在开始时，或在生产周期内数量是变化的，这种要素就称为可变要素。

2. 生产函数一般形式及其主要类型

生产函数是指在一定时期内，在技术水平不变的情况下，生产中所使用的各种生产要素的数量与所能生产的最大产量之间的关系。生产函数可以用一个数理模型、图表或图形来表示。常见形式是用数理方程表示，如：

$Q=f(x_1, x_2, \cdots, x_k)$，其中，$Q$ 为产出，$x_1$，$x_2$，…，$x_k$ 为各项投入。函数符号“$f$”表示投入转化为产出的关系形式。各项投入的每一种结合，只能有一个产出量。根据投入转化为产出关系的具体形式，常见的生产函数主要有柯布—道格拉斯生产函数、CSE 生产函数、VES 生产函数和超越对数生产函数。

（三）能源环境生产函数

传统的生产函数模型，仅仅把资本和劳动作为主要的投入要素，能源被视为资本化的投入，没有单独作为生产函数的投入要素。随着能源在经济社会发展中重要性的日益凸显以及对化石能源利用导致的环境问题的日益关注，能源作为一种单独的投入要素被纳入到生产函数。

1.“单部门”生产函数模型

（1）能源柯布—道格拉斯（C-D）生产函数

能源生产函数的构建最经典的就是基于柯布—道格拉斯生产函数。该生产函数是使用最为广泛的生产函数。它是由柯布和道格拉斯根据 1899~1922 年间美国制造业部门的有关数据构造出来的。其一般形式如下：

$$Q=AK^{\alpha}L^{\beta}$$

其中 $Q$ 是增加值，$K$ 是资本存量，$L$ 是雇用的劳动。$A$ 为效率参数，表示那些影响产量，但既不能单独归属于资本也不能单独属于劳动的要素。$\alpha$ 和 $\beta$ 为分配参数或投入强度参数。

当能源作为单独的投入项时，柯布—道格拉斯生产函数的形式变为：

$$Q=AK^{\alpha}L^{\beta}E^{\gamma}$$

其中，$\gamma$ 为能源的投入强度，其他参数含义如上。此时，柯布和道格拉斯假设产量的变化不仅仅由于劳动和资本数量的变化，还与能源数量的变化有关。但不考虑技术进步和劳动素质的变化。如同经典的柯布—道格拉斯生产函数假设一样，该生产函数假设劳动、资本和能源每年都以相同的强度被使用，从而也没有考虑产量的周期性波动。

能源柯布—道格拉斯生产函数的基本形式为从生产函数的角度研究能源的边际贡献提供了思路。但根据研究方法和研究目的的不同，该函数可以与其他方法相结合，形成不同的能源柯布—道格拉斯生产函数的变种，如与生产前沿面方法相结合构建能源的柯布—道格拉斯生产前沿面生产函数；与优化理论相结合的资源、能源和环境约束下的生产函数；在考虑能源作为投入要素和经济环境随机动态变化的情况下，构建能源的随机动态柯布—道格拉斯生产函数等。[102]

(2) 能源 CSE 生产函数

1961 年，由 Arrow，Chene，Mihas，Solow 四位学者提出了两要素 CES 生产函数，该函数在数学形式上相当简化，在统计上容易处理，而且还有固定的替代弹性的特性。常见形式为：

$Q=A\ [aK^{-\rho}+(1-b)\ L^{-\rho}]^{-\frac{1}{\rho}}$，其中，$A$ 为效率参数，表示资本和劳动的联合效率，$a$，$b$ 为份额参数，$\rho$为替代系数，且满足 $a+b=1$。替代弹性 $\sigma$ 应该是正值，表示投入要素之间是互相替代的，因此要求$-1<\rho<-\infty$，同时要求 $A>0$。现在，CES 函数的标准形式一般可以表示为：

$$Y=\mathrm{A}\left[\sum_{i=1}^{n}a_i\ (\lambda_iX_i)^{-\rho}\right]^{-m/\rho}$$

其中，$m$ 表示规模报酬参数，当 $m=1$（或 $m>1$ 或 $m<1$）代表规模不变、规模递增和规模递减。

CES 生产函数的替代弹性为 $\sigma=\dfrac{1}{1+\rho}$，突破了 C-D 生产函数替代弹性固定为 1 的限制，具有更好的灵活性。

将能源引入到 CSE 生产函数，需要同时讨论资本 $K$、劳动 $L$ 和能源 $E$ 三个投入要素之间以及与总产出的关系。但实际中，资本 $K$、劳动 $L$ 和能源 $E$ 互相之间的替代弹性不尽相同，一级 CES 生产函数就不能描述要素之间的替代性质，Sato 在 1976 年提出的多要素二级 CES 生产函数模型有很好的借鉴价值。吕振东等人采用三要素二级嵌套的形式描述资本 $K$、劳动 $L$ 和能源 $E$ 之间不同的替代性质，此时能源 CES 生产函数具体如下：

$$Y_1=A\left[b\ (aK^{-\rho_1}+(1-a)\ E^{-\rho})^{\rho/\rho_1}+(1-b)\ L^{-\rho}\right]^{-m/\rho}$$

$$Y_2=A\left[b\ (aE^{-\rho_2}+(1-a)\ L^{-\rho_2})^{\rho/\rho_2}+(1-b)\ K^{-\rho}\right]^{-m/\rho}$$

$$Y_3=A\left[b\ (aL^{-\rho_3}+(1-a)\ K^{-\rho_3})^{\rho/\rho_3}+(1-b)\ E^{-\rho}\right]^{-m/\rho}$$

其中，$Y_i$ 为二级 CES 生产函数，其他参数含义如上。[103]

(3) 能源超越对数生产函数

超越对数生产函数是由 CHistensen，Jorgenson 和 Lau 在 1973 年提出的一种更具一般性的变替代弹性生产函数。两要素超越对数生产函数的具体形式如下：

$$\ln Q=\alpha_0+\alpha_k\ln K+\ln L+\frac{1}{2}\alpha_{kk}\ (\ln K)^2+\frac{1}{2}\alpha_{LL}\ (\ln L)^2+\alpha_{KL}\ln K\cdot\ln L$$

该生产函数含有变量对数形式的平方项。这种生产函数是从柯布—道格拉斯生产函数扩展而来的。当 $\alpha_{kk}=\alpha_{LL}=\alpha_{KL}=0$ 该生产函数即为柯布—道格拉斯生产函数。由于超越对数比较适宜拟合，该生产函数是易估计性和包容性变弹性生产函数模型，可以较好地研究生产函数中投入的相互影响、各种投入技术进步的差异等。

由于超越对数生产函数形式的简洁性，比较容易将能源引入到超越对数生产函数，带有能源的三要素超越对数生产函数如：

$$LnQ=\alpha_0+\alpha_k\ln K+\ln L+\ln E+\frac{1}{2}\alpha_{kk}\ (\ln K)^2+\frac{1}{2}\alpha_{LL}\ (\ln L)^2+\frac{1}{2}\alpha_{EE}\ (\ln E)^2$$

$$+\alpha_{KL}\ln K\cdot\ln L+\alpha_{KE}\ln K\cdot\ln E+\alpha_{LE}\ln L\cdot\ln E$$

超越对数生产函数不仅可以把总能源消费量作为解释变量引进模型，分析能源的产出弹性、替代弹性和技术进步的差异；也可以将各个能源品种单独引进模型，分析各品种能源的产出弹性、替代弹性和技术进步的差异。黄磊和周勇把劳动和资本之外的能源投入要素分解为煤炭、石油、天然气和电力的投入，建立了一个超越对数生产函数模型并基于岭回归进行了分析，估计了各能源投入要素的产出弹性、替代弹性以及相对技术进步差异。[104–107]

2. “两部门”生产函数模型

该模型将研究的对象设为一个部门 A，而将影响该部门以外的其它部门设为另一个 B，并且将部门 A 的产出作为部门 B 的投入要素，部门 A 和部门 N 的产出构成一个总量生产函数，对总量生产函数可以微分求解，得到最终的两部门生产函数模型，两部门生产函数模型不仅可以研究部门 A 对总量生产函数的贡献，还可以研究部门 A 对部门 B 的外部作用以及劳动力要素、资本要素、能源等在 A 和 B 两部门之间相对边际要素生产力的差异[104]。

与“单部门”生产函数模型相比，“两部门”生产函数模型在研究能源环境领域应用不多。张五六以多要素柯布–道格拉斯生产函数为基础，运用门限理论，建立了两部门生产函数门限模型，以两部门生产函数门限模型的能源消费与经济增长关系为例的实证分析[105]。刘长生等人则分别建立能源消费影响经济增长的“单部门经济模型”和“两部门经济模型”，并利用线性回归和基于“阈回归模型”的非线性回归的分析方法，对中国能源消费对经济增长的影响进行了比较分析。研究发现：相比较而言，“双部门经济模型”的相关回归系数有更强的显著性和更好的拟合优度，利用“双部门经济模型”来估计中国能源消费对经济增长率的影响更为合理[106]。史亚东利用一个两部门的生产函数，建立了估计能源消费对经济增长溢出效应的计量模型，利用 45 个国家 (地区) 1980–2007 年的数据，对能源消费增长与经济增长之间是否存在人均消费水平的门限效应进行了实证检验。当以人均消费水平作为门限变量时，能源消费溢出效应的国家 (地区) 差异，实证检验的结果证实了能源消费与经济增长之间存在非线性转换行为[108]。

## 四、低碳经济理论

### (一) 低碳经济的概念及科学内涵

1. 低碳经济的概念

2003 年英国政府发表《能源白皮书》，题为《我们未来的能源——创建低碳经济》，首次提出“低碳经济”概念，这一概念的提出引起国际社会的广泛关注。所谓低碳经济是指在可持续发展理念指导下通过技术创新、制度创新、产业转型、新能源开发等多种手段，尽可能地减少煤炭石油等高碳能源消耗，减少温室气体排放，达到经济社会发展与生态环境保护双赢的一种经济发展形态。低碳经济的实质在于提升能源的高效利用、推行区域的清洁发展、促进产品的低碳开发和维持全球的生态平衡。这是从高碳能源时代向低碳能源时代演化的一种经济发展模式。

2. 低碳经济的科学内涵

低碳经济是一场涉及生产模式、生活方式、价值观念和国家权益的全球性革命，它的内涵十分丰富。既是一种经济发展理念，更是一种经济发展模式；同时，也是一个政治化的科学问题；是涉及经济、社会、环境方方面面的综合性问题。

(1) 低碳经济首先是一种经济发展理念。低碳经济以低能耗、低污染、低排放、高效能、高效率、高效益（三低三高）为基础前提，以大气中温室气体的浓度稳定在防止气候系统受到具有威胁性的人为干扰的水平为目标。它是人类对人与自然、人与社会、人与人和谐关系进行理性认知后，开始在经济增长与福利改进的关系、经济发展与环境保护的关系中积极寻求一种理性权衡，是人类在后工业时代经济发展的方向。

(2) 低碳经济更是一种经济发展模式。低碳经济是将传统的高碳型经济发展模式改造成低碳型的新经济发展模式。这种经济发展模式以低碳经济为发展方向，在保证经济社会健康、快速和可持续发展的条件下最大限度减少温室气体的排放；这种发展模式是以集约高效为发展特征，在尽可能地减少能源消耗量、温室气体排放量的前提下，获得与原来等效或更多的经济产出，实现节约发展、低碳发展、清洁发展、低成本发展、低代价发展；这种发展模式以碳中和技术为发展方法，通过温室气体的捕集、温室气体的埋存、低碳或零碳新能源等碳中和技术的研发和应用，减少未来温室气体排放的规模。

(3) 低碳经济是一个政治化的科学问题。尽管低碳经济在科学家看来是一个科学问题，但由于低碳经济发展涉及各国切身利益，发展低碳经济已演变成为一个环境、经济和政治的外交“大拼盘”，国际气候制度的演进，更是纷繁复杂的国际环境外交的一个缩影。各国在发展低碳经济的同时，不遗余力地抢占低碳发展制度的话语权；分配和划分排放权和环境容量空间，争夺经济发展空间；制定国际低碳经济发展规则，调整世界发展新格局，以实现各国在人类从工业文明向生态文明过渡过程中利益最大化。

(4) 低碳经济是涉及能源、环境、经济系统的综合性问题。低碳经济不是一个简单的技术或经济问题，而是一个涉及能源、环境、经济系统的综合问题。低碳经济正是将能源、环境、经济三者联系起来的一种可持续发展理念和模式。低碳经济以降低对自然资源依赖为目标，以能源可持续供应为支撑，在发展的过程中注重生态环境的保护，是可持续发展的经济。发展低碳经济就是要在保持现有经济发展速度和质量不变甚至更优的条件下，通过改善能源结构，调整产业结构，提高能源效率，增强技术创新能力，增加碳汇等措施实现碳排放总量和碳排放强度的减少以及能源的可持续供给。换句话讲，低碳经济的发展理想状态不仅不会损害能源可持续供应和践踏生态环境，而且会进一步增强能源的可持续供应能力，进一步优化生态环境，确保能源、环境、经济三大系统的和谐发展。[109]

（二）低碳经济的特征

低碳经济具有三个方面的特征：

一是低碳经济的经济性。低碳经济应按照市场经济的原则和机制来发展，其发展不应导致人们的生活条件和福利水平明显下降。

二是低碳经济的技术性。通过技术进步，在提高能源效率的同时，也降低 $CO_2$ 等温室气体的排放强度。前者要求在消耗同样能源的条件下人们享受到的能源服务不降低；后者要求在排放同等温室气体情况下人们的生活条件和福利水平不降低。

三是低碳经济的目标性。发展低碳经济的目标是将大气中温室气体的浓度保持在一个相对稳定的水平上，不至于带来全球气温上升影响人类的生存和发展，以实现人与自然的和谐发展。

（三）低碳经济的构成要素

第一，低碳经济发展的核心是低碳能源。低碳能源是指高能效、低能耗、低污染、低碳排放的能源，包括可再生能源、核能和清洁煤，低碳经济发展的核心就是低碳能源。改变现有的能源结构是发展低碳经济的关键，要使现有的“高碳”能源结构逐渐向“低碳”的能源结构转变。

第二，低碳经济发展的动力是低碳技术。国家核心竞争力的一个重要标志是低碳技术，低碳技术广泛涉及石油、化工、电力、交通、建筑、冶金等多个领域，包括煤的清洁高效利用、油气资源和煤层气的高附加值转化、可再生能源和新能源开发、传统技术的节能改造、$CO_2$ 捕集和封存等。这些低碳技术一旦物化和作用于低碳经济的生产过程就成为直接生产力，成为低碳经济发展最为重要的物质基础，成为低碳经济发展强大的推动力。

第三，低碳产业是低碳经济发展的载体。在经济发展的不同阶段要有不同的经济发展载体与之相对应，而低碳经济发展的载体是低碳产业。低碳经济发展的水平取决于低碳产业承载能力的大小。低碳产业的发展对现有高碳产业的转型发展具有促进作用，会催生新的产业发展机会。

第四，低碳管理是低碳经济发展的保障。低碳管理主要包括明确的发展目标、健全的法制、创新的体制、科技等诸多方面，所有这些正是低碳经济发展的保障。

第五，低碳城市是低碳经济发展的平台。低碳城市是指在经济社会发展过程中，以低碳理念为指导，以低碳技术为基础，以低碳规划为抓手，从生产、消费、交通、建筑等方面推行低碳发展模式，实现碳排放与碳处理动态平衡的城市。它以绿色能源、绿色交通、绿色建筑、绿色生产、绿色消费为要素；以碳中和、碳捕捉、碳储存、碳转化、碳利用、碳减排为手段。通过组织机制创新、激励机制创新、治理机制创新、制约机制创新、评价机制创新可以实现低碳城市的平台作用。[109]

# 第六章 能源环境政策

环境政策是处理国内外环境事务的行为准则，是环境保护和解决环境问题的方法，在国家的经济社会生活中具有重要的作用和地位。系统梳理能源环境政策基础知识，对于环境保护战略、目标、任务、政策和法规的制定与实施，对于加强环境管理，具有重要的现实意义。本章在界定环境政策内涵的基础上，重点介绍不同类型环境政策的主要形式以及优缺点，以期为制定能源环境政策提供参考。

## 第一节 能源环境政策概述

本节在界定能源环境政策含义的基础上，重点介绍能源环境政策的分类以及各类别政策的主要形式。

### 一、能源环境政策的含义

政策是指国家机关、政党及其他政治团体在特定时期内为实现或服务于一定社会政治、经济、文化目标所采取的政治行为或规定的行为准则，它是一系列谋略、法令、措施、办法、方法、条例等的总称。任何政策都是目标与手段的统一体，环境政策目标规定了环境政策作用的对象和预期的效果，本质上体现了政策主体根据主客观条件对环境政策预期效果的主观愿望。而环境政策工具则是将这种预期效果与主观愿望转化为现实的手段与方法，是环境政策主体促使政策对象采取期望行为的具体措施。因此，能源环境政策是国家为了避免和治理因能源开发利用造成的环境污染和生态破坏，恢复和改善环境质量所采取的一系列控制、管理、调节措施的总和。

## 二、能源环境政策的分类

### （一）已有环境政策的分类

1. 经济合作与发展组织（OECD）三分法

经济合作与发展组织（OECD）根据对政策对象的影响及产生的行为，将环境政策工具分为命令控制手段、经济手段或称市场机制以及劝说式手段。该环境政策的三分法比较具有代表性。这一划分方法所运用的标准是政策对象受何种因素影响而产生特定行为，命令控制手段是以政府强制力迫使政策对象做出某种合意行为，而经济手段则是通过改变政策对象本身对成本—收益的评估来影响其实际行为，将环境经济手段确定为下列五种：收费，补贴，押金—退款制度，市场创建，执行鼓励金。劝说式手段则是通过将环境保护的观念内化为政策对象的偏好结构中来促使其自愿做出某种行为。这种分类方式不仅在理论上有着合理性，而且在实践中也广为应用。[110]

2. 世界银行分类

世界银行哈密尔顿等所著的《里约后五年——环境政策的创新》一书中，对以资源管理和污染控制为目的的政策工具，按照“运用市场”“创建市场”“实施环境法规”“鼓励公众参与”等出发点进行分类，并将政策手段列成一个矩阵，如表 6-1 所示。

**表 6-1 政策矩阵——可持续发展的政策矩阵[111]**

| 主题 | 政策手段 | | | |
|---|---|---|---|---|
| | 运用市场 | 创建市场 | 实施环境法规 | 鼓励公众参与 |
| 资源管理与污染控制 | 减少补贴<br>环境税<br>使用费<br>押金-退款制度<br>专项补贴 | 产权/分散权力<br>可交易许可证<br>国际补偿机制 | 标准<br>禁令<br>许可证和配额 | 公众参与 |

尽管世界银行是针对可持续发展战略的政策手段的分类，但与 OECD 环境政策分类具有内在的一致性，如世界银行政策手段中的“运用市场”和“创建市场”对应着 OECD 分类中的经济手段或称市场机制，实施环境法规对应着命令与控制型政策，而鼓励公众参与则对应着劝说式手段。是对 OECD 环境政策

划分的细化。

3. 其他环境政策分类

英国学者 Jordan、Wurzel 和 Zito 则将环境政策工具分为传统的规制性政策工具和新环境政策工具。新环境政策工具又包括市场工具、信息装置、志愿协议等形态。

我国学者对环境政策分类基本上参照了 OECD 的分类依据。李晟旭按照环境政策的调整机制的不同将环境政策工具分为命令控制型、经济刺激型、社会型工具 3 种类型。

命令控制型环境政策工具是指政府环境行政部门依据一定的法律、法规、规章及其他环境管理规范性文件，通过对生产者在生产过程中所使用的原料、技术以及消费者消费活动中消费产品的直接管制，对因生产或消费所排放污染物的禁止或限制，从而影响排污者行为达到改善环境质量目的的环境管理手段的总称。经济刺激型环境政策工具是指政府环境行政部门通过引入市场机制，旨在引导生产者和消费者在各自的生产和消费过程中对其行为进行成本效益评估，从而选择有利于环境保护行为的手段的总称。社会型环境政策工具是指政府环境行政部门通过广泛的道德规劝和舆论影响，将保护环境的观念渗透入企业的经营理念和居民个人的价值观，并使其成为二者的组成部分，从而促使企业和居民自愿做出符合政府意愿的环保行为的手段的总称。[112]

根据导致生态环境问题的制度根源和干预机制的不同，对环境经济手段（经济刺激型环境政策工具）进行了分类：一类是侧重通过“看得见的手”即政府干预来解决环境问题，可称之为庇古手段；另一类侧重通过“看不见的手”即市场机制本身来解决环境问题，可称之为科斯手段。庇古手段主要包含税收或收费、补贴和押金—退款；科斯手段包括资源协议和排污权交易。

（二）能源环境政策的分类

从政策的作用机理来看，无论是通过什么传导机制，政策最终都要通过人的行为模式的改变来实现政策目标，这里的人既包括自然人也包括社会法人。人的行为从一种模式转变到另一种模式，需要对人实施特定的激励以改变人的行为动机。最为常用的激励方式是经济激励，即通过经济激励信号，引导生产主体和消费主体对其行为进行成本效益评估，理性选择符合政策目的的行为，进而实现政策目标。

本书按照能源环境政策否为经济主体提供经济激励分为非经济激励型政策和经济激励型两种。其中，非经济激励型政策主要包括：命令与控制型管制政策和道德劝说政策。命令与控制型管制政策是通过对生产者在生产过程中所使用的原料、技术以及消费者消费活动中消费产品的直接管制，或对因生产或消费所排放污染物的禁止或限制，从而影响生产或消费行为的政策的统称；而道德劝说政策依靠道德规劝和舆论影响，依靠生产者和消费者价值取向发生变化后，自愿或主动选择符合能源环境政策目的的行为政策的统称。

经济激励型能源环境政策，根据政策控制机理和作用方式的不同，可以分为价格型政策和数量型政策。价格型政策主要指通过政府价格干预，消除具有外部性的生产活动边际私人成本与边际社会成本、边际私人收益与边际社会收益之间的差异，以实现生产活动外部性完全内部化。主要包括：税收、补贴和押金—退款等。数量型环境政策主要指，确定初始环境产权的分配，通过引进市场交易，通过市场机制本身消除生产或消费活动的外部性，主要包括可交易许可证政策。能源环境政策的具体分类如图 6-1 所示。

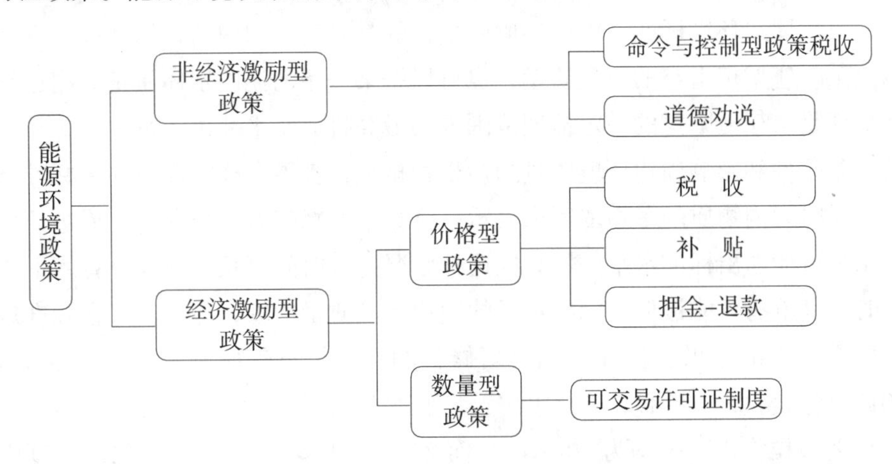


**图 6-1　能源环境政策的分类**

## 第二节　非经济激励型环境政策

非经济激励型环境政策主要包括传统的命令与控制型政策和道德劝说，主要通过非经济因素改变经济主体的行为模式，进而实现环境政策目标。命令与控制型政策通过强制措施使得行为主体满足环境治理要求；而道德劝说主要通过宣传和舆论影响，使经济主体的环境保护行为转变为自觉行为。

## 一、命令与控制型政策

### （一）命令与控制型政策的主要形式

命令控制型环境政策有广义和狭义之分，狭义概念的命令控制型政策工具也叫直接管制工具，是旨在通过管理生产过程或产品使用来限制特定污染物的排放，或在特定时间和区域内限制某些活动等直接影响污染者的环境行为方面的制度措施。这一工具类型包括全部的直接管制措施，如标准、许可证、配额、使用限制等。广义的命令控制型政策还包括国家为保护环境而颁布的法律、法规等。我们重点分析狭义的命令控制型环境政策。

1. 标准类型

环境标准主要有三种类型：周边环境标准、排放标准和技术标准。[113]

(1) 周边环境标准。周边环境质量指的是一定范围内的整体环境治理，可以是某一座城市上空的空气质量，也可以是某一条河流的水体质量。周边环境标准就是法律上限定的一定地理范围内的最高排放水平。由于每一季、每一天的气象条件和影响周边环境质量的污染物排放量都不一样，周边环境标准通常以一段时间内物质的平均浓度来表示。算数平均意味着在短期内，周边环境质量水平可能超出标准水平，但只要这种状况持续时间不长，在计算算术平均运算时，其就有可能被低于标准水平的周边环境质量冲抵，得出正好在标准规定的范围之内的结果。例如我国最新修订的《环境空气质量标准》（GB 3095-2012）对 PM2.5（指环境空气中空气动力学当量直径小于等于 2.5μm 的颗粒物，也称细颗粒物）年平均为 40μg/m$^3$，而 24 小时平均为 50μg/m$^3$，二级浓度限值年平均为 70μg/m$^3$。

(2) 排放标准。排放标准是由政府设定的企业排放量的上限。排放标准通常以单位时间内排放的污染物数量来表示。如：千克/分钟，或吨/周。对于持续的污染物排放流，政府会把瞬时排放率上限作为排放标准。例如，设定每分钟污染物的最大速率或一段时间内的平均速率。

与周边环境标准相比，排放标准侧重于排放量或排放速率的控制，是从排放源实施的环境标准，而周边环境标准是从环境质量控制的环境标准。达到政府规定的排放标准，并不意味着达到了周边环境标准。例如，政府把企业的排放标准设定在某个水平，但这并不一定满足周边环境质量。通常情况下，如果对气象、水文等信息了解清楚的前提下，政府规定的企业排放标准通常是以满足当地周边环境质量标准为前提的。环境科学重要研究方向之一，就是研究排放量与周边环境质量水平之间的联系。环境通过自然力的作用，把排放到环境中的污染物从排放点逐渐扩散到其他各地，在这个过程中，一方面，污染物被逐渐稀释冲淡，另一方面，自然媒介通过化学或生物降解改变污染的物理特性，从而把污染物分解成对环境无害的良性物质。这两方面的作用客观上促使周边环境质量提升。

(3) 技术标准。环境治理中很多标准并没有对最终结果进行硬性规定，而是要求污染者必须采取一定的生产工艺、技术或措施，这些统称为技术标准，技术标准包括“设计标准”和“工程标准”等，各种技术标准具体规定了产品必须具备的特征、企业使用的原材料、设备必须达到政府规定的要求等。

(4) 标准政策适用范围。由于命令和控制型环境政策针对不同的行业或企业制定具体的标准，它在某种程度上使得监管要求和减排成果之间存在一定直接联系，当技术标准选项较少、企业间减排成本相同、存在价格信号的信息障碍时可以有较好的环境监管效果 [114–117]。

但通常命令和控制型环境政策的信息要求是很高的，如果监管者无法掌握每个公司的翔实和可靠的减排成本信息，只能对不同的企业实行统一的技术标准，此时，该政策就无法满足成本有效性；另外，该类型环境政策无法为企业提供动态激励鼓励企业开发、采用和推广更为先进的环境和技术排放控制技术。一方面由于企业在到达特定的排放标准后没有动力开发和采用更为先进的环境技术，另一方面，企业担心一旦采用更为先进的环境技术，可能招致政府提高排放标准。与排放标准相比，技术标准政策由于锁定了具体的技术选项，更不利于技术创新。最后，命令和控制型环境政策也无法确保实现一个确定的全社会减排目标，即，无法保证政策的环境有效性。 [118–120]

2. 许可证

环境行政许可证制度规定了环境行政许可证的申请、审查、颁发和监督管理的规则。环境行政许可证适用于不同环境要素的保护和一个环境要素的不同开发利用阶段的保护。它是环境行政许可的法律化，是环境管理机关进行环境保护监督管理的重要手段。采取环境保护许可证制度，可以把各种有害或可能有害环境的活动纳入国家统一管理的轨道，并将其严格控制在国家规定的范围内。有利于对开发利用环境的各种活动进行事先审查和控制。便于发证机关对持证人实行有效的监督和管理。

环境行政许可证从其作用上看有三种类型：一是防止环境污染许可证。如排污许可证，危险废物收集、贮存、处置许可证，放射性同位素与射线装置的生产、使用、销售许可证，废物进口许可证等；二是环境资源许可证。如林木采伐许可证，渔业捕捞许可证，野生动物特许捕猎证、狩猎证、驯养繁殖许可证等；三是整体环境保护许可证。如建设规划许可证等。从表现形式看，有的叫许可证，有的称为许可证明书、批准证书、注册证书、批件等。环境保护许可证与其他方面的许可证制度一样，都要有申请、核审、颁发、中止或吊销等一整套程序和手续。许可证发放以后，发证单位必须对持证单位进行严格的监督管理，使持证单位按许可证的要求排放污染物。这种监督管理包括对排污情况的监测、对排污数据的报送、对持证单位排污情况定期和不定期的检查等。对违反许可证排污的，要依法给予处罚，直到吊销许可证。[121]

（二）命令与控制型政策的优劣

1. 优点

第一，实施效果的可确定性。命令控制工具具有强制性，因此它所实施的对象必须服从命令控制工具所规定的基本要求。第二，适于处理突发性的环境事件。一般来说，当某个地方的生态破坏及环境污染已经严重超过“生态阈值”和“环境容量”时，是不容许由市场去自愿协商的，也不可能依靠征税手段来解决问题，这时命令控制工具也许是主要的选择，有时可能会成为唯一的选择。在这种情形下，政府的行政权威和管理资源是最果断有效的手段。命令控制工具适于处理一些外部性问题导致的紧急环境事件，特别是公害事件。第三，可以直接供应环境公共产品。政府可以利用自己的行政权威提供与外部性相对的服务措施，特别是那些环境容量为零的物品的管制。例如，DDT的禁止使用，必须采用强有力的管制措施。

2. 局限性

第一，执行成本巨大。管制由政府直接实施，其效果取决于政府执行力度和企业接受程度。第二，管制者疲于应付成为“救火队员”。目前环境管理的现状，可以用“管得过多，统得过死”来描述。“管得过多”意味着管制的面宽、点多，管制者与被管制者在数量和精力上的严重不对等，导致管制者信息不对称情况继续恶化，管理漏洞层出不穷，这是现行制度的必然结果。第三，“劣品驱逐良品”现象。“劣品驱逐良品”的问题是“上有政策，下有对策”的真实写照。一种情况是指某些企业违反了现行标准或法规，但该企业从中取得了收益，而其他企业却因遵循现有规则而事实上受到了损失。另一种情况是由于某些企业的非法行为导致环境管制政策更加趋紧，而合法的企业却成了陪绑对象和主要受害者，企业生存环境进一步恶化，最终导致合法企业的衰落甚至倒闭。第四，败德行为。败德行为是指当合约的参与者不能被直接观察到时，他们就不会服从规则，并且不会按合同条款执行。在环境管理中，由于信息不对称问题严重，被管制者经常游离于管制者视线之外，对其行为缺乏有效约束，这种败德行为屡禁不止。[122–125]

## 二、道德劝说

道德劝说是指政府环境行政部门通过广泛的道德规劝和舆论影响，将保护环境的观念渗透入企业的经营理念和居民个人的价值观，并使其成为二者的组成部分，从而促使企业和居民自愿做出符合政府意愿的环保行为的手段的总称，其实质是改变当事人在环境行为决策框架中的观念和优先性，或者说将环境保护的观念全部内化到当事人的偏好结构中。

相较于命令控制型政策工具和经济刺激型政策工具，道德劝说政策工具的最大优势就在于其一旦发挥作用，这种作用就易成为一种长效机制。传统的命令控制型政策工具发挥作用的基础在于政府的强制性，如果强制性弱化甚至消失，则其作用将不再发挥；同样，经济刺激型政策工具则依赖于经济利益的驱动，离开了利益的驱动其作用的发挥也会削弱。而道德劝说政策工具由于已经将环境观念固化到自身价值理念中去，因此无论有无外界的压力或刺激都将长期发挥作用。

这类工具主要包括环境信息公开、宣传教育、环境保护的公众参与、自愿协议、环保先进集体或个人的考核表彰等。我们重点介绍自愿环境协议。

### （一）自愿环境协议的定义

自愿环境协议可以被界定为：行政机关与企业或行业在意愿一致的基础上缔结的，用于明确高于法定标准或者尚未立法规定的环境目标，并形成旨在实现这种目标的权利义务安排的一种合同。为了支持缔约企业或行业在一定期间内实现议定环境目标的承诺，协议条款都会包含由作为当事一方的行政机关向按约履行协议的产业界主体提供某种形式之激励的内容。

### （二）自愿环境协议的主要类型

OECD 将协议分为公共自愿、谈判协议和单边承诺三大类：

1. 公共自愿

公共自愿是指由行政机关制定作用于产业界的具体规则或指导准则，企业或行业自行决定是否加入协议，如丹麦的工业能效协议。

2. 谈判协议

谈判协议是指行政机关与企业或行业就所要实现的环境目标，相应的时间安排，以及履行、监督和制裁等一揽子条款经磋商谈判达成合意，并以合同的形式确定下来。

3. 单边承诺

单边承诺是指企业或行业就其主动实现减少污染或提高能效等一系列目标和所要采取的行动做出承诺。

行政机关在公共自愿方案的发起、参与企业的资质、方案目标的设定、激励措施的安排等方面居于相对主导地位；而企业或行业则对其投入单边承诺的范围和规模、旨在实现的环境绩效（包括计划削减的资源、能源消耗或污染物排放种类及其数量）在相应的条款设计方面具有非常大的话语权。在公共自愿方案里，虽然企业或行业仅拥有加入既定方案与否的意思自由，但正是因为这种公私部门主体间合意要素的存在，使得该种方案与纯粹依照行政主体单方意思表示即可发生法律效果的行政行为区别开来；在单边承诺中，产业界的承诺只有建立在行政机关对其予以认可的基础之上，才称得上是一种“协议”，即企业或行业的自治规范经由行政机关的“认可”而融入成为公共政策的一部分[126]。

（三）自愿环境协议的特点

自愿环境协议作为一种非强制性环境政策，与其他环境治理手段相比，它具有以下优势：

一是灵活性较大。自愿环境协议可使企业在公司或部门层次上能自由决定如何达到环境目标，这使得企业能采取与特定情况相适应的环境保护成本有效的解决方法。相对于制定环境法律法规等强制性环境手段，企业更愿意选择“自愿”对政府承诺环境保护义务，这时企业的自主性大大加强。自愿环境协议的灵活性还体现在它较强的适应性，各国可以根据本国及各行业具体情况，灵活选择自愿环境协议的实施形式。

二是成本有效性较好。与制定环境法律、法规等传统手段相比，政府通过自愿环境协议可以用更低的费用更快地实现国家的环保目标。在制定环境法律、法规时，立法者需要在国家层次上进行干预，这也就需要时间成本。尤其在要实现的目标涉及数目有限的企业的情况下，自愿环境协议的缔结与实施会比立法通过要快得多。在实施成本上，环境法律、法规的贯彻实施也远比实施自愿环境协议的成本大得多。另外，自愿环境协议的成本有效性还表现在外部成本的内部化，根据“自愿”协议，污染者从被迫保护环境变为主动控制污染，大大降低了政府与排污方信息不对称造成的“道德风险”，减少了政府监测、不断修订标准的费用及监督执法成本。

三是有利于社会环保理念的形成。自愿环境协议在实现环保目标的同时，还有利于企业与公众环保理念的形成。随着社会的发展，企业与公众的环保意识增强，日益要求参与到政府的环境保护活动中。自愿环境协议满足了企业、公众参与环保的要求，有利于政府环保机构与工业界之间的伙伴关系的形成，从而导致一个改善环境的不断努力的动态过程，进而形成对环境问题和相互责任的共同理解。[126-127]

## 第三节 经济激励型环境政策

经济激励型环境政策，也被称为环境经济手段，是指通过市场力量以经济刺激的方式来影响当事人环境行为的政策，其动力源泉是当事人环境行为密切相关的经济利益。在经济利益的驱动下，这种政策能改变当事人环境行为的相关费用及效益，使环境成本内部化。本节重点分析价格型环境政策和数量型环境政策。

### 一、价格型政策

为了实现将污染物控制在有效率的排放水平的政策目标，庇古最早提出通过政府干预，给污染排放外部不经济确定一个合理的价格，由外部不经济的制造者承担全部外部费用，因此，这类政策又成为庇古手段。根据外部性的性质，价格型政策又表现为征税、补贴、保证金等不同形式。

#### （一）税收

环境税，可溯源到福利经济学家庇古税。按照庇古的观点，导致市场配置资源失效的原因是经济当事人的私人成本与社会成本不一致，从而私人的最优导致社会的非最优。因此，纠正外部性的方案是政府通过征税或者补贴来矫正经济当事人的私人成本。只要政府采取措施使得私人成本和私人利益与相应的社会成本和社会利益相等，则资源配置就可以达到帕累托最优状态。环境税是把环境污染和生态破坏的社会成本，内化到生产成本和市场价格中去，再通过市场机制来分配环境资源的一种经济手段。

1. 税基选择

一般来说，环境税的计税基础有三种选择：一是以污染企业的产量为税基，其主要理由是污染物的排放与企业产量或劳务总量存在固定比例的正相关关系。二是以生产要素或消费品中所包含污染物的数量为税基；三是以污染物的排放量为税基。对于第一种方式，即以污染企业的产量作为税基，这必须建立在污染物的排放量与企业的产量存在固定比例正相关的基础上，而现实生活中，各企业产生污染的程度是不同的，企业的产量高不一定造成社会污染就严重。企业作为一个以追求利润最大化为出发点的理性经济主体，可能由于该计税依据带来治污成本低，所以根本就不采取治污措施而进行生产。对于第二种方式，即采用生产要素或消费品所包含的污染物数量作为税基，但生产要素或消费品中所包含的污染物成分与污染物排放量不一定存在因果关系，其次，这种税基没有考虑到企业治理污染的可能性；第三种方式，即以污染物排放量为税基，它使企业在维持或增加产量的情况下，只要减轻排放量，即可减轻环境污染税金，对企业形成一种利益刺激作用，企业可以选择适合自己的治污方式。但是，排污量的确定并不简单，而且污染的轻重也有区别。究竟选择哪种方式作为税基需要慎重。

2. 税率的确定

在充分竞争的市场条件下，环境税率设定得越高，污染量削减量就越多。假定我们充分掌握边际损害函数，理论税率大小就可以根据经济活动的污染环境治理的边际成本与污染排放边际损害（收益）均衡情况确定。如图 6-2 所示，当把税率设定在 t*，对应的污染物排放水平为 e*，此时边际损害和边际治理成本相等。企业的总污染控制成本可以分为两部分：治理总成本（*ade*）和排放税

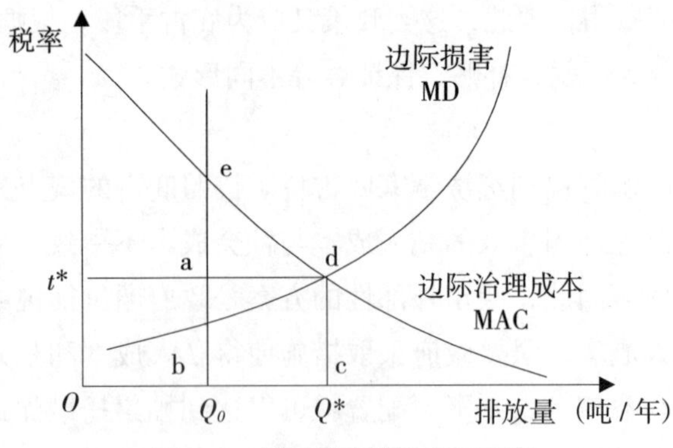


图 6-2　最优税率的决定示意图

费（$a+b+c+d$）。前者是企业无论采取任何技术，将排污量由 Q 削减至 Q* 都必须承担的成本，而后者是按照削减后的排污量支付给管理部门的费用。从社会角度来看，排污税费不同于治理成本，治理成本包含对真实资源的利用，属于实际社会成本，排污税费实际是一种转移支付，由企业（最终是企业产品的购买者）支付给公共部门，最后转移到那些政府支出的受益者身上。需要强调一点，排污税费是企业为获得环境资源的使用权所缴纳的费用，而不是对环境破坏的赔偿。

但现实社会情况，污染税税额的大小，即企业生产者给社会带来的未承担相应成本的大小，是很难准确度量的。这是因为，环境税的先决条件是首先确定社会和私人边际成本，才能计算出准确的税率。而边际外部成本的确定需要一系列的详细信息，从企业生产造成污染到这些污染在环境中长期积累并对人们产生危害，及对这些危害进一步量化用货币准确计量，这是一个复杂的程。通常采取如下策略，先设定一个排污税率，然后密切关注对周边环境质量的改善程度。如果周边环境质量的改善程度超过了预期合理水平，则降低税率；如果周边环境质量的改善程度低于预期合理水平，则提高税率。这是一个逐步确定合理的长期排放税率的过程。但是这种策略确定合理税率需要较长时间，如果政府更改税率的频率过高，无法为企业环境治理投资提供稳定经济激励，就会导致相关投资过度或不足。因此，政府需要花费额外费用进行前期调查研究，确定一个合理的初始税率，为相关投资提供稳定和可预期的经济信号。

（二）押金返还制度

1. 理论基础

押金返还制度是消费者或下游厂商在交易时预先支付一定的押金，履行某些义务后获得押金返还的一种政策机制。环境押金制度是环境管理中的经济手段之一，环境押金制度有的称为押金—退款制度，有的学者直接称之为押金制度，有的称之为绿色押金制度。押金返还制度有两种不同的类型：第一种是“市场驱动”的押金返还制度，也叫“自发”的押金返还制度、“生产者发起”的押金返还制度；第二种是“政府驱动”的押金返还制度，也叫“强迫性押金”、“强制性押金”等。

尽管押金返还制度得到了大多数学者的欢迎和支持，但押金返还制度本质上是对庇古税的修正、补充或替代。存在负外部性时，通过征收庇古税，可以实现负外部性的内部化。但庇古税有效的隐含假设是，政府可以直接地、低成本地对负外部性行为进行监控和证实。一般来说，排污者行为越明显，排污量越大，庇古税才越有效。因此，庇古税仅仅勉强适用于控制“点源污染”。而对于面源污染物的控制，如垃圾污染，这种直接的庇古税必然面临着高昂的信息成本、监督成本。

消费者个人对废物的处理一般是直接抛弃，尤其是对使用后经济价值很小或者是本身没有经济价值的废物。消费者个人对废物的这种处理方式的成本极低，只是将废物抛弃的时间成本。但是社会则要花费较高的成本来处置废物。通过征收环境押金给消费者附加一种私人成本——如果消费者随意丢弃废物，他们将无法拿回自己的押金。对于他们丢弃的可能造成环境污染的物品由扣押的他们的押金来治理污染。由他们自己来承担自己行为的不利后果，这体现了公平合理的精神，也有利于遏制损害社会和他人利益的行为。当随意丢弃废物的成本提高时，消费者作为一个理性的经济人则会减少对废物的丢弃，增加将废物送回回收系统的可能性。利用押金返还制度可以纠正市场机制在调节这一行为中的失灵。

与庇古税相比，在押金返还制度下，无须政府或其他第三方对个人的负外部性行为进行直接的监控和记录证实，而是通过负外部性制造者主动展示良好行为。如果说庇古税是“对不良行为的惩罚”，那么押金返还制度则是对“良好行为的奖赏”。在押金返还制度下，个人因激励去减少负外部性行为以获得押金返还，而无须第三方监控。这种行为主体及责任的转移是从政府监控和证实负面行为向个人主动展示良好行为，显然大大节约了交易成本。

2. 押金制度的经济学分析

我们以垃圾废物处理的例子来进行押金制度的经济学分析。垃圾废物处理中出现的主要问题是垃圾废物处理的私人成本与社会成本之间的差异。只要废物的处理对消费者和生产者都几乎没有成本，社会便会处置更多的废物。与之相对应的是，垃圾废物处理的社会成本包括乱丢废物对人类的身体健康以及对环境所造成的损害，垃圾废物处理不当会造成一定的负的外部效应，且这种外部效应市场机制无法解决，即我们常说的存在市场失灵。在市场失灵的情况下，只有通过政府的干预来加以解决。

如图 6-3 所示，纵轴代表废物处理的成本，横轴代表处理的废物数量 $m$。*PMC* 代表垃圾废物私人的边际处理成本，随废物处理数量的增加而上升。因为当废物数量较大时，涉及装运和倾倒的额外费用。边际社会成本 *MSC* 为边际私人成本与边际外部成本之和。随着废物处理的增加，社会边际成本倾向于上升，一部分原因是私人边际成本上升，一部分原因是随着处理水平的上升，乱丢废物而导致的环境和美观的外部成本会急剧上升。虽然，这两条成本曲线均向右

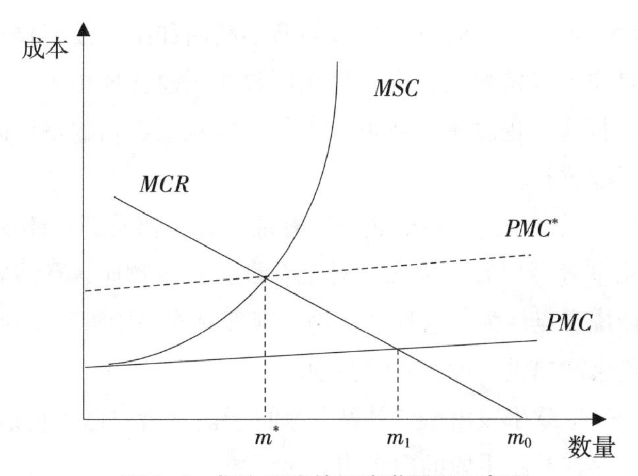


图 6–3 押金制度的经济学原理示意图

上方倾斜，但边际社会成本 *MSC* 要比边际私人成本 *PMC* 上升的速度快得多。废物的再生利用可由地方政府或厂商对废料进行收集、汇总和加工来实现。再生利用的边际成本会随着再生数量的增长而增加，其部分原因是收集、分类、净化成本以递增的方式增加。再生利用的边际成本曲线 *MCR* 应该从右向左看。当全部废料被扔掉的时候，就没有再生，边际成本为零。随着扔掉的废料数量减少，废料再生利用的数量增加，再生利用的边际成本也增加。有效的再生最优数量是边际成本曲线 *MCR* 与处理废物的边际社会成本 *MSC* 相等处。但由于边界私人成本 *PMC* 与社会成本 *MSC* 的差异，私人扔掉的废物的数量（$m_1$）要大于考虑了废物的外部成本后的数量（$m^*$）。为了抑制私人垃圾的过度丢弃以及对废物再生利用的不足，政府必须通过一定的经济手段加以干预，比较成功的政策办法就是押金制度。在押金制度下，当商品被购买时，消费者就必须向出售者支付一定的押金。当商品被使用完退回到出售者或者再生利用部门时，押金被退回。押金带来额外的处理废物的私人成本——没有拿回押金的机会成本，它使 *PMC* 曲线上移到 $PMC^*$，当扔掉废料的成本较高时，个人会减少处理，增加再生利用，直到达到最优社会水平 $m^*$。这样，押金制度对消费者产生了一种理想的刺激与制约作用，促使家庭与厂商之间再生利用更多的废物，矫正了废物处理中的市场失灵。

3. 押金—退款手段的优点

押金—退款手段具有单一的征税手段或补贴手段所没有的优点：

第一，押金—退款手段通过奖赏良好的环境行为而具有吸引力，它依靠经济刺激达到环境教育和环境经济的双重目的。

第二，押金—退款手段有利于资源的循环利用和削减废弃物数量。这一手段的起源纯粹是出于经济目的，即：使用回收瓶子总比使用不可回收的瓶子便宜。不仅如此，押金—退款手段还可以大幅度削减废弃物数量。因此，它既有经济效益又有环境效益。

第三，押金—退款手段可以防止一些有毒、有害物质进入环境，如废电池、塑料灰渣、杀虫剂容器的残余物等。对于有毒、有害物质，环境容量为零，必须严格控制。传统观点认为，这种废弃物的管理只能采用管制手段，现在看来，押金—退款手段也能提供一种有效的激励。

第四，押金—退款手段由于“补贴”来自于消费者自己支付的“押金”，因此，这种制度不存在补贴手段的副作用。[128-129]

（三）补贴

在环境经济学里，将生产活动和消费活动的外部性内部化，补贴是与税收同等重要的一个概念。污染者选择排放一单位污染物，实际等于放弃了减少这一单位排污量所能得到的补贴量。由于能源环境问题主要是能源利用开发活动产生的负外部性，我们重点分析利用补贴将负外部性内部化的问题。

补贴手段的主要形式有三种：①补助金。这是指污染者采取一定措施去降低环境污染水平或者环境破坏者停止生态破坏而从政府那里得到的不必返回的财政补贴。②低息贷款。这是指当污染者采取一定的防止污染的措施而获得他们的低于市场均衡利率的贷款。②减免税。这是指通过加快折旧、免征、回扣税金或费用形式对那些采取了防污染措施的生产者给以支持。虽然这种补贴手段的形式不同，但其实质是相同的。

补贴涉及两类不同的补贴对象：一类是为环境保护和生态恢复做出贡献者；第二类是在环境问题中的受害者。也有学者认为，补贴政策的补贴对象还涉及第三类，生态破坏者和环境污染者，并以退耕还林为例说明其正当性。这种认识有失偏颇，不是因为他们破坏了生态环境而获得了补贴，而是因为他们减少或停止了环境污染或生态破坏而得到了补贴，从这个意义上讲他们是环境保护和生态恢复的贡献者。补贴环境污染者和生态破坏者不符合“谁污染谁付费”。

补贴在性质上与税收有相似之处，通过将补贴设定在减污边际成本等于减污边际收益的水平上，补贴同样可以取得征收庇古税时得到的结果，但对于环境治理中补贴的作用一直存在异议。

Kneese 和 Bower 则认为补贴有四种缺陷：首先，补贴自身不能使治污投资有利可图；其次，加重了税收体系带来的过度负担；再者，只对特定类型设备的安装给予补贴无法引导企业采用最有效的污染控制方法；最后，补贴仅对有足够赢利用来投资的企业有帮助，对于边际企业可能不是很有帮助。[130] Baumol和Oates证明，在完全竞争条件下，尽管补贴能使企业削减排放，但由于补贴会鼓励企业进入或阻碍企业退出，从而会使行业的排放量超过没有财政激励时的应有水平，补贴在限制企业排放上越成功它刺激的行业排放量就越多。在垄断场合进入、退出将主要采取开设和关闭工厂而不是企业的形式，但补贴的效果相同。[131]

## 二、数量型环境政策

数量型环境政策主要指，确定初始环境产权的分配，通过引进市场交易，通过市场机制本身消除生产或消费活动的外部性，主要包括可交易许可证政策。

（一）可交易许可证政策概述

可交易许可证，也称为排污权交易、可转让许可证、排污许可交易等，是一种以市场为基础、为企业提供了符合排放限制或目标且具有灵活性的成本效益系统。即在实施排污许可证管理及污染物排放总量控制的前提下，利用市场机制建立合法的污染排放物权利，并允许这种权利可以被买入和卖出，以此控制污染物的排放总量和实现环境保护目的。它的核心思想是建立合法的污染物排放权，这种指标作为环境容量资源或有价资源，可以储存起来以备企业扩大生产规模之需，或在企业之间进行有偿转让。新建污染源或缺少污染排放指标的老污染源，可以由排污权交易市场有偿向污染排放指标有节余的企业购买，以此对排放物的总量进行控制。在污染源治理成本存在差异的情况下，治理成本降低的企业可以采取措施以减少污染物的排放，剩余的排污权可以出售给那些污染治理成本较高的企业。从而实现完成既定污染排放总量治理成本的最小化。通过市场交易，排污权也实现了从治理成本较低的污染者向治理成本较高的污染者转移。该政策激励企业通过技术进步和污染治理节约污染排放指标，进而减少污染。其理论基础主要有以下几点。

1. 环境资源稀缺性

稀缺是指在相对于既定的时期，人类所需的资源是有限的。环境是一种资源，它具有对经济活动的承载能力，这种承载能力包括在一定条件下环境所能提供的自然资源量和容纳的污染物量。环境资源的稀缺性是进行排污交易的基础，也是产权产生的基本原因。按照西方经济学的边际效用价值论，资源的价值源于其效用，又以资源的稀缺性为条件，效用和稀缺性是资源价值得以体现的充分条件。在当代社会，由于人类社会生产力水平提高、现代经济迅猛发展和人口的激增，污染物排放已远远超出环境的可容纳能力，导致环境容量资源的稀缺程度急剧上升。只有在环境资源稀缺的情况下，环境才被看成是一种可以提供各种服务的财产，对环境资源过度消费才会引起环境财产的过度贬值。此时，如果不对环境资源进行产权界定，就会导致环境外部性问题的产生。

2. 环境资源产权理论

科斯在 1960 年发表的《社会成本问题》一书是西方产权理论发展的重要标志，他提出通过产权明晰可以处理外部效应问题，并使资源配置达到帕累托最优状态。虽然科斯的产权理论并非只适用于解决环境问题，但《社会成本问题》对产权的研究却是从环境问题开始的。

环境资源产权是指行为主体对某一环境资源拥有的所有、使用、占有、处分及收益等各种权利的集合。环境资源产权具有整体性、公共性、稀缺性、广泛性等特征。从产权主体看，环境资源具有显著的公共物品特征，具体表现为消费的非排他性、非竞争性和供给的不可分性。因此，环境资源产权作为一种特殊的产权，其产权主体应该属于全体公民。一般情况下，政府作为公众的代理人，履行管理、利用和分配环境资源的权利，以最大限度地保证自然生态环境的良性循环和公平分配。如果政府不能很好地保护这种所有权，使其中一部分进入到公共领域，造成产权的归属不清晰，将使“公地悲剧”现象不断发生。因此，在环境资源产权中应该强调权利主体对环境资源的管理责任，任何环境资源的权利主体都不能推卸其对环境的管理义务。

环境资源产权具有政府公共产权和厂商交易产权的双重属性。这是因为公共物品必然是公共决策和公共供给，但是仅仅靠单纯的行政管制措施又有许多弊端。由于环境资源产权交易市场是典型的外部性市场，使得污染物的减少和政府选择的排污水平都会以最低成本实现。因此，在政府控制下的环境资源产权市场，是公共物品私人物品化管理的必然结果。肖国兴在对环境资源的外部性分析后指出：“只有这两种产权都有效率，资源环境成本的外部化才会实现最小化。”

科斯解决外部性问题就是把外部性问题转变成产权问题，也就是说，在市场中交换的是资源的产权，如果资源的产权界定不清，环境资源的市场价格必将受到严重影响。所谓外部性问题，就是一个用什么样的正确方式来度量和界定权利边界的问题，而外部边际成本就是资源市场价格与其相对价格之间的差值。解决外部性问题，就必须明确界定产权，只要将产权权限界定清楚，那么实现外部性内在化就会易如反掌。环境外部性问题产生的根源在于环境资源的价格没有正确反映环境资源的稀缺程度。环境资源的价格是环境资源的产权价格，正是因为环境资源产权的不明确性、非专一性及非排他性，导致了环境资源稀缺程度与市场价格的脱节。因而环境资源是否能够得到合理的配置，关键一点就在于环境资源的产权能否得到明晰，而产权明晰又是产权交易的先决条件，产权明晰显得尤为重要。

美国是最早实践排污权交易的国家。从 20 世纪 70 年代开始，美国环保局尝试将排污权交易用于大气污染源和水污染源管理，逐步建立起以补偿、储存和容量节余等为核心内容的排污权交易政策体系。90 年代初，美国《清洁空气法修正案》确定了酸雨治理计划。据美国总会计师事务所的研究，自 1990 年排污权交易被用于 $SO_2$ 排放总量控制以来，已经取得空前成功，获得了巨大的经济效益和社会效益。

（二）可交易许可证政策的实质

在排污权交易政策条件下，环境管理部门根据环境质量目标，通过建立合法的污染物排放权，运用各种分配方式和市场交易机制，使排污企业取得与其排放量相当的排污权，促使企业把被动治理变为主动治理。实施排污权交易政策的最大优点是治理效率高。通常情况下，排污权的初始分配不影响治理效率，因此，环境管理部门不需要为企业规定治理责任，而由企业自主确定。环境管理部门所要做的就是，确定区域的环境质量目标，并根据这一目标制定出该区域的最大排放量。在排污权交易市场上，排污企业从其利益出发，自主决定其污染程度，从而买入或卖出排污权。在环境管理部门监督管理下，各个持有排污许可指标的企业在有关的政策和法规约束下进行交易活动。这种交易活动的实质可归纳为三点：

首先，排污权交易是环境资源商品化的体现。排污权是排污企业向环境排放污染物的一种许可资格。由于环境是资源，环境容量也是一种资源，这里所指的环境容量是环境的纳污能力，它是有价值的。排污企业向环境排放污染物，实质上就是占用环境资源的一种行为。所以，排污权交易过程中被交易的对象就是环境资源，交易使环境资源商品化，交易活动的结果就是将全社会的环境资源重新配置。

其次，排污权交易是排污许可制度的市场化形式。排污许可制度是国家环境管理部门依照法律、法规的有关规定向当事人颁发排污许可证，而使许可人获得从事排污活动资格的制度。排污权交易这一污染控制措施要求不拥有许可证者（排污权者）不得排污，拥有许可证者不得违反规定排污，否则会因违法而受到法律制裁。

再次，交易许可证是环境总量控制的一种措施。排污配额的发放量有一个限额，政府根据不同的环境状况制定某一环境排放总量，企业排污不得超出此量。由于只有采用总量控制才能有效地达到环境质量标准，所以排污权交易的实质就是采用市场机制来实现环境标准质量。[117]

（三）可交易许可证的形式

目前已经设计了很多不同的交易许可证形式，包括气泡、补偿、总量控制与交易等政策。气泡政策是第一个排污权交易政策，它允许拥有多个排放源的企业将其总排放目标看作是一个整体。企业可以对任何更具有成本效益方法的排放源使用更加灵活的排污控制技术，从而确保满足总体的排污量限制。第二个是补偿政策，补偿系统允许企业通过从其他不被要求减排的企业处获得相应的减排量来抵消自己额外的排污权污染量。补偿政策是一个排污企业自愿并永久减少被法律认定的排污量时产生的。这些减少的排污量可以卖给新（扩）建的企业以满足它们最低的排放量标准，从而完成它们自己的法定污染控制责任。最后，总量控制与交易是最常见的一种排污权交易政策形式，美国的酸雨计划以及美国臭氧运输委员会氮氧化合物项目已经充分给予了证明。在该系统下，监管机构给特定的公司和永久的排放机构设定了污染物排放的总体上限，而污染物排放的上限通常是由历史污染物排放量总体水平的一部分构成的。贸易的发生是由一个企业将少于排污量规定上限的配额（如通过改进空气复燃控制技术）卖给另一个需要购买排污量的企业。

（四）可交易许可证政策的主要优势

第一，它充分利用了市场机制这只“看不见的手”的调节作用，使价格信号在生态建设及环境保护中发挥基础性作用，使治理成本最小化。

企业比较各自的边际治理成本和排污权的市场价格的大小来决定是买进排污权还是卖出排污权。同时，对广大企业来讲，可以通过排放权价格的变动，对企业的产品价格及生产成本做出及时的反应。排污权交易的结果使得社会总的污染治理成本最小化。

第二，它有利于促进企业的技术进步，有利于优化资源配置。

排污权交易与环境标准相比，又有明显的优势。按照环境标准执行，当厂商排放的污染物浓度都达到环境标准的规定，随着厂商数量的增加，污染物的排放总量仍然会增加。而排污权交易制度可以控制污染物排放的总量。如果新厂商的技术水平高、经济效益好、边际治理成本低，它只需要以不高于其减排成本的价格购买少量排污权就足以使其生产规模达到合理水平并盈利。而那些技术水平低、经济效益差、边际治理成本高的厂商自然被市场所淘汰。因而，排污权交易制度是一种有效的激励机制。

第三，它具有更好的公平性、有效性和灵活性。

排污权交易制度面临的任务是在某区域最大污染负荷已确定的情况下，如何在现在或将来的污染者之间合理有效地进行排污总量的分配，即要考虑该分配系统的公平性和有效性。在分配允许排放量时，那些不能有效去除污染的污染者，没有资格比有效去除污染的污染者享有更大的环境容量；那些能够较经济地去除污染的污染者可将其拥有的允许排放量出售给处理成本高的污染者，以卖方多处理来补偿买方少处理，从而使区域的污染治理经济有效。在征税手段的情况下，污染者花钱购买污染权，其价格是由污染控制机构统一制定的，因此，污染总量是通过管理机构收费的高低来间接控制。而排污权交易政策控制的是允许排放总量而非价格，当经济增长或污染治理技术提高时，允许排放量的价格全按市场机制自动调控到所需水平，具有很大的灵活性。

第四，它有利于政府在环境问题上进行污染物总量控制并及时做出调整。

通过排放权的市场买卖，对环境保护中出现的问题做出及时的反映。例如，环境标准偏低时，政府可以买进污染权；环境标准高时，政府可以卖出污染权。而且可以通过少量的排污权交易，对环境状况进行微调。经过一定时期，证明调整后的环境状况可以兼顾经济发展和环境保护时，再将其正式确定为环境标准。

## 三、数量型环境政策与其他政策的比较

### （一）命令控制型政策的比较

作为一种以市场为基础的环境经济政策手段，可交易许可证明显不同于以政府调控为主的命令控制型政策。[132]

1. 从总量控制角度看

所谓总量控制，是指将管理的地域或空间（如行政区、流域、环境功能区等）作为一个整体，根据要实现的环境质量目标，确定该地域或空间一定时间内可容纳的污染物总量，采取措施使所有污染源排入这一地域或空间内的污染

物总量不超过可容纳的污染物总量，保证实现环境质量目标。

首先，排污收费制度无法实现对污染物排放总量的控制。我国现行的做法不仅未将超标排污行为规定为违法，而且尚未对超标排污实施双重收费（即只征收超标的部分），且排污费的收费标准偏低。这些都使得企业宁愿缴纳超标排污费也不愿意去购买、安装或运转自己的污染治理设备，污染总量控制根本无从谈起。其次，环境标准也难以实现污染总量控制。目前，我国实行的多数环境标准普遍偏低，而相当一部分又是浓度标准，这就使现有环境标准对污染总量的控制效果十分有限。最后，高昂的执行成本和缺乏有效的实施手段是实施总量控制的最大障碍。而在排污权交易中，国家可以对污染物排放许可证的数量进行事先控制，由于每张许可证所代表的排污种类、数量都是特定的，同时许可证不能任意增加，因而也就实现了污染物排放的总量控制。

2. 从治污成本角度考察

由于排污收费与环境标准制度都无法实现总量控制的目标，所以排污量极有可能超过区域环境自身净化能力的限度。一旦超过此限，则污染治理费用将激增，污染环境的生产经营收益甚至根本无法弥补因其造成的环境污染的损失。现实中，这样“得不偿失”、“入不敷出”的例子比比皆是。而在排污权交易制度中，在政府没有增加排污权的供给，即总的环境状况没有恶化的情况下，通过排污权交易，治污成本比较高的排污者将买进排污权，而治理成本比较低的排污者将出售排污权，其结果是全社会总的污染治理成本最小化。

3. 从资源配置角度分析

以“超标排污加重收费”为基础的环境标准制度无力阻止污染物的排放。因此，即便某地所有厂商排放的污染物都达到了环境标准的规定，随着厂商数量的增加，污染物的排放数量仍然会增加。如果为了确保总的排污量指标不被突破，而禁止新厂商进入该地从事生产，又可能影响经济效率和经济发展，因为新厂商的经济效率有可能高于原来的厂商，而其污染治理成本又有可能低于原来的厂商。排污权交易为这些厂商提供了机会，显然，这对于优化资源配置是有利的。

4. 从宏观调控角度分析

排污权价格的变动可以起到优胜劣汰的作用，有利于资源的优化配置。通过排污权的市场操作，政府可以灵活地对排污权的供给和价格进行有效的调控。一个地区对经济的环境承载能力是有限的。随着经济的发展，需求的排污总量会升高，政府应更严格地限制污染的排放，这意味着排污权价格的升高。而随着排污权价格的升高，技术水平低、边际治理成本高的企业会因其生产活动的机会成本增加而减少生产、甚至退出。只有那些技术水平高、边际治理成本低的企业才可能进入并得到发展，从而实现整个社会资源的优化配置。

（二）与其他经济激励型政策的比较

比较常见的经济激励型政策就是排污收费，这里以排污收费为例，与可交易许可证政策进行比较。

1. 经济理论的不同

排污收费是政府管制的集中表现，而可交易许可证政策鼓励的是市场调控。目前，我国在解决环境问题时，采用了政府管制型的排污收费制度，但其不足也是显而易见的：第一，政府管制本身需要成本；第二，一方面会导致政府机构过分膨胀和管理费用过高，另一方面导致政府被特殊利益集团所俘获，从而使决策偏离公共利益方向；第三，为寻租行为的产生提供了基础，而寻租是"政府失灵"和经济资源配置失效的重要原因。

2. 运作方式的差异

从二者的使用程序上来看，可交易许可证政策侧重于确立可排放污染物的总量和划分合理的区域；排污收费制度则要求定时或不定时地去检测，及时发现问题，解决问题。二者在操作时互为补充，但可交易许可证制度可以促使企业在利益的驱动下，珍惜有限的排污权，减少污染物的排放。相反，排污收费则过多地依赖行政手段，使企业缺乏珍惜环境的内在压力和动力。

## 第四节　能源环境政策评价与选择

不同类型的环境政策的适用范围不同，环境政策评价涉及经济、公平、环境等诸多因素，环境政策的选择也往往受到社会政治、经济诸多因素的制约。能源环境政策评价与选择是能源环境领域的主要研究内容。本节主要介绍环境政策经济评价方法和选择的影响因素，以及环境政策优化组合等问题。

### 一、能源环境政策评价

为了更好地评价能源环境政策，我们借鉴 Fullerton 一个环境政策的经济评估框架（见图 6-4），这个评估框架能够评估每种政策影响，也可以分析在排放一定污染数量时各种政策的评估标准。[133]

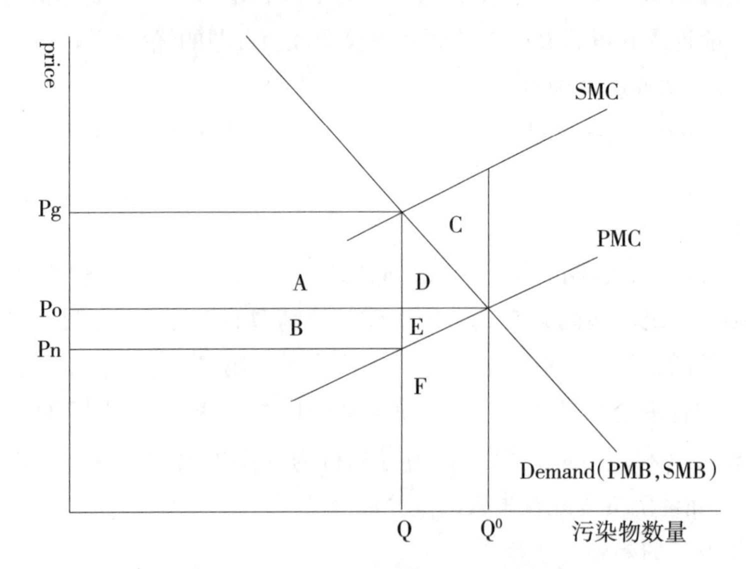


**图 6-4 环境政策的经济评估框架**

(一) 经济目标

1. 经济效率

经济学中资源配置帕累托效率准则显示，如果社会资源配置状况是最佳的，那么社会资源的配置达到这样一种状态：任何重新调整都不可能在不使其他任何人境况变坏的情况下，而使任何一人的境况更好。当然，这里的资源是广义上的，包括商品、投入、服务、生产性活动等。从帕累托效率准则来看，由于具有污染排放的生产性活动的社会边际成本（*SMC*）高于社会边际收益（*SMB*），减少的这种生产活动的数量可以获得经济效率的提升，直到活动的社会边际成本（*SMC*）等于社会边际收益（*SMB*）。整个经济效率提升的幅度是三角形面积 C。经济效率的提升可以通过税收手段来实现，也可以通过可交易排放许可证手段来实现。

政策的经济效率还体现在随着时间的推移，政策激励的研发投资规模、创新、技术进步等方面，这些最终降低污染的治理成本。

2. 成本有效性

成本有效性是评价环境政策的一个重要方面，所谓成本有效性是指在实现既定环境目标时，成本最小化。能源环境政策的成本有效性的一个重要前提是能够保证污染各方的边际治理（减排）成本相等。[130]

3. 交易成本

市场参与各方在启动和完成交易时会发生相应的成本，交易成本将在一定程度上改变或影响不同政策的相对有效性或政策绩效，因此，交易成本是设计、实施和评价环境政策经济效率的一个重要方面。

（二）分配目标

能源环境政策的执行过程中，会对不同的群体产生不同的影响，可能会使一部分群体的利益受损或受益。政策分配效果的公平性既是政策制定者的目标之一，也是评价政策的一个重要方面。Fullerton 总结了环境政策的六种分配效应。为了便于理解，结合图 6-4，我们以火电厂实行碳税或排放许可证为例介绍这六种分配效应。[128]

一是消费者剩余减少效应。环境政策实施，发电成本将增加，且假定，上升的成本通过竞争性市场或改变受管制的电力价格转嫁至消费者。消费者价格将从 $P_0$ 上升至 $P_g$，导致消费者剩余减少。消费者剩余减少总量是对应的 $A+D$ 的面积，大于那些支付更高电价的部分。

二是生产者剩余减少效应。环境政策的实施也降低了生产者净收益，生产者得到的净价格从 $P_0$ 上下降至 $P_n$，使得生产者剩余减少对应着面积 $B+E$，这部分是由于电厂减少了生产者要素使用而降低的支付。

三是稀缺性租金分配效应。政策的实施使得排放和产出下降，将产生所谓的稀缺性租金，其价值大小对应着面积 $A+B$。如果政府将排放配额免费发放给排放者，这部分租金将成为股东权益的一部分。当然，政府也可以通过拍卖或部分拍卖排放配额的形式获得部分稀缺性租金。

四是环境收益效应。政策实施可以使本来受损的群体获得收益，这部分收益的大小对应着图形中 $C+D+E$ 的面积。

五是社会损失。尽管在要素完全流动市场，电厂减少使用的生产要素，如：劳动力、资本等其他要素，能够立即重新进入生产环节。但由于交易成本的存在，这些生产要素不可能马上投入生产环节，进而造成社会损失。

六是资产价格效应。上述损失或受益都可以转化为资产价格，对资产的拥有者产生一定的影响。

上述六种分配效应与经济效率的联系可以通过加总收益和损失来揭示，消费者剩余减少效应对应 $A+D$，生产者剩余减少效应大小为 $B+E$，环境收益效应为 $C+D+E$ 的面积。如果假定受益者和受损者的权重相等，那么，环境政策实施的净经济效率提升就是面积 $C$。

政策分配效应涉及政策的公正与公平问题，实现政策受益或受损的公平分配具有较大的挑战，而政策的经济效率的提升往往是以牺牲政策的公平性为代价的。

（三）环境目标

1. 环境有效性

如果环境政策实现了既定环境目标，环境政策就是环境有效的，理论上讲，所有的环境政策都可能实现既定的环境目标，但现实中，环境政策的环境有效性存在一定的差异性。以税收政策为例，由于信息不对称等因素，税收不能保证既定的环境目标；而可交易许可证政策则可以实现既定的环境目标。

2. 环境的协同性

针对某一种排放的环境政策，可能由于排放物的共生性，导致其他相关排放物排放减少。如果这些其他排放物并不处于社会最优监管状态，该项环境政策的实施就可能产生正的或负的社会净收益。同时，环境政策实施也可能对邻国的环境或能源安全产生有利或不利的间接影响。

（四）制度和政治上的可行性

环境政策的实施必须与各国的社会制度体系相适应，这里涉及环境政策的制度或政治上的可行性的问题。

1. 实施成本

环境政策的实施成本是制定、执行和评价环境政策的一个重要方面，实施成本主要包括政策的执行、监督和实施过程引发的成本。实施成本的大小主要体现在政策制度框架、人员和财力成本以及政策目标上。行政成本在公共政策领域往往被忽略。

2. 政治上的可行性

政治上的可行性是指环境政策获得认可和被采纳并实施的可能性。政治可行性涵盖不同政党团体之间产生或减少的障碍和关键的设计特性。当然，政治上的可行性也与政策的环境有效性、监管成本等有关。同时，政府实施政治决策的能力往往受到利益集团的限制和阻挠，进而影响环境政策的可行性。如果环境政策工具没有得到政治上的支持，即使能取得不错的环境治理效果和效率，也是不能采用的。[134-135]

## 二、能源环境政策选择的影响因素

政策工具的选择是一个复杂的过程，政策工具的有效选择受到很多因素的制约，对政策工具有效选择因素的深入分析，能够让我们更好地分析政策工具选择的复杂过程，以更好地实现政策目标。

瑞典学者托马斯·思德纳认为主要包括以下几个因素：政策工具的效率、不确定性和信息不对称、均衡条件与市场条件、成本分配、政策工具选择的政治学和心理学因素以及国际方面（主要是指国际环境问题）。另外，美国学者保罗·R.伯特尼和罗伯特·N.史蒂文斯从环境政策目标、环境政策目标群体、政策执行机构、政策执行成本、环境问题的特征等方面介绍了影响环境政策工具选择的主要因素。本书主要从环境问题的属性、环境政策目标等方面介绍影响环境政策选择的主要因素。[136-137]

（一）环境问题的属性

针对环境问题的不同属性，所选择的政策工具也是不尽相同的，工具的选择要有针对性和适应性。政策工具之间的联系是很紧密的，相互之间不是孤立地发挥作用，这种联系可能是互补的，也可能是相互冲突的。所以，必须结合环境政策问题的实际情况注重对政策工具的整合研究，从而在其中选择合适的政策工具。

（二）环境政策目标

环境政策目标是否明确和恰当，对环境政策工具选择的成败起着至关重要的作用。环境政策目标不仅能为环境政策工具指明了方向，同时也为评价环境政策工具是否有效提供了合理的标准。第一，环境政策工具有效选择的首要因素就是有明确的目标。第二，目标不同，选择的工具不同，结果也不同。虽然环境政策工具的最终目标都是为了追求公共利益最大化，但是就具体问题而言，目标不同就会使得政策工具的选择截然不同。第三，如果具有多重目标，就需要明确目标构成。在实践中，政策要解决的问题经常是很复杂的，因而环境政策目标往往是多重目标的综合，由于不同的利益出发点和价值诉求，有些目标之间可能会发生冲突。所以在选择目标时必须对目标的层次和顺序有明确的认识。第四，目标不是一成不变的，当目标改变会影响新工具的选择。在政策工具执行一段时间后，如果政策目标发生了变化，就需要考虑当前的工具是不是还有存在的价值和理由，考虑是否应该重新选择相应的政策工具才能达成目标。

（三）环境政策工具本身

由于任何一种工具都有其优缺点和使用范围，政策工具在一些情况下是有效的，而在另外的情况下可能会失去应有的效用。政策工具的特征已经决定了该工具的使用效果，环境政策工具本身存在的缺陷对环境政策的失败起了至关重要的作用。绝对完美的政策工具是不存在的，必须充分地考虑每种政策工具的优缺点和适用情况，在不同的情况下选择有效的环境政策工具来解决不同的环境问题。

（四）原有政策工具的影响

限制于原有的政策和制度，新的政策工具选择很难完全摆脱它们的影响而做出自由选择。这也是因为人们往往受限于自己的思维习惯和以往积累的知识经验，原有的政策工具在长期的使用过程中已经形成了一种固有的模式，更能让人心里有一种安全感和信任感，在短时间内很难对原有的工具进行改变和突破，这样就限制了新政策工具的选择。尽管某些政策工具的应用并不一定能达到最佳的政策效果，但由于长期的使用过程中已经得到人们的信任，能够让冲突最小化，要对老模式进行突破还是很难的。

（五）选择者的素质

政策工具选择者的素质也是一个重要的制约因素。工具选择主体的政策水平、认知水平以及能力对环境政策工具选择的影响显而易见。工具选择很多时候是出自于主观的判断标准，如经验、偏好、惯例或对工具可利用性的判断，如果决策者具有较高的判断能力和认知水平，能够预见工具选择的实施效果，就有利于对工具进行择优选择。

（六）利益相关者的影响

环境政策工具的选择还受制于利益相关者，所以必须考虑政策行为者的影响，它们是由解决某个公共问题的行为者而组成的，不仅包括执行组织、利益集团，也包括大众传媒和政党等，由于相同的利益出发点或对资源的依赖性而组合成不同的系统，共同作用于环境政策的全过程。第一，执行组织，这里的执行组织主要是指政府管理机构及管理者。政府管理机构在实施政策工具时必然会产生正面或者是负面的影响，因此，执行组织在选择政策工具时会将这些影响考虑在内。政府管理机构总是会积极支持能使其收益的政策工具。第二，借助于政府，利益集团可通过以下的途径获取相关利益：首先，直接从政府获取政策性货币补助。其次，借助政府的规制维护垄断者的利益。环境规制政策工具不能激励企业参与到新的项目中，很有可能会削弱竞争，在一些行业必然会产生垄断企业，政府的规制进一步维护了这些企业的垄断利益，使得规制的结果和环境保护的目标背道而驰。

（七）政策工具选择的环境

这里的环境是指影响环境政策工具选择的法律环境、政治环境、经济环境和社会环境等各种因素的综合。第一，建立一个公平有效的法律环境是选择各类政策工具的基本前提，拥有健全的环境法制体系才能确保政策工具选择的合法性，这就要求政策工具的选择必须符合宪法和一般法律的规定，符合法律规定的程序。第二，环境政策工具的有效选择在很大程度上依赖于国家的政治体制环境，包括政府环境部门的职能界定、权责划分、机构设置、运行机制等各种关系和制度的总和。良好的政治体制环境意味着政府要十分重视环境保护的职能，环境管理机构在设置上拥有较高的独立性和权威性，执行机构能力强且效率高，政府的管理方式比较规范。[138]

## 三、环境政策的优化与组合

任何政策工具都存在先天缺陷或使用特性的局限，每个政策工具有其最佳适用对象、范围、时机和条件，当这些不具备时或这些发生衰减时，环境政策先天缺陷和局限被人文社会环境中的消极因素所放大和强化，削弱环境政策功能，妨碍政策工具的使用。

### （一）环境政策组合

环境政策组合是指政策工具以一定性质、方式、比例和过程结合在一起，形成结构合理、关系协调、运转灵活的政策工具群体的过程。环境政策工具组合能弥补单个政策工具诸多缺陷和局限；政策工具组合所产生的新特性和新功能，能改善环境政策功能，扩大环境政策适用范围。

在环境政策工具组合中，主导工具是指所要讨论或使用的工具；主导工具因有缺陷，需要其他辅助工具来弥补或克服；辅助工具以特定功能和特性，为主导工具提供多种服务和支持。辅助工具在政策工具组合中的作用主要表现在：改变主导工具特性，改变主导工具对象的状态、动机和动力，改变主导工具存在方式、表现方式，改变主导工具的状态与性质，改变主导工具的调控状态、过程和规律。

### （二）协调性环境政策工具组合的基本要求

一个政策工具需要其他政策工具支持配合，需要其他政策工具提供各种服务，在政策工具组合中充分发挥功能，能了解自身的缺点和使用特性的局限，知道自己缺什么、需要什么，然后要研究辅助工具特性和功能；同时要着重研究政策工具组合后的新特性和新功能对主导工具功能发挥有何影响；只有当诸如此类问题深刻理解后，才可能选择恰当的辅助性工具，有效地进行政策工具组合；否则会适得其反。

协同性环境政策工具组合必须达到使用主体的基本目标。为了达到这个基本目标，应遵循一定设计要求：第一，政策工具功能强，性能优越，力量大，易学易用；第二，建立政策工具箱，政策工具箱中政策工具繁多，丰富多样，实现系列化、差异化和类型化，能满足不同需求和选择的要求。第三，政策工具间互补性、协作性强，能够自由竞争、替代、转换和组合。第四，制定政策工具组合效率标准，以指导衡量和评估政策工具组合效率标准。[139-140]

# 第七章　能源环境问题的治理机制

积极而有效的环境治理机制是解决能源环境问题的重要途径，系统梳理能源环境治理机制对缓解能源环境污染和恢复生态破坏具有重要的现实意义。本章重点从排放权交易机制、节能量交易机制、环境审计、循环经济等方面系统梳理能源环境问题的治理机制。

## 第一节　排放权交易机制

排放权交易机制是市场化机制在环境治理的主要形式，它是可交易许可证政策的应用，本节以碳排放权交易机制为例，在简要介绍排放权交易的类型的基础上，重点从机制运行的角度，系统介绍排放权交易机制的构成要素和运行机制。

### 一、排放权交易机制及主要类型

#### （一）排放权交易机制概述

排放权交易机制是科斯定理的应用。美国经济学家科斯主张通过界定和完善环境资源的产权制度使环境资源成为稀缺资源，进而利用市场机制实现环境资源配置最优。科斯认为，如果交易费用为零，不管权利如何进行初始配置，当事人之间的谈判都会导致这些财富最大化的安排，这是著名科斯定理的主要含义，排放权交易就是从科斯定理中引申出来的。

19 世纪 60 年代末加拿大经济学家戴尔斯（J.H.Dales）首先提出排放权交易的思想，给出了采用产权手段在水污染控制方面应用的方案。20 世纪 70 年代中期美国国家环保局（EPA）首次将排放权交易用于大气及河流污染的治理以来，排放权交易机制在环境领域得到了广泛的应用，特别是应对全球气候变暖领域，碳排放权交易机制已经成为各国重要的政策选项。碳排放权交易机制已经成为当今能源环境领域研究的热点之一。

（二）排放权交易机制的主要类型

根据排放权交易机制的应用领域和分类依据，排放权交易机制可以分成不同的类型。本部分借鉴段茂盛和庞韬的研究成果，以碳排放权交易机制为例，介绍排放权交易机制的类型。[141]

1. 配额交易机制与项目交易机制

配额交易基于“总量限制交易”机制，总量的确定形成了有限供给，有限供给造成一种稀缺，由此形成了对配额的需求和相应价格。欧盟碳排放交易体系（EU ETS，其减排指标为 EUA）、新南威尔士温室气体减排机制等是该类型交易机制的主要代表。配额交易机制根据强制性与否，可分为强制性配额交易机制和自愿配额交易机制，强制的配额市场交易特点是“双强制”，按照减排计划各阶段涵盖范围，排放源企业强制进入减排名单，承担有法律约束力的减排责任。自愿配额市场交易特点是“单强制”，排放源企业自愿参与，承担有法律约束力的减排责任，减排往往是参与企业共同协商认定。欧盟排放交易体系属于强制性的配额交易机制，而美国芝加哥气候交易所等则为自愿配额交易机制。

基于项目的交易指减排量是由具体的减排项目产生的，每个新项目的完成就会有更多的碳信用额产生，其减排量必须经过核证。最典型的项目交易机制是基于《京都议定书》的清洁发展机制和联合履约机制。

配额市场和项目市场在交易对象、创立机制、可用数量、市场状态、排放源企业等方面都存在区别。目前国际碳交易发展格局中，以配额交易机制为主，项目交易机制为辅。

2. 场内交易机制与场外交易机制

根据交易地点的不同，可以将排放权交易分为场内交易和场外交易。场内交易是指在集中的交易场所进行的交易，即在气候交易所进行的交易。场外交易又被称为柜台交易。场外交易包括两个必备的条件：第一必须是在气候交易所以外的场所进行的交易；第二，必须采取的是非竞价的交易方式。

场内与场外交易市场的功能基本一致，但在交易场所、交易标的、交易价格、交易风险以及交易的时间间隔等方面都有区别。目前世界上大部分的温室气体排放权交易是通过场内交易市场进行的，随着通信市场技术的发展，一些国家出现了有组织的、并通过现代化通信网络与电脑网络进行交易的场外交易市场。

3. 区域内交易与区域外交易

根据交易范围的不同，也可以划分交易的类型。一类是区域内交易，相对的则是跨区域或称区域外交易。区域内交易是指在排放交易体系设定的区域内进行的交易。例如在欧盟范围内，为了达到《京都议定书》规定的减排目标，在温室气体减排方面的合作、交易都属于区域内交易。区域外交易则是指欧盟国家为了达到减排目的，与欧盟以外的国家或地区进行清洁发展机制项目的合作与交易。

## 二、排放交易机制构成要素和运行机制

不同的排放权交易机制具有不同的构成要素和运行机制，但鉴于强制性配额交易机制在全球温室气体减排占据主导地位，本书主要借鉴段茂盛和庞韬学者的成果[136]，重点介绍配额交易机制（强制性）的构成要素和运行机制。

（一）基本框架设计

1. 交易体系的排放上限目标

排放上限目标的设定，可以采用绝对量方式，也可以采用基于实物量的强度方式。两种方式各有利弊，但总体而言，绝对量方式更有助于在经济快速增长的阶段控制整个交易体系的排放上限，但会增加总体减排成本；而基于实物量的强度方式则有助于在经济快速增长时控制整个体系的成本，以及应对经济不景气时排放指标过度分配和价格暴跌等情况。绝大多数经济学家倾向于设定绝对量的总量指标，即采用“总量控制与交易”的方式。

确定总量目标要从两个角度考虑，一是宏观角度，从国家或地区温室气体排放控制目标出发，分析对上限目标设定有影响的能源、气候相关政策的目标和影响，包括可再生能源政策、节能政策、低碳政策等，明确碳排放权交易在“政策包”中的定位，将社会总体温室气体控制目标分解到排放权交易体系；二是微观角度，从碳排放权交易体系覆盖企业/设施层面出发，分析其排放现状、排放机理、主要排放技术、减排成本和减排潜力、产能发展情况，预测其未来排放，将企业/设施层面的碳排放控制能力累加得到体系可能的总量目标。然后将宏观和微观两个方面得到的结果进行协调，确定排放总量。

2.交易体系的覆盖范围

所谓覆盖范围，是指将哪些排放源纳入到排放权交易体系中，以及交易所涉及的温室气体类型。确定体系覆盖范围，需要考虑所纳入排放源排放量的大小、排放量在全社会总排放中所占比例、相关行业减排潜力、减排成本的差异性、监管难度及成本、数据的可获得性与可靠性等多个方面。覆盖行业和排放

源越多，体系的减排潜力越大，减排成本的差异性也越明显，越容易降低体系的整体减排成本；但监管的难度也越大，对数据的要求也更高。对于绝大多数排放权交易体系，其覆盖范围主要包括数据统计基础较好的、减排潜力较大的大型排放源。比如，EU ETS 目前覆盖的范围为能源、钢铁、水泥、玻璃、陶瓷、纸浆造纸等行业中的大型排放源。

3. 排放配额的初始分配

排放权交易中一个非常重要，而且政治性很强的问题是如何根据所设定的排放总量目标，为体系所覆盖的每一个排放源分配其可以使用的排放配额，即所谓的配额初始分配。根据是否收费，配额的初始分配方法可以分为拍卖和免费分配两种。在免费分配中，所依据的基准数据可以是历史数据（所谓的“祖父原则”），也可以是遵约期中相关年份的实际数据（所谓的“更新原则”），即两种分配原则；分配所依据的参数可以是企业的排放量，也可以是企业的生产投入或者产出，即三种分配基准。在实践中，常用的免费分配方法只有 3 种：基于排放的祖父原则、基于产出的祖父原则和基于产出的更新原则。其中，基于排放的祖父原则被称为“祖父方法”，基于产出的分配方法也被称为“对标方法”。但要明确的是，“对标方法”的分配原则有“祖父”和“更新”两种。实际上，“祖父原则”或“更新原则”只是一种相对考量，在碳排放配额分配实际操作中，几乎所有的分配方法都不可避免地引入“更新”的色彩。

4. 覆盖对象的排放量监测、报告与核查

要核查参加排放交易的排放源是否完成了其义务，达到遵约要求，需要在遵约期结束时，对比其拥有的排放配额是否足以抵消其实际排放的数量。这就要求必须对相关排放源的排放量进行有效的监测、报告和核查（Monitoring, Reporting and Verification，MRV）。进行监测、报告和核查，需要针对设施排放监测、报告和核查的明确规范和要求，需要相关企业有效执行相关的监测和报告要求，同时也需要有专业的第三方对相关报告进行核查，并向监管机构提交核查后的信息。这是排放权交易体系日常运行中最主要的一部分工作。

根据已有排放权交易体系运行经验，需要制定严格的温室气体排放监测规则，可以采用在排放源安装连续监测系统，进行排放实时监测；也可以经过实地取样调查，制定特定的排放因子，根据企业的相关能源、原材料投入或产品产出数量进行排放量的核算。同时，还需要建立完善的报告与核查制度，各个排放源需要在排放交易管理部门注册登记，按照规定的统一标准按时报告；需要编制温室气体核查指南，保证第三方核查机构严格按照统一标准进行排放情况核查。

5. 遵约机制

遵约机制指的是与评估覆盖实体是否完成了其遵约义务，以及其未完成遵约义务时将面临的惩罚后果相关的规则，对于促进企业等完成其遵约义务至关重要。一般而言，遵约机制包括体系参与者在规定的遵约期结束时上缴与其实际排放相同数量的排放配额，对超出其所拥有的排放配额部分的排放量，监管机构将进行惩罚，并确保其在未来补缴配额，完成这部分义务。

6. 遵约期和交易期的确定

遵约期是指从配额初始分配到体系覆盖设施向管理部门上缴配额的时间，通常为一年或几年。遵约期规定得较长，可以使体系参与者在遵约期内根据不同年份的实际排放情况与配额拥有情况调整配额使用方案，减少短期配额价格波动，降低减排成本。遵约期规定得较短，可以在短期内明确减排结果，并且有利于降低体系总量目标不合理、宏观经济影响等因素导致市场失效的风险。应该综合考虑当地主要排放源排放量、排放数据等实际情况，确定遵约期的长度。

（二）相关机构安排

1. 登记注册系统

为了确保及时和准确监管并了解交易体系各参与方排放配额的交易和拥有情况，市场的监管机构必须建立一个安全、便捷和有效的电子登记系统。该系统将为所有的市场参与者设立账户，准确记录其排放配额的初始分配、获取、转出和拥有信息，与银行系统类似。EU ETS 曾经发生过登记系统内相关配额被盗的情况，因此该系统的安全性至关重要。

2. 市场监管

排放权交易市场是建立在排放许可基础上的政策市场；配额作为一种特殊的商品，具有天然的标准化、数字化、虚拟化的特点。维持这样一个政策市场的稳定运行，保证其促进低成本减排的功能，需要在市场的各个环节进行合理监管。市场监管包括三个方面的内容：需要监管的内容和对象；监管机构的设立和权限规定；监管规则的制定和执行。市场监管涉及多个部门，包括配额初始分配的部门、排放交易的监管部门（包括拍卖环节、二级市场交易环节、交易结算和交收环节等）、覆盖设施排放量核查的监管部门、遵约机制的实施部门等。对于监管对象，应该明确碳排放权交易的性质，以确定其监管机构和适用法律。

3. 金融机构的参与

金融机构的参与可以增加碳市场的流动性，促进碳市场价格发现功能的实现，发现成本最低的减排途径。金融机构可以通过碳基金理财产品、绿色信贷、信托类碳金融产品、碳资产证券化等方式参与配额交易。金融机构的参与也会带来一系列风险，比如市场的过度投机，因此要能够合理地监管金融机构参与，控制风险，才能真正促进碳市场的繁荣发展。

4. 排放交易平台的设计与建立

参与排放交易的机构必须通过统一的排放交易平台进行交易才能保证碳市场的高效可靠、避免风险。因此，一个公开、高效的平台对于碳市场良好运行是必不可少的，同时有利于降低碳市场交易成本。通过对国外主要碳交易平台的分析，有几点主要的经验与教训：交易平台的建设需要充分考虑市场需求；丰富的产品种类可以促进碳市场发展；软硬件配套设施需要建设齐全；应该根据市场需求和自身特点明确定位；过多的交易所将最终通过竞争或兼并而整合。

（三）调控政策

1. 价格调控机制

作为一种市场机制，配额价格是判断碳排放交易是否有效的一个重要标志，稳定的配额价格有助于促进企业进行长期低碳投资，以及低碳技术的研发和应用，实现社会经济发展的低碳转型。维持配额市场的稳定需要在碳排放权交易体系设计时进行多方面的考虑，包括排放交易平台的功能设计、市场参与主体的选择和限制、交易期的选择、监管机制的建立、价格调控机制、存储和借贷机制、与其他体系连接的设计等。在排放权交易体系中引入价格调控机制是指，规定碳配额交易价格的上下限，并在价格达到上下限时，政府或政府指定机构通过多种方式进入市场，影响价格。价格上下限是一种风险管理工具，可以有效地减小碳排放交易给政府、市场参与者，以及社会经济发展带来的风险。价格调控可以采用的方式包括：政府公开市场操作、规定配额拍卖的保留价格和最高价格、调整抵消信用额在遵约配额中的比例等。在排放交易中实施价格调控，能够提供价格的确定性，但一定程度上破坏了排放目标的确定性，弱化了市场的价格形成机制，影响政策可信程度。这是反对价格调控群体的主要考虑。但是，碳排放交易市场本身是一个政策市场，而非天然市场，它是否成功更取决于是否实现了政府更宏观层面的预定目标，即是否实现了以较低成本控制温室气体排放。因此，在体系设计的过程中应该综合考虑减排成本和排放控制两个方面的内容，从这个角度看，控制排放配额价格，使之在一定范围内波动是合理的。尤其在市场建设初期，体系运行经验、企业和消费者对碳成本的认识都不足的情况下，价格调控机制的作用更明显，有助于调整修正排放上限设定和配额分配的不合理之处。

从实践层面来看，引入价格调控机制需要考虑的关键问题包括，相关的调控资金从何而来、需要多大规模、哪个机构负责实施等。

2. 排放交易的税费制度

排放权交易体系中，需要明确排放配额交易的性质，这直接涉及适用于交易活动缴纳的税费等。由于对交易性质的界定不清等原因，EU ETS 曾出现过增值税欺诈的问题。因此，应该在碳排放权交易的基础性法律法规中，明确规定碳排放配额的性质，明确其会计处理原则和税收原则，以保证市场交易正常进行。

3. 排放配额的存储

所谓存储，是指允许市场参与者将遵约期内未使用的排放配额留存到下一个遵约期使用，这种做法鼓励减排成本较低的企业多减排、早减排，并可以为短期需求变化提供缓冲，减小配额价格波动。但是否允许指标的存储，需要考虑不同阶段碳排放控制目标之间的关系等因素。根据已有排放权交易体系的运行经验，由于市场运行早期历史数据缺乏、排放量预测经验不足，总量上限目标设定往往并不特别合理，这时体系运行的主要目的是获得准确的排放信息和体系运行经验，因此不允许配额存储是比较好的选择。后续交易期内，体系上限目标设定往往会具有连续性，允许存储可以获得更好的效果。现有体系在不同阶段对配额存储的规定不同。

4. 连接与抵消机制

所谓连接，是指是否允许体系外的排放配额以及减排信用额等进入本体系中，用于完成本体系的遵约义务。运用排放权交易的手段降低减排成本的程度同体系覆盖排放源的减排成本差异性及减排潜力等因素有关。将不同的排放权交易体系进行连接，可以扩大体系覆盖范围，提供更多具有差异性的减排途径，进而降低实现碳排放控制目标的成本。体系范围扩大有助于解决由于碳约束强度不同引起的“竞争力问题”和“碳泄漏”现象；同时体系连接可以增加参与排放交易的配额数量，有利于减缓排放交易的价格波动。但连接机制涉及不同体系相关规则的协调，至少包括如下几个方面：减排目标，初始排放权的分配方法，MRV 机制，对使用抵消信用额的规定，遵约机制，存储与借贷规则，价格调控机制，排放交易登记系统及排放交易平台相关技术指标等。抵消机制是指体系覆盖实体通过购买抵消信用额完成遵约义务的机制。体系未覆盖实体可以通过实施减排活动产生减排量，经过相关机构认证后，这些减排量成为减排信用额，可以出售给体系覆盖实体，用于抵消其排放。

## 第二节 清洁生产机制

清洁生产是从源头削减污染，提高资源利用效率，减少或者避免生产、服务和产品使用过程中污染物的产生和排放的主要方式，推动清洁生产的实施对减轻或者消除对人类健康和环境的危害具有重要的现实意义。本节主要从实施角度探讨清洁生产机制的制度安排、评估等内容。

### 一、清洁生产的定义

联合国环境规划署与环境规划中心采用了“清洁生产”这一术语，来表征从原料、生产工艺到产品使用全过程的广义的污染防治途径，给出了以下定义：“清洁生产是一种创新思想，该思想将整体预防的环境战略持续运用于生产过程、产品和服务中，以提高生态效率，并减少对人类及环境的风险。对生产过程而言，要求节约原材料和能源，淘汰有毒原材料，减少和降低所有废弃物的数量及毒性；对产品而言，要求减少从原材料获取到产品最终处置的整个生命周期的不利影响；对服务而言，要求将环境因素纳入设计和所提供的服务之中。”

《中华人民共和国清洁生产促进法》对清洁生产的定义，清洁生产是指不断采取改进设计、使用清洁的能源和原料、采用先进的工艺技术与设备、改善管理、综合利用等措施，从源头削减污染，提高资源利用效率，减少或者避免生产、服务和产品使用过程中污染物的产生和排放，以减轻或者消除对人类健康和环境的危害。该定义比较完整地描述了清洁生产的本质：强调清洁的能源、原料、生产过程和产品，同时包含了从产品设计、生产到消费全过程为减少其对人类生存环境造成的危害所应采取的措施。

清洁生产的定义包含了两个清洁过程控制：生产全过程和产品周期全过程。对生产过程而言，清洁生产包括节约原材料和能源，淘汰有毒有害的原材料，并在全部排放物和废物离开生产过程以前，尽最大可能减少它们的排放量和毒性。对产品而言，清洁生产旨在减少产品整个生命周期过程中从原料的提取到产品的最终处置对人类和环境的影响。

清洁生产思考方法与之前不同之处在于：过去考虑对环境的影响时，把注意力集中在污染物产生之后如何处理，以减小对环境的危害，而清洁生产则是要求把污染物消除在它产生之前。

## 二、清洁生产的理论基础

清洁生产的提出有着坚实的理论基础，这些理论主要包括：一是最优化理论，清洁生产实际上是在特定的生产工艺条件下使其物料消耗最少，而使产品产出率最高的生产方式。这一问题的理论基础是数学上的最优化理论，相当于将废物最小化作为目标函数，求“特定的生产工艺条件”这一最优解。由于清洁生产是一个相对概念，即清洁的生产过程和清洁的产品是和现有的工业生产过程和产品比较而言，而且，资源与废物也是一相对概念，一种生产过程中的废物有可能成为另一种生产过程中的原料（资源）。因此，废物最小量这一目标函数是动态的、相对的。二是物料平衡理论，任何生产过程都要遵循物料平衡原理，生产过程中产生的废物越多，原料（资源）消耗就越大，即废物是由原料转化而来的。清洁生产使废物最小化，便等于原料（资源）得到了最大利用。三是科技进步理论。当今世界的社会化、集约化大生产和科技进步，为清洁生产提供了必要条件。

## 三、清洁生产的指标

清洁生产包括以下三方面的内容：一是清洁的能源。清洁的能源有四项内容：常规能源的清洁利用，如采用洁净煤技术，逐步提高液体燃料、天然气的使用比例；可再生能源的利用，如水力资源的利用；新能源的开发，如太阳能、风能的开发和利用；各种节能技术的创新和运用等。二是清洁的生产过程。清洁的生产过程内容有：尽量少用、不用有毒有害的原料；减少或消除生产过程的各种危险性因素，如高温、高压、强震动等；少废、无废的工艺；高效的设备；物料的再循环；简便、可靠的操作和控制等。三是清洁的产品。清洁的产品的内容有：产品在使用过程中以及使用后不含对人体健康和生态环境不利的因素；易于回收和再生；合理包装；合理的使用功能和合理的使用寿命；产品报废后易处理、易降解等。

依据生命周期分析的原则，清洁生产指标应能覆盖原材料、生产过程和产品的各个主要环节，尤其对生产过程，既要考虑对资源的使用，又要考虑污染物的产生，因而清洁生产指标可分为四大类：原材料指标、产品指标、资源指标和污染物产生指标。

第一类，原材料指标。原材料指标应能体现原材料的获取、加工、使用等各方面对环境的综合影响，因而可从毒性、生态影响、可再生性、能源强度以及可回收利用性这五个方面建立指标。一是毒性：原材料所含毒性成分对环境造成的影响程度；二是生态影响：原料取得过程中的生态影响程度。例如，露天采矿就比矿井采矿的生态影响大。三是可再生性：原材料可再生或可能再生的程度。例如，矿物燃料的可再生性就很差，而麦草浆的原料麦草的可再生性就很好。四是能源强度：原材料在采掘和生产过程中消耗能源的程度。例如，铝的能源强度就比铁高，因为铝的炼制过程消耗了更多的能源。五是可回收利用性：原材料的可回收利用程度。例如，金属材料的可回收利用性比较好，而许多有机原料（例如酿酒的大米）则几乎不能回收利用。

第二类，产品指标。对产品的要求是清洁生产的一项重要内容，因为产品的销售、使用过程以及报废后的处理处置均会对环境产生影响，有些影响是长期的，甚至是难以恢复的。此外，对产品的寿命优化问题也应加以考虑，因为这也影响到产品的利用效率。

一是销售：产品的销售过程中，即从工厂运送到零售商和用户过程对环境造成的影响程度。二是使用：产品在使用期内使用的消耗品和其他产品可能对环境造成的影响程度。三是寿命优化：在多数情况下产品的寿命是越长越好，因为可以减少对生产该种产品的物料的需求。但有时并不尽然，例如，某一高耗能产品的寿命越长则总能耗越大，随着技术进步有可能产生同样功能的低耗能产品，而这种节能产生的环境效益有时会超过节省物料的环境效益，在这种情况下，产品的寿命越长对环境的危害越大。寿命优化就是要使产品的技术寿命（指产品的功能保持良好的时间）、经济寿命（指产品对用户具有吸引力的时间）和初设寿命处于优化状态。四是报废产品报废后对环境的影响程度。

第三类，资源指标。在正常的操作情况下，生产单位产品对资源的消耗程度可以部分地反映一个企业的技术工艺和管理水平，即反映生产过程的状况。从清洁生产的角度看，资源指标的高低同时也反映企业的生产过程在宏观上对生态系统的影响程度，因为在同等条件下，资源消耗量越高，则对环境的影响越大。资源指标可以由单位产品的新鲜水耗量、单位产品的能耗和单位产品的物耗来表达。

一是单位产品新鲜水耗量：在正常的操作下，生产单位产品整个工艺使用的新鲜水量（不包括回用水）。二是单位产品的能耗：在正常的操作下，生产单位产品消耗的电力、油耗和煤耗等。三是单位产品的物耗：在正常的操作下，生产单位产品消耗的构成产品的主要原料和对产品起决定性作用的辅料的量。

第四类，污染物产生指标。除资源（消耗）指标外，另一类能反映生产过程状况的指标便是污染物产生指标，污染物产生指标较高，说明工艺相应比较落后或管理水平较低。考虑到一般的污染问题，污染物生产指标设三类，即废水产生指标、废气产生指标和固体废物产生指标。

一是废水产生指标，废水产生指标首先要考虑的是单位产品的废水产生量，因为该项指标最能反映废水产生的总体情况。但是，许多情况下单纯的废水量并不能完全代表产污状况，因为废水中所含的污染物量的差异也是生产过程状况的一种直接反映。因而对废水产生指标又可细分为两类，即单位产品废水产生量指标和单位产品主要水污染物产生量指标。二是废气产生指标，废气产生指标和废水产生指标类似，也可细分为单位产品废气产生量指标和单位产品主要大气污染物产生量指标。三是固体废物产生指标，对于固体废物产生指标，情况则简单一些，因为目前国内还没像废水、废气那样有具体的排放标准，因而指标可简单地定为“单位产品主要固体废物产生量”。

## 四、清洁生产的推行制度

### （一）政府推进清洁生产的制度

政府在推进清洁生产时也不能采取过多强制的手段，不能过多地干预企业的生产和经营，不能破坏市场经济的基本要求。一方面政府可以通过提供信息的方式为企业开展清洁生产服务，另一方面政府应当通过各种途径鼓励公众和企业按照清洁生产的方式行事，此外非常关键的一个方面就是建立一系列推进清洁生产的制度，利用这些制度使清洁生产工作推向纵深。对于推进清洁生产有重要作用的制度有很多种，包括清洁生产审计制度，环境标志制度等。

1. 清洁生产审计制度

对于清洁生产而言，最有效的污染预防措施是源头削减，即在污染发生之前消除或削减污染。而搞清废物和排放物的起因是进行有效削减废物和排放物的基础，一旦废物和排放物的起因明确了，就能有的放矢地制定和实施最经济有效的污染预防与削减方案，继而达到清洁生产的目的。企业实施清洁生产可以从改进产品设计，改变产品结构，替换原材料，改进生产工艺，加强企业内部管理，提高物料循环利用率及进行技术工艺与设备改造等方面。系统筹划分步实施，在筹划实施之前应对这些不同环节进行科学的核查与评审，以找出一切问题的真正所在，这就是清洁生产审计的目的。

对工业企业实施清洁生产审计是推行清洁生产的重要组成和有效途径。清洁生产审计之所以能在世界范围内迅速推广不仅仅是因为其有明显的环境保护作用，而且更重要的是能帮助企业发现按照一般方法难以发现或容易忽视的问题，而解决这些问题常常会使企业在经济环境管理等诸多方面受益匪浅，并大大增强企业自身发展的信心。

清洁生产是从末端治理到从生产过程全过程实施污染预防的战略转折。清洁生产审计同样在我国尚处于起步状态，清洁生产审计的对象是企业，其目的是找出企业中不符合清洁生产之处，并且要提出方案解决这些问题。

2. 环境标志制度

所有环境标志计划的基本目的都很简单：准确地引导消费者面向环境友好的产品和指导制造商考虑和改进其产品的环境性能。其途径是授予一个可识别的标志给合格的制造商，让他们贴在产品上并进行市场促销，希望具有环境意识的消费者喜爱环境标志产品，从而改善这些产品的销售状况，并促进其他竞争者改善其产品的环境效益以获得同样的标志资格。从经济学观点看，环境标志通过扩大消费者的信息而提高了市场效率，并且通过自发的市场机制促进了环境保护。

3. 清洁生产公告制度

清洁生产是企业的自主行为，当企业满足国家的污染物排放标准之后，如何推进企业进一步开展清洁生产活动就成为一个问题。采取清洁生产公告制度是推动企业开展清洁生产的一个重要手段。现代企业非常重视自己的公众形象，对企业的清洁生产情况进行公告可以鼓励企业在满足国家排放标准后进一步采取清洁生产措施，以获得外界的认可，从而有助于企业树立良好的形象。

（二）推进企业清洁生产的机制

以企业作为清洁生产的主体，推动清洁生产的政策机制可由来自政府与非政府两方面的因素来组成，主要包括强制、激励、压力和支持四种机制。

1. 强制性机制

强制性机制是推动企业实施清洁生产活动所采取的直接干预机制。通常体现强制作用的法律和行政措施有：强令淘汰某些污染严重的工艺、设备，限制有毒有害原材料的使用，规定企业制定实施减废计划，对未治理达标企业进行生产全过程的清洁生产审计活动等。例如：我国对含磷洗涤用品的使用限制在

2002 年，对氟化物等破坏臭氧层物质的使用限制在 2010 年。有章可循是推动清洁生产的基本条件。

强制性政策机制，特别是从立法上体现的有关清洁生产的规定，能够鲜明地表达要求企业实施清洁生产的信息及最低程度的限制，因而对企业的清洁生产行为或活动具有较确定的约束力。但是，从清洁生产的持续改进特征和自愿行为需要看，强制性机制一般仅适宜于提供推动企业清洁生产应满足的基本要求，难以充分调动企业不断改进清洁生产的积极主动性。

2. 激励性机制

在市场经济条件下，多种形式、多种内容的经济政策措施将是推动企业清洁生产的有效工具。例如：对采用清洁生产工艺技术或清洁产品实行差异税收、投资信贷优惠等政策；建立有利于清洁生产活动的排污费征收标准和使用办法等。

激励性更直接关系着企业的利益得失以及企业生存发展的机会与形象，特别适宜于市场经济条件下对深入到生产全过程中企业各种复杂行为的调控，并具有较强的推动清洁生产技术进步和清洁生产实施效率的灵活性，因而有利于促进企业清洁生产长期持续的实施。但是，这类政策机制的影响力度和企业反应的灵敏程度，明显取决于市场体系及其功能的完善成熟和社会环保压力的培育发展。

3. 压力性机制

压力性机制是指利用企业的相关方，包括政府机构、企业的合同方、社会团体、消费者、公众等社会力量影响企业产生清洁生产需求并实施清洁生产的作用机制。例如公开某类企业的环境状况，实施有利于清洁生产企业（产品）的采购政策，银行的“绿化”，建立自愿协议制度等。随着可持续发展与环境保护意识的提高，来自社会各界的绿色呼声和要求特别是绿色消费（包括生产者间的供给消费）会日益高涨。充分认识并发挥这种可能驱动企业清洁生产行为的社会压力作用应成为推动企业清洁生产政策机制的重要内容。

4. 支持性机制

指转变企业清洁生产的思想观念，提高企业实施清洁生产能力的作用机制。清洁生产是对传统生产发展模式和单纯环境污染治理体系的重大变革，是否具有一定的清洁生产意愿和能力是企业能否自觉主动并顺利实施清洁生产的基础。为了从深层次上转变企业的清洁生产行为，一方面需要从根本上转变企业传统的思想认识和价值观念（结构），不断提高企业实施清洁生产的意识。另一方面，应从知识、技术以及信息（包括示范）上给企业提供有力的支持服务，特别是提高企业清洁生产的技术创新和传播能力，帮助和指导企业的清洁生产。

支持性政策机制，它着眼于提高企业实施清洁生产的自我意愿和能力，有助于从根本上转变支撑企业清洁生产行为的观念认识问题，并解决企业实施清洁生产遇到的技术、信息等能力障碍，是企业形成自我约束的清洁生产管理体系的基础。然而，在现行条件下，单独采用支持性政策机制，其影响作用是有限的，促进清洁生产的实施效果也是缓慢的。

总之，四类推动企业清洁生产的政策机制，各自具有不同的功能作用。推动企业的清洁生产，很难期望采用某种单一的政策机制就能获得较为满意的结果，需要通过多种适当形式的措施手段有机配套，形成综合的推动清洁生产的政策机制。[142]

## 第三节　环境审计

“环境审计”作为一种重要的环境管理工具，通过对环境组织、环境管理和仪器设备是否发挥作用进行系统的、文化的、定期的和客观的评价，以实现简化环境管理活动，明确政府和企业事业单位的环境管理责任的履行情况，找出差距，采取改进措施，从而促进环境的持续改善，保证可持续发展战略的实施。本节主要介绍环境审计的基本概念、主要方法、范围和对象等内容。

### 一、环境审计的基本概念

#### （一）定义

环境审计是国家审计机关、内部审计机构与社会审计组织按照相应的法规和准则，对政府部门和企事业单位与环境保护有关的经济活动进行真实性、合规性和有效性审查，以保证受托环境责任的全面有效履行。

#### （二）环境审计的主体

狭义审计主体是指审计活动的执行者，即审计人。他与被审计人、审计授权人一起构成审计工作中的三方审计关系。环境审计的主体应与传统审计一样，即国家审计、内部审计、社会审计共同构成环境审计的主体体系，各个不同的审计主体在审计体系中所起的作用是不同的。

（三）环境审计的主要依据

环境审计依据，是衡量和评价环境审计对象的真实性、合法性和效益性的准绳，也是审计人员对有关经济活动的环境方面查明事实真相后，据以判断是非优劣，做出审计结论的尺度。主要包括环境审计依托的法律、法规和规章制度；环境审计中提高环境质量的环境标准；以及约束审计主体的行为规范，主要包括：《审计法》《注册会计师法》《内部审计工作条例》等。[143]

## 二、环境审计的方法

（一）传统审计方法

一般将传统审计方法归纳为七大类：检查、监盘、观察、查询、函证、计算和分析性复核。随着审计技术的发展，一些新方法得到使用，新审计准则对审计方法进行了新的归纳，列举了八大类方法：检查记录或文件、检查有形资产、观察、询问、函证、重新计算、重新执行、分析程序。较之以前的方法内涵更加丰富，描述更加准确。

检查记录和文件。在对资源开发利用、环境治理保护资金的筹集、管理、使用，特别是资金的流向审计，以及资源环境保护法规、制度的建立、健全性审计，还有有关资源环境开发、保护的决策情况审计，必须采用这种方法对有关账册、法规、文件、纪录进行查阅。

检查有形资产。它与“监盘”有着不同的内涵，它不仅要检查实物资产的数量，更要检查其存在状态。资源环境审计中，检查有形资产主要是检查用于开发、保护资源环境的各种设施、设备数量上是否满足要求、运转是否良好。

观察法。就是现场观察资源环境状况是否良好，采取的有关措施、手段是否产生了效果，以及被审计单位从事资源环境工作的人员的业务活动或执行的程序是否符合相关规定。

询问法。资源环境审计中应特别重视这一方法，主要采取调查问卷和座谈询问的方式。比如对环境保护情况的调查，向长期生活在该区域内的有关人员进行问卷或座谈了解，结果可能更真实、真切。

重新执行。资源环境审计中，这一方法有重要作用，就是将有关资源环境保护的方法、措施，由审计人员（专业人员）再执行，对结果进行再检验。比如在对水环境质量进行审计中，不能只依赖环保部门提供的数据，应由审计人员现场取样后，再由第三方重新执行检测程序，以查证水体质量。

分析程序。信息技术已在资源环境领域普遍使用，有关部门的业务数据库都能提供资金结算、能源消费、环保统计、在线监测等数据，审计人员可以研究各种数据之间，特别是财务数据与非财务数据之间的内在关系，进而对资源环境开发和保护情况做出评价。这一方法还包括调查识别出的、与其他相关信息不一致或与预期数据严重偏离的波动和关系。

（二）新的审计方法

准则中规定的审计方法在资源环境审计取证方面是适用的，但由于资源环境审计的特殊性，其在审计分析方面则存在一定的局限性，因此资源环境审计必须探索一些新的审计分析方法，目前主要应推广以下方法：

机会成本法。环境资源的开发利用和保护相当于对多种互斥的方案的选择，资源有限性决定了选择一种形式就要放弃其他形式，放弃方案中的最大经济效益为所选方案的机会成本。

资产价值法。环境条件的差别可以通过地价或宅价反映，据此推算环境资源的价值。常用回归分析法计算、测定环境条件对地价的贡献度，该贡献度可视为环境资源价值。

人力资本法。专门用于评估计量环境污染影响人体健康的经济损失，该法将环境污染引起的人体健康损失分为医疗费、丧葬费等直接经济损失和护理费等间接经济损失。

恢复费用法。环境资源被破坏，改善的效益较难评价。可以估计恢复或防护一种资源不受污染所需的最低费用，就是恢复费用法。

防护费用法。消除和减少环境污染的有害影响所愿意承担的费用来衡量环境污染的损失。

调查评价法。咨询专家或环境利用者，当环境物品的供给数量或质量发生变化时，人们愿意支付或接受补偿的金额，按调查结果，评价环境资源损失价值或保护措施效益。

在线监测法。资源环境领域的监测网络目前正在完善之中，如卫星遥感数据接收系统、GPS 全球定位系统、空气监测系统、排污监测系统、GJS 地理信息系统等。资源环境审计应大胆利用这些在线监测设备和系统，在审计期间进行定期和不定期的在线监测。目前在部分资源环境审计项目中已使用这一方法，如耕地保护情况、防护林保护工程审计中，审计人员尝试利用 GPS 系统进行了查证，取得了较好的效果。[143]

## 三、环境审计的主要范围及对象

根据《从环境视角进行审计活动的指南》中提出："环境审计从原则上讲，应当采用最高审计机关的各种审计方法，覆盖各种审计类型。也就是说，环境审计有财务审计、合规性审计和绩效审计三类。"[143–145]

（一）环境财务审计

环境财务审计从设计的层面可以分宏观环境财务审计和微观环境财务审计。宏观环境财务审计，主要是审计政府各级部门环保资金筹集和使用的真实性。微观环境财务审计主要涉及企业环境财务审计，重点关注企业会计报表中受环境问题影响的项目。

（二）环境合规性审计

环境合规性审计主要审查环保资金的筹集和运用是否合法合规，以及企业的各项经济活动是否符合国家有关环境法律法规和政策。根据环境审计的层面，分为宏观环境合规性审计和微观环境合规性审计。前者主要是对国家环保资金的筹集和运用的合规性进行审计，主要包括环保资金的筹集和使用是否符合有关法律、法规的规定，是否有法可依，专款专用。微观环境合规性审计主要针对企业层面，主要包括排污费的审计，污染物的运输、储存和处置机构审计，污染预防审计和产品环境审计。

1. 排污费的审计

主要审计排污费的交纳和征收、使用是否符合国家规定的排污费征收制度，以及各建设项目开工前是否进行环保登记，是否遵循"三同时制度"等。

2. 污染物的运输、储存和处置机构审计

污染物的运输、储存和处置机构审计是对负责运输、储存和处置污染物的机构的与污染物相关活动是否符合相关规定所进行的审查。污染物的运输、储存和处置不当容易导致环境事故的发生，从而给企业带来较大的环境风险。企业实施环境管理系统要求其对预防污染做出承诺，制定程序和方案来提高企业全体员工减少或防止环境污染事故的发生的意识和技术水平，以及制定好万一发生环境事故的应急措施，因此能够有效地管理控制这类环境风险。同时实施环境管理系统也要求进行有关的审计以便能够确定是否制定了运输、储存和处置污染物的恰当程序、方案和措施并得到正确的执行。

3. 污染预防审计

污染预防审计是指对企业是否制定有关政策和程序来预防污染和进行清洁生产进行独立的检查和评价的活动。其内容主要是审查评价被审计单位是否采取得力措施防止污染产生，已产生的污染是否采取措施减少或消除。

4. 产品环境审计

产品环境审计是指对被审计单位的产品在符合有关环境保护法律和法规的规定以及被审计单位是否致力于确保其尽最大可能使生产的产品对环境无害的情况所进行独立检查和评价活动。产品环境审计的主要内容包括：检查企业清洁产品的设计情况，是否选择最佳的审计方案；产品在使用过程中是否对用户或用户的环境产生不利的影响；产品废弃后是否会危害环境；企业是否注意回收与再利用技术的开发；产品的包装物是否对环境有不利的影响等。

（三）环境绩效审计

环境绩效审计可以分为宏观和微观两个层次。对政府的环境绩效审计属于宏观层次，由国家审计机关来进行，主要对政府制定的环境政策执行效果进行评价，看环境政策是否促进了环境和生态的改善，审查环境项目的实施是否真正有助于防治环境污染，调查环保专项资金的投入使用情况，是否达到了预期的效果和目标；对企业的环境绩效审计属于微观层次，由内部审计或社会审计来承担，重点审查监督企业对环保方针、政策的执行情况，并评价企业的环境内部控制系统以及企业在治理环境时所产生的经济效益和社会效益。

## 四、环境审计的关键环节

在环境审计中要坚持审前培训与审前调查并重，坚持财务审计与效益审计并重，坚持重点调查和延伸调查并重。

第一，认真细致地进行审前调查。环境保护项目通常时间跨度长、项目多且分散，资金链十分复杂。为合理指导环境保护项目专项审计调查工作，突出审计调查重点，提高审计调查效率，保证审计调查质量，需专门组织审计人员进行审前调查。通过走访、座谈、实地察看等形式，详细了解被审计单位的职责范围和资金收支管理情况，广泛搜集各种资料，为审计实施做好充分准备。

第二，制订切实可行的审计实施方案。好的审计实施方案不仅是指导审计人员现场作业的“路线图”，而且是审计质量控制的灵魂，它对实施审计起着全面控制作用。审计人员结合审前调查和数据分析情况，从审计范围、内容、方法和步骤以及业务分工等方面细化审计实施方案，重点侧重于方案的可操作性，使审计实施方案真正做到切实可行，为下一步审计调查打下良好基础。

第三，扎扎实实开展审前培训。吃透相关法律法规精神和学习环保专业知识是开展好审计工作的基本前提。审计组在进点之前认真学习了相关内容的法律法规、标准政策，讨论该项目的审计调查实施方案和审前调查报告，深入了解审前调查的基本情况，确定实施审计调查的思路与方法。必要时聘请环保资深专家讲课，以扩充环保领域的专业知识，把握好政策尺度。

第四，把握审计工作重点，灵活采用多种方法。针对环境保护项目多、时间跨度大、涉及层次多、点多面广等特点，按照“把握总体、突出重点”的原则，审计人员确定审计调查的总体思路应该是一抓项目管理、立项决策，二抓目标实现、效益发挥、资金使用，三抓招标采购、设备购置。

在现场实施阶段，有针对性地对项目的重点环节，选择具有代表性的子项目、单项工程、设备物资进行解剖麻雀式的审计调查，除了采取到项目主管部门和项目建设单位收集查阅相关文件资料，结合相关审计报告，进行比较分析等常规的审计调查方法外，还采用走访相关工作人员，向项目专家、环保专家调查了解情况等方法，达到了以点带面、提高工作效率的目的。

第五，紧扣方案，抓好审计工作“三结合”。在审计过程中，审计人员既严格按照方案又不局限于方案，抓好审计工作三方面的结合。

一是坚持环境审计与财政财务收支审计相结合。环境审计离不开真实性、合法性审计，尤其在目前我国虚假会计信息大量存在的情况下，必须把环境审计同财政财务收支审计结合起来，将做好财务收支审计作为环境审计的前提和基础。

二是坚持环境审计与反映损失浪费、挤占挪用等重点问题相结合。查清环保资金的来源、总额、投向和管理使用情况，从环境保护效果角度评价资金使用整体效果，揭露资金管理使用过程中的损失浪费和违纪违规问题，维护国有资金安全完整，提高资金使用效益。

三是坚持环境审计与查处大案要案线索相结合。在开展审计的同时注意发现和揭露经济犯罪案件线索，一旦发现问题线索，就深入调查，锲而不舍。

第六，注重专家在环境效益分析和评价中的作用，丰富审计思路。环境审计涉及的众多专业领域都超过了审计人员的知识范围，使得对环境的评价存在一定难度和风险。因此，必要时应当引入外聘专家进驻审计组，形成国家审计与专家咨询相结合的审计队伍结构，增强审计可靠性，降低审计风险。

第七，从资金流动主线入手，追根溯源。目前，很多环保部门由于自身经费不足，打着环保项目的旗号，不同程度地挤占挪用环保专项资金。审计人员应抓住资金流程这一主线，首先摸清资金的来源渠道和总量，在掌握整体收支的基础上，紧扣相关法律法规，沿着资金的真实走向，层层追查。

一是在环保专项资金征收上缴审计上，审查征收部门是否按规定及时、足额征收排污费和污水处理费，审查已征收的资金是否按期如数缴入财政专户，有无违反“收支两条线”规定，截留、坐支、挤占、挪用或私设“小金库”。

二是在环保专项资金拨付审计上，审查财政部门预算内安排的环保治理资金和环保补助资金的真实性、合法性和效益性，拨款是否及时到位，有无擅自增减环保资金拨付等。

三是在环保专项资金支出审计上，审查环保项目的立项是否符合国家规定，审查环保部门是否按规定申报基本预算和项目支出预算，审查环境改造、治理、宣传及教育支出是否真实合法，用款单位是否按国家有关规定做到专款专用，有无挪作他用，重点关注分配到基层的资金有无存在舞弊现象。

第八，注重对项目建设成本的真实性审计，深入分析问题。工程项目审计中，问题错综复杂。审计人员应采取审查账簿与实地勘察、外延调查相结合的方式，从施工单位入手，将投资审计中形成的审计经验移植到专项资金的工程审计中，深入到工程建设成本真实性审计的层次，抓住成本不实的问题，对案件线索进行挖掘。

一是在对项目实施情况进行审计时，到工程现场进行实地勘察，了解项目工程管理的流程和规定，发现各管理部门和项目实施单位内部控制的薄弱点。

二是对重点关注的项目，通过延伸审计调查设计、施工、监理单位，查询银行账户，追踪工程款的真实去向，审查有无账外资金和个人收受回扣等问题。

第九，及时沟通交流，实现信息共享。环境审计涉及不同单位的审计人员和专家，是集体协同作战，组织协调就显得尤为重要。在审计过程中注重沟通交流，相互启发，加强有效指挥、协调和联系，实现信息共享。审计组成员之间也经常沟通审计情况，保证信息畅通。对发现的具有普遍性的问题及时通气，共同分析研究，根据实际情况调整工作部署，发现重大违法违纪问题线索后，就及时调配审计力量集中突破，保证重大问题得到及时查处。

第十，利用计算机辅助审计，扩大审计成果。审计组不仅要利用计算机AO系统进行现场管理，提高管理效率，并且十分重视运用计算机进行数据分析，在确定污染评价指标和现场数据的基础上，对相关问题进行验证，发现问题线索。[145]

## 第四节　节能量交易机制

节能交易机制是市场化政策——可交易许可证制度在能源领域的应用，对于促进提高能源利用效率、抑制能源消费过快增长、减少温室气体排放、提高国家能源安全以及应对全球气候变化具有重要的现实意义。本节主要介绍节能量交易机制的基本概念、制度分类、许可证制度和能效证书制度实施的基本步骤等。

### 一、节能量交易概述

#### （一）节能量交易机制的定义

节能量交易即以上限和交易为基础，为经济设定能耗限额，并将限额分解到各个参与主体，通过参与主体之间的配额交易，最终实现系统能耗控制目标的市场过程。节能量交易包括两类：其一，基于能源消费权的交易，各类用能单位（政府）在具体节能目标约束下，根据实际能源消费情况买入或卖出节能量（能源消费权）；其二，基于项目的交易，项目承担方对实施节能项目中经核查确认的节能量进行市场交易。节能量交易机制既是一种节能政策，又是一种创新交易机制。

#### （二）节能量交易原理

不同责任交易主体间由于生产技术条件的差异，完成节能目标的边际成本不同，因此，在交易成本低于交易所能带来的净收益的情况下，通过交易，实现交易各方的边际成本相当。对于边际成本较高的交易主体，如果购买节能量证书的费用低于其边际成本，则更愿意通过购买节能量证书完成节能目标。而边际成本较低的交易主体可以通过出售超额完成的节能量获取经济利益。交易主体从自身利益出发，决定自己实施节能项目、买入或卖出节能量。因此，只要交易主体的边际成本不同，交易机会就存在。当所有的机会都充分利用，各交易主体的边际成本相等，则完成社会总节能目标的成本就达到最低。

不考虑交易费用，假定两个节能量交易主体，交易主体 1 的节能成本比交易主体 2 的节能成本低，即：$MAC_1<MAC_2$.$R_{Req}$ 代表两个交易主体需要完成的节

能量，$R^*$ 代表通过市场交易所实现的有效的节能证书分配量。图的左侧代表交易主体 1，$R_{Req1}$ 代表交易主体需要完成的节能量，可以看出，交易主体 1 完成节能量 $R_{Req}$ 时，节能成本低于节能量交易证书的市场价格。在给定节能量市场价格为 $p$ 时，交易主体 1 存在继续节能的潜力，因为它可以在市场上以更高的价格出售节能活动取得的节能量证书。图的右边是交易主体 2，$R_{Req2}$ 代表交易主体需要完成的节能量，可以看出，交易主体 2 完成节能量 $R_{Req2}$ 时，节能成本高于节能量交易证书的市场价格，这时交易主体 2 可以通过市场购买节能量交易证书而自己节能，以减少节能成本，直到交易主体 2 的节能量的边际成本等于节能量证书的市场价格 P。此时交易主体的总的节能成本包括自主节能量所发生的成本加上从节能量证书市场购买证书所付出的成本之和，从图 7-1 可以看出，交易主体通过节能量证书交易市场完成节能任务所付出的成本比通过其自己单独节能活动完成同样目标，成本节约了相当于 $\Delta def$ 的面积，即参与节能量交易成本节约，$\Delta def$ 的面积也代表，如果没有节能量交易市场，交易主体 2 自己完成所有节能任务多支出的部分。

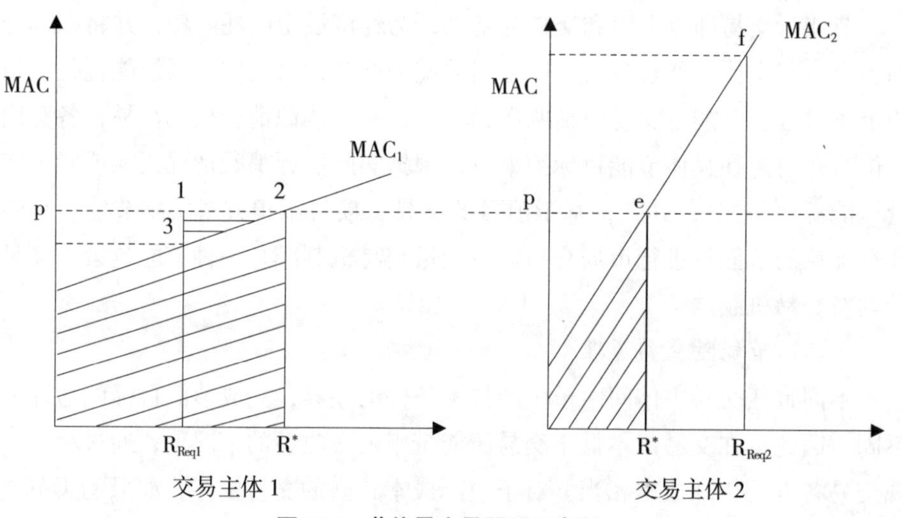


**图 7-1　节能量交易原理示意图**

对于交易主体 1 来说，完成节能任务 $R^*$ 实际支出的节能成本是节能边际成本曲线下方的梯形面积，而通过节能量交易市场，交易主体 1 多节能的部分为 ($R^*$–$R_{Req1}$)，通过节能量市场以价格 $P$ 出售，可获得额外收益相当于 Δ123，即交易主体 1 多节能通过节能量交易市场的获利部分。通过节能交易机制，全社会节能成本节约相当于 $\Delta def$ 与 Δ123 面积之差。

在节能量交易机制下，由于边际成本较低的交易主体可以通过节能量的交易获取利益，这能够大大激发企业的节能动力，不断开发新技术，降低节能成本；而节能成本较高的交易主体可以从节能交易市场购买节能量配额，降低了自身的节能成本，从而促进全社会的节能事业，使之以最低的成本不断发展。

(三) 节能量交易机制的分类

设计市场机制的基础是节能量（或能源消耗量）的指标分配机制，以及为进一步的交易（通常称为二级市场）所奠定的基础和监管准备。指标分配机制可归纳为两种方法：

许可证制度。要求用能单位对所使用或销售的每单位能源都要获得许可证。许可证制度规定了能源消费企业可以购买或供能企业可以销售的能源量限额。“总量控制与交易制度”是一种实施许可证制度的方法，国际上一般用于减排，而不是针对能源消费总量控制或节能量交易。

能效证书制度。规定用能单位必须通过降低能源消耗，控制能源消费不超过一定的指标；或规定供能企业通过购买其他企业实施能效项目所获得的证书来进行能源的销售。政府机构对本地区设置能源消费或能源销售限额，为配额对象规定义务额度。若其超出了额度规定的指标，则必须购买与超出部分等量的能效证书，每份证书代表一定的通过节能技改实现的节能量。企业可以通过实施节能技改来取得这些证书。

本质上，许可证制度和能效证书制度的区别在于，许可证制度利用价格手段来实现能效，而能效证书制度直接调动能效投资的积极性。实际上，完全可以根据各地的实际情况和需要，设计出不同于这两种制度的其他形式的市场制度。

## 二、节能量交易机制的运行机制

(一) 参与主体与责任主体

节能量交易机制主要有四类参与者。政府与监管机构、责任主体与非责任主体、市场经营者以及终端用户。政府设立并授权监管机构，两者共同组成节能量交易机制的管理者，主要职责是设定总节能目标，确定承担节能目标的责任主体和自愿参与的非责任主体，制定节能目标的分配方法以及市场交易规则。监管机构还要负责节能量交易机制的日常管理，包括项目评估及审批、节能量的测量、核查与认证、颁发节能量以及对未完成目标的责任主体的处罚等。责任主体与非责任主体通过对终端用户实施节能项目获得节能量。责任主体承担一定数量的节能目标，到期未能完成目标要受到相应惩罚；而非责任主体不需要承担节能任务，并且可以通过节能量交易获取经济利益。管理者指定市场经营者，负责登记和监管市场交易，并向监管机构汇报结果。

从理论上说，选择节能责任主体的定义具有一般性，即不必局限于能源供应链上的特定位置（如生产、传输、分配、零售及消费）。而通过对不同环节行为主体的比较可以看出：第一，能源的生产商对终端能效知识匮乏，并且也不属于其管理范围，因此难以承担责任；第二，输电商和配电商保持着天然的垄断性，因而（理论上）几乎没有最小化成本的积极性，并与终端的消费者没有什么联系，因此也不适合承担责任；第三，电力的零售商可以在竞争市场上运作，并且可以直接与能源消费者联系，有利于推动提高能效计划的实施，但这也取决于零售市场所处的自由化阶段；第四，大的消费者可以直接承担责任，小的消费者，特别是家庭，可能没有能力去履行责任，且监管工作异常繁重，由能源零售商代表其承担责任更加现实。[145]

在主体目标群被选定之后，还要划分责任主体和非责任主体，即确定责任主体的门槛和变化。总的节能目标在责任主体之间的分配有多种原则，如根据责任主体消耗能源的历史情况、所服务的顾客数量、销售量所占的市场份额等等；而每个责任主体具体的节能目标一般可以设定为其销售额的百分比或者节能量的绝对值。相比之下，前者伴随着市场份额的变化而演变，更公平且易被接受。

责任主体完成节能目标的方式主要有：一是自己实施节能项目；二是与其他责任主体或非责任主体共同实施节能项目，并从中获取相应的节能量；三是从节能市场购买节能量证书。节能量证书代表了实施节能项目所获得的、经过测量和认证的一定数量的节能量。不仅可以由于完成规定的节能任务，而且作为一种可交易的商品，这样可以获得额外的经济效益，以弥补和平衡履行节能义务的成本。

（二）明确政策目的、确定节能目标

可交易节能量交易机制可以分为两部分：一是节能义务；二是节能量市场交易体系。前者是指由政府或监管机构确定节能目标，并将其分配给责任主体。后者包括节能量核算、颁发节能量证书、市场交易、成本回收和惩罚机制等一系列环节。

在节能量交易制度的运作过程中，政策目的及节能目标的选择与确立是第一个需要解决的重要问题。因为不同的政策目的会对交易制度的建立及其实施的细节产生许多重要影响。节能义务和交易机制可以实现很多政策目的，如减少温室气体排放、改善环境质量；减少能源消耗总量、提高能源供应安全；缓解能源贫困、改善消费者福利；鼓励高能效技术采用、增加企业竞争力；减少地方污染、创造就业机会。政策目的直接影响到节能目标的性质和单位。而节能目标可以根据以下三个标准分类：第一，一次能源和二次能源（主要是电力），两种能源之间通过转化因子转换；第二，周期的和单期的；前者是为履行期内各阶段设定分目标，后者是履行期结束时才考核的单一目标；第三，累积的和全寿命期的；前者是履行期内实际实现节能量的积累，后者是项目整个寿命期内节能量折算后的合计。

选择什么样的节能目标，取决于给定的不同政策目的的相对优先性及其组合。如果政策目的是侧重于改善能源供应安全，则目标很有可能定义为一次能源节约量；如果政策目的是侧重于稳定可靠的电力供应，则目标可以设定为二次能源节约量；当目标侧重于实现的确定性，可以设置累计的周期性目标；当目标侧重于鼓励回收期长项目，则可以设置全寿命周期折算的单期目标。另外，还可以有额外的目标细节设计体现其他政策目的。

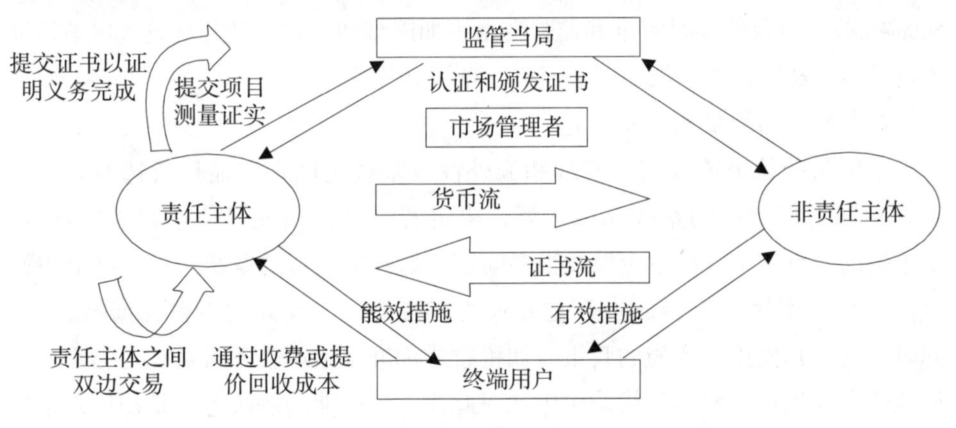


**图 7-2 节能量交易市场的运行过程**

（三）节能量交易市场规则

在政策目的和责任主体确定之后，节能量制度运作的有效性就主要取决于其市场交易过程中的各种规则。节能量交易市场的运行过程如图 7-2 所示：责任主体和非责任主体在对终端用户实施能效项目后，向监管当局提交所实施项目的节能情况，其节能量经测量证实之后，由监管当局颁发相应数量的节能量证书；其后，在市场管理者的监督之下，责任主体之间、责任主体和非责任主体之间可以进行节能量的交易，但责任主体需要在期末提交足够的证书以证明任务完成。换句话说，责任主体提供交易的节能量只能是其在完成规定任务后剩余的节能量，否则就会和未完成任务的责任主体一样受到处罚。当然，由于政府规定的处罚金额一般都要大大高于节能量交易所可能获得的市场价格，因此基本上不会发生责任主体在未完成规定任务的情况下参与市场交易的情况。

从上述关于市场交易过程的介绍中可以看出，其运行的各项规则主要包括：项目的评估和审批规则；节能量的测量和认证规则；证书的颁发、交易、储存和拆借规则；成本回收规则；未履约的惩罚规则等。

1. 项目的评估和审批规则

项目的评估和审批规则包括很多的细节，如所实施项目的类型、技术类型、投资边界、规模门槛、项目的实施地点和服务人群、能源载体的类型、取得证书的资格等。这些细节因不同国家的国情而有不同的规定。通常，资格更少的限制可以使边际成本多样化、提高交易收益、降低履约成本、降低证书价格的不确定性和波动的风险，但有可能使某些政策目的落空（如英国、意大利的50%限制），以及使项目审定和监督变得更加困难和昂贵。此外，设置申请认证项目的最小规模，可以鼓励项目汇集、降低交易成本。

2. 节能量的测量和认证规则

节能量的认证需要定义基线和额外性。基线是确定节能量所选的参照状态。不同类型项目的基线如何计算，决定着交易计划的可信性和成功与否，是争论的焦点。基线的设定涉及很多问题，如确定项目的系统边界、降低渗漏风险、建立实用且符合成本效益要求的方法论，以及如何对待无悔措施等。同时，一些其他正在实施的政策（如税收或标准）也都会不可避免地影响节能措施的实施数量、影响基线的设定。对此，一种可能的解决方法是使用效率最低要求或目前销售量的加权平均效率水平。额外性的标准与需求侧管理和以项目为基础的排污权交易相似，但是目前在确定时有很多方法上的困难。鲍默特（Baumert）有两种关于额外性的解释，其一是财政额外性指在节能量制度的财政支持之下（特定技术、财政补贴、克服非价格壁垒），项目才得以实施；其二是环境额外性，指在特定时期内，有多少能源的节约量可以归因于特定的项目。

节能量的计量方法有两种：一是仪表测量法，即通过测量改进措施前后的能源消耗总量，计算节能量；二是标准节能公式法，即用标准公式计算节能量。相比之下，前者可能更为准确。但在实践中，由于外在因素的变化，如住户数目、电器数目、生活方式、气候天气等，也难以确定准确真实的节能量。此外，该法对大型装置或项目可能较为合理，但对小型项目的监测则费用过高。后者则需要在考虑回弹效应后进行必要的调整，但所需变量多易测得，且简化了监控。目前多将上述两种方法结合使用，且更倾向于后者。

3. 证书的颁发、交易、储存和拆借规则

证书的颁发和交易是分开的。证书可以只是简单的用于证明义务的完成，交易不是颁发的前提。但建立市场和期权交易可以使该项政策的优越性发挥得更加淋漓尽致。颁发证书可以是事后的，用实现的节能量表示；也可以是事前的，用估计的节能量表示。事前颁发可以减轻对项目实施者的流动性限制，但会增加验证工作和核查成本。证书可以颁发给责任主体，也可以颁发给非责任主体。监管机构可以授权第三方评估项目、核实节能和颁发证书，并审计它们的行为。这可以降低整体成本，但会带来自律性风险。由于证书是唯一的、可追踪的，因此就必须有唯一的编号。此外，产权必须明确、受法律保护，否则交易就不可能发生。设置申请认证项目的最小规模，可以鼓励项目汇集，降低交易成本。单个证书所代表节能量的大小对于交易参与者的数量有重要影响，过大会歧视小型项目。交易可以发生在责任主体之间，也可以发生在责任主体与非责任主体之间。应允许尽可能多的参与者进行交易，这可以增强边际消减成本的多样性，降低市场垄断势力的风险。

因此，经纪人、中介机构、非政府组织均可以参与其中，以增加证书的流动性，提高交易的成功率，但也可能会带来额外的交易成本。最后，新进入者还有激励创新的作用。证书跨时间使用的灵活性体现在储存和拆借规则上。这并不改变证书的内在价值。储存是允许将当期剩余的证书用于未来各期完成任务或出售。排污交易的经验表明，额外的、暂时的灵活性可以增加成本节约的范围。拆借是允许参与者借用以后各期的配额或证书，并支付利息。不过，现存的和已经提交的节能量制度为避免出现长期不履行的情况目前都不允许拆借。但有研究表明，通过制度规定，拆借也是可行的。例如，要求未来期间承担更加严厉的节能目标来惩罚不能完成任务的情况，其有效的合计数也就是一定形式上的拆借。从实施情况看，目前意大利的证书交易最为规范。参与者既可以参加市场交易，也可以进行场外的双边交易。市场交易由电力市场经营者根据监管机构批准的规则和标准来管理。在一年中市场交易通常至少每月一次，而在每次履行检查前的四个月里，再增加到至少每周一次。但有数据显示，目前场外交易更加强劲，并且有不少节能义务的承担者更倾向于购买证书而不是发展自己的节能项目。法国目前尚没有正规的证书现货交易场所，但参与者可以进行双边交易。为了促成交易，监管当局会定期公布潜在证书供应者的名单和证书的平均交易价格。英国的证书交易情况比较特殊。

4. 成本回收规则

成本回收是为了补偿项目实施者的投资，通过收费回收成本。但设计规则时要考虑市场开放程度、能源批发市场价格联动，以及回弹效应等。

5. 未履约惩罚规则

对未履约的罚款可以是固定的，也可以随证书的市场价格变化。前者可以作为证书价格上限，或者解释为达到目标的成本上限。低的罚款会减轻计划的价格风险，但与此同时也会产生一个并行的风险，即节能目标无法完成。[146–148]

## 第五节　循环经济机制

从本质上讲，循环经济是按照自然生态系统物质循环和能量流动规律重构经济系统，使经济系统和谐地纳入到自然生态系统的物质循环的过程中，建立起一种新形态的经济，是以资源的高效利用和循环利用为核心，以“减量化、再利用、资源化”（Reduce，Reuse，Recycle，3R）为原则，是对“大量生产、大量消费、大量废弃”的传统增长模式的根本变革。本节在简要介绍循环经济含义的基础上，重点介绍循环经济的实施形态和机制。

### 一、循环经济的含义

循环经济是1992年联合国环境与发展大会提出走可持续发展道路之后，在少数发达国家中出现的新的经济发展模式。循环经济本质上是一种生态经济，它要求用生态学规律来指导人类社会的经济活动，实施循环经济的目的是为了保护环境，实现社会、经济和环境的协调可持续发展。循环经济就是在可持续发展思想的指导下，按照清洁生产的方式，对能源及其废弃物实行综合利用的生产活动过程。它要求把经济活动组成一个“资源—产品—再生资源”的反馈式流程。

基于上述“循环经济”的主要概念，循环经济的内涵主要包括：第一，要着眼于生态效率，把经济效益、社会效益和环境效益统一起来，充分发挥物质的可循环利用性，这是循环经济发展的战略目标之一；循环经济的前提和本质是清洁生产，这一论点的理论基础是生态效率；第二，优化环境资源的合理配置。循环经济的根本目的就在于保护日益稀缺的环境资源，优化环境资源的合理配置；第三，要求产业发展的集群化和生态化。这样才有可能形成核心的资源与核心的产业，成为生态工业产业链中的主导链，以此为基础将其他类别的产业相连接，组成生态工业网络系统。

## 二、循环经济的主要特征

与传统经济系统的运行模式相比，循环经济的运行机理特征突出地体现在“循环”上。传统经济的主要特征是增长速度与资源消耗强度、增加与环境负荷增大在速率上成正比，形成典型的“三高一低”，即高开采、高消耗、高排放和低利用，其路径是“资源—产品与用品—废弃物”。和传统经济不同，循环经济模拟自然生态系统的运行方式和规律要求，实现特定资源的可持续利用和总体资源的永续利用，实现经济活动的生态化，形成典型的“三低一高”，即低开采、低消耗、低排放和高利用，其路径是“资源—产品与用品—再生资源”。

减量化。减量化原则针对的是输入端，旨在减少进入生产和消费过程中物质和能源的流量。换句话说，对废弃物的产生，是通过预防的方式而不是末端治理的方式来加以避免。在生产中，制造厂可以通过减少每个产品的原料使用量、通过重新设计制造工艺来节约资源和减少排放。在消费中，人们可以选择包装物较少的物品，购买耐用的、可循环使用的物品，而不是一次性物品，以减少垃圾的产生。

再利用。再利用原则属于过程性方法，目的是延长产品和服务的时间强度。也就是说，尽可能多次或多种方式地使用物品，避免物品过早地成为垃圾。

资源化。资源化原则是输出端方法，通过把废弃物再次变成资源以减少最终处理量，也就是我们通常所说的废物的回收利用和综合利用。资源化有两种，一是原级资源化，即将消费者遗弃的废弃物资源化后形成与原来相同类型的新产品，例如将废纸生产出再生纸，废钢铁生产钢铁等；二是次级资源化，即将废弃物变成与原来不同类型的新产品。

## 三、循环经济的实施方式

结合国际经验，循环经济主要体现在经济活动的三个重要层面上，分别通过运用3R原则实现三个层面的物质循环流动：在企业层面上（小循环），推行清洁生产，减少产品和服务中物料和能源的使用量，实现污染物排放的最小量化。企业要做到减少产品和服务的物料使用量、减少产品和服务的能源使用量、减少有毒物质的排放、加强物质的循环使用能力、最大限度可持续地利用可再生资源、提高产品的耐用性、提高产品与服务的强度；在区域层面上（中循环），通过企业间的物质、能量和信息集成，形成企业间的工业代谢和共生关系，建立工业生态园区；在社会层面上（大循环），通过废旧物资的再生利用，实现消费过程中和消费过程后物质和能量的循环。[149]

（一）企业层面

循环经济在企业层面的实践，即生态经济效益的理念和实践。循环经济在企业层面的实践属于小循环的范畴，又叫作杜邦化学公司模式，是以单个企业内部物质和能量的微观循环作为主体的企业内部循环经济产业体系。它是以清洁生产为导向的工业，用循环经济的思想设计生产体系和生产过程，促进本企业内部原料和能源的循环利用。即在企业内通过推行清洁生产工艺、废料回收生产技术和推行污染零排放的生产全过程控制，全面建立节能、节水、降耗的现代化新型工艺，以达到少排放甚至零排放的环境保护目标。

企业是资源消耗和产品形成的地方，实施循环经济必须从每个企业入手，贯彻低消耗、高利用和低排放的思想。在这方面美国杜邦公司是最典型的代表。美国杜邦化学公司于20世纪80年代末把工厂当作试验新的循环经济理念的实验室，创造性地把“3R”原则发展成为与化学工业实际相结合的“3R”制造法，以达到少排放甚至零排放的环境保护目标。

（二）区域层面

属于中循环范畴。根据生态系统循环、共生的原理，通过各个组团之间的交通网络衔接、环境保护协调、地区资源共享和功能互补等，使不同企业之间形成共享资源和互换副产品的产业共生组合，使上游生产过程中产生的废物成为下游生产过程的原料，实现综合利用，达到相互间资源的最优化配置，从而使经济发展和环境保护走向良性循环的轨道。

所谓生态产业链是指某一区域范围内的企业模仿自然生态系统中的生产者、消费者和分解者，以资源（原料、副产品、信息、资金、人才）为纽带形成的具有产业衔接关系的企业联盟。

建立工业生态园区是在区域层面上实施循环经济的典型模式，它是依据循环经济理念和工业生态学原理而设计建立的一种新型工业组织形态，也是通过模拟自然系统建立产业系统中"生产者—消费者—分解者"的循环途径，实现物质闭环循环和能量多级利用。通过分析园区的物流和能流，可以模拟自然生态系统建立产业生态系统的"食物链"和"食物网"，形成互利共生网络，实现物流的"闭路再循环"，达到物质、能量的最大利用。在这样的体系中，不存在着"废物"，因为一个企业的"废物"也同时是另一个企业的原料，因此，可望基本实现整个体系向系统外的零排放。这种生态链甚至可以扩大到包括工业、农业和畜牧业在内的不同产业领域。

生态工业园区是循环经济的重要形式，是在区域层面上通过废弃物交换建立的生态产业链，是在企业群体之间实施循环经济的典型代表。按照 3R 原则和工业生态学的原理，通过企业间的物质集成、能量集成和信息集成，形成企业间的工业代谢和共生关系，建立生态工业园区是在区域层面上实施循环经济的典型模式。生态工业园区是依据循环经济理念和工业生态学原理而设计建立的一种新型工业组织形态，也是通过模拟自然系统建立产业系统中"生产者—消费者—分解者"的循环途径，实现物质闭环循环和能量多级利用，使不同企业之间形成共享资源和互换副产品的产业共生组合，使上游生产过程中产生的废物成为下游生产过程的原料，实现综合利用，达到相互间资源的最优化配置，从而使经济发展和环境保护走向良性循环的轨道。

（三）社会层面

它是一种大循环。在这个层面上，通过废弃物的再生利用，实现消费过程中和消费过程后物质与能量的循环。大循环有两个方面的交互内容：政府的宏观政策引导和市民群众的微观生活行为。利用再生资源进行生产，不仅可以节约自然资源，遏制废弃物的泛滥，而且比利用矿物原料少耗能，少排放污染物。在社会层次上，当前主要是实施生活垃圾的无害化、减量化和资源化，即在消费过程和消费过程后实施物质和能源的循环。此外，还应包括城市绿化，第三产业循环经济的发展等。

## 四、循环经济的实施机制

（一）法律保障机制

1.《中华人民共和国循环经济促进法》

《中华人民共和国循环经济促进法》（以下简称《循环经济促进法》），为了促进循环经济发展，提高资源利用效率，保护和改善环境，实现可持续发展，制定本法，本法所称循环经济，是指在生产、流通和消费等过程中进行的减量化、再利用、资源化活动的总称，自 2009 年 1 月 1 日起施行。《循环经济促进法》的主要制度内容包括：

一是建立循环经济规划制度。循环经济规划是国家对循环经济发展目标、重点任务和保障措施等进行的安排和部署，是政府进行评价考核和实施鼓励、限制或禁止措施的重要依据。为此，《循环经济促进法》规定了编制循环经济发展规划的程序和内容，为政府及部门编制循环经济发展规划提供了依据。

二是建立抑制资源浪费和污染物排放的总量调控制度。我国一些地方的经济发展是建立在过度消耗资源和污染环境的基础上的，对这种不可持续的发展方式必须有实在而有效的总量控制措施。《循环经济促进法》明确要求各级政府必须依据上级政府制定的本区域污染物排放总量控制指标和建设用地、用水总量控制指标，规划和调整本行政区域的经济和产业结构。依据《循环经济促进法》，发展经济决不能突破本地的环境容量和资源承载力，应把本地的资源和环境承载能力作为规划经济和社会发展规模的重要依据。

三是建立以生产者为主的责任延伸制度。在传统的法律领域，产品的生产者只对产品本身的质量承担责任，而现代社会发展要求生产者还应依法承担产品废弃后的回收、利用、处置等责任。也就是说，生产者的责任已经从单纯的生产阶段、产品使用阶段逐步延伸到产品废弃后的回收、利用和处置阶段。为此，《循环经济促进法》根据产业的特点，对生产者在产品废弃后应当承担的回收、利用、处置等责任做出了明确规定。

四是强化对高耗能、高耗水企业的监督管理。为保证节能减排任务的落实，对重点行业的高耗能、高耗水企业进行监督管理十分必要。《循环经济促进法》规定，国家对钢铁、有色金属、煤炭、电力、石油加工、化工、建材、建筑、造纸、印染等行业年综合能源消费量、用水量超过国家规定总量的重点企业，实行能耗、水耗的重点监督管理制度。

五是强化产业政策的规范和引导。产业政策不仅是促进产业结构调整的有效手段，更是政府规范和引导产业发展的重要依据。为此，《循环经济促进法》规定，国务院循环经济发展综合管理部门会同国务院环境保护等有关主管部门，定期发布鼓励、限制和淘汰的技术、工艺、设备、材料和产品名录。

六是明确关于减量化的具体要求。对于生产过程，《循环经济促进法》规定了产品的生态设计制度，对工业企业的节水节油提出了基本要求，对矿业开采、建筑建材、农业生产等领域发展循环经济提出了具体要求。对于流通和消费过程，《循环经济促进法》对服务业提出了节能、节水、节材的要求；国家在保障产品安全和卫生的前提下，限制一次性消费品的生产和消费等。此外，还对政府机构提出了厉行节约、反对浪费的要求。

七是关于再利用和资源化的具体要求。对于生产过程，《循环经济促进法》规定了发展区域循环经济、工业固体废物综合利用、工业用水循环利用、工业余热余压等综合利用、建筑废物综合利用、农业综合利用以及对产业废物交换的要求。对于流通和消费过程，《循环经济促进法》规定了建立健全再生资源回收体系、对废电器电子产品进行回收利用、报废机动车船回收拆解、机电产品再制造，以及生活垃圾、污泥的资源化等具体要求。

八是建立激励机制。主要包括：建立循环经济发展专项资金；对循环经济重大科技攻关项目实行财政支持；对促进循环经济发展的产业活动给予税收优惠；对有关循环经济项目实行投资倾斜；实行有利于循环经济发展的价格政策、收费制度和有利于循环经济发展的政府采购政策。

九是建立法律责任追究制度。《循环经济促进法》专设法律责任一章，对有关主体不履行法定义务的行为规定了相应的处罚细则，以保障该法的有效实施。[149]

2. 其他法律保障机制

把发展循环经济与其他现有的相关法律法规的实施结合起来，如《节约能源法》《清洁生产促进法》《环境影响评价法》和国务院《关于进一步开展资源综合利用意见》等。确立循环经济在社会经济发展战略中的地位和作用；明确政府、企业、公众在发展循环经济中各自的权利和义务；给予比较具体的优惠政策和推动措施。我国现行的《环境保护法》《大气污染防治法》《固体废物污染环境防治法》《水污染防治法》《矿产资源法》等单行法律、法规。

（二）政策保障机制

建立从源头节约、循环利用、安全处置全过程的奖励机制，通过财政贴息、减免税收、金融信贷、优先安排项目、土地低价转让等多种方式，鼓励和支持循环经济发展。一是在资源开采环节制定合理的资源税政策，通过理顺资源产权关系，提高资源税率，建立能够反映资源市场价格和稀缺程度的资源价格形成机制，使资源配置更多地向循环型企业倾斜。二是建立生产环节的财政贴息、税收调节、资金扶持等政策，对企业采用降低原材料和能源消耗的新设备以及热量回收装置，允许在增值税前加速折旧和抵扣进项税额；对企业利用废弃物生产的产品免征增值税等。三是在废弃物的回收、循环利用和废弃物安全处置环节，建立相应的押金、税收、收费、补贴等激励政策，通过逐步提高主要污染物（$SO_2$、化学需氧量、氨氮化合物、固体废弃物等）的排污费标准，建立环境资源有偿使用制度。四是充分利用好循环经济发展基金，重点扶持资源精深加工和综合利用、产业链延伸、废弃物资源化利用、企业间循环共生等关键环节。

正确处理好市场、社会、政府之间的关系。科学界定和处理好市场、社会、政府在循环经济发展中的关系，市场层面要在遵循法律法规约束和规制下，充分发挥市场的自动调节机制，吸引企业在清洁生产、节能减排、循环经济、自主创新等领域自发投资，实现资源的高效配置和最佳收益；社会层面主要通过加强环境信息公开，营造发展循环经济的社会氛围，使发展循环经济成为全社会的共同行为；政府层面主要通过政策支持和制度约束，弥补市场缺陷和社会失灵，如出台支持循环经济的鼓励政策，开展循环经济试点和示范工程等，引导和推动循环经济发展。

（三）社会监督机制

建立完善的监督机制，是促进循环经济快速、健康、持续发展的重要制度保障。一是贯彻落实好促进循环经济发展的各项法律规章，严格行政执法，重点围绕“减量化、资源化、再利用”，加强对矿产资源的合理开发、提高综合利用水平、企业依法有偿排污、环境保护和污染综合治理、政府部门依法履行职责等关键环节的执法检查，确保发展循环经济有法可依、有章可循。二是健全和完善发展循环经济的规划、评价和考核制度，生产者责任延伸制度，重点企业监管制度，标准标识管理制度，表彰奖励和惩处制度以及社会监督机制，建立涵盖“生产—消费—废弃物处置”全过程完善而有效的循环经济监督机制，将循环经济的每个环节都落到实处。

（四）技术支撑机制

循环经济带的支撑技术体系主要由以下五类组成：

替代技术：通过开发和适用新资源、新材料、新产品、新工艺，替代原来所用资源、材料、产品和工艺，以提高资源利用效率，减轻生产和消费过程对资源环境的压力。减量技术：用减少的物质和能源消耗来达到既定的生产目的，在源头上节约资源和减少污染的技术。再利用技术：延长原材料或产品的使用周期，通过多次反复使用，来减少查资源消耗的技术。资源化技术：将生产或消费过程产生的废弃物再次变成有用的资源或产品的技术。系统化技术：从系统工程的角度考虑，通过构建合理的产品组合、产业组合、技术组合，实现物质、能量、资金、技术的优化使用技术，如：多联产和产业共生技术。其中，多联产通过多种产品的联合生产提高了资源使用效率，对生产过程中消耗的原材料和能源进行科学的分配来生产不同产品，或对资源进行深加工，对副产品进行充分开发利用，都可以实现多产品联产。产业共生将不同的产业、行业耦合在一起共同生产来提高资源利用效率。某一行业生产过程的产品或废弃物，可能正好是另一行业生产过程所需的原料。在空间上将具有耦合效应的产业配置在一起，可以大幅提高生产效率，减少废弃物的生产以及不必要的资源消耗。[150–152]

## 第六节　能源环境贸易壁垒

贸易壁垒又称贸易障碍，对国与国间商品劳务交换所设置的人为限制，主要是指一国对外国商品劳务进口所实行的各种限制措施，一般分为关税壁垒和非关税壁垒。就广义而言，凡使正常贸易受到阻碍，市场竞争机制作用受到干扰的各种人为措施，均属贸易壁垒的范畴。与能源环境密切相关的贸易壁垒主要有绿色壁垒、能效标识壁垒以及碳标识壁垒。

### 一、绿色壁垒

#### （一）绿色壁垒概述

绿色贸易壁垒是指在国际贸易活动中，进口国以保护自然资源、生态环境和人类健康为由而制定的一系列限制进口的措施。中国的国际贸易问题专家对此的定义是：“绿色壁垒是指那些为了保护环境而直接或间接采取的限制甚至禁止贸易的措施。

就绿色贸易壁垒的实质目前国内研究绿色贸易的学者有两种观点：一种观点认为绿色壁垒是指进口国政府以保护生态环境为由，以限制进口保护贸易为目的，通过颁布复杂多样的环境法规、条例，建立严格的环保技术标准和产品包装要求，建立烦琐的检验、认证和审批程序，实施环境标志制度，以及课征环境进口税等方式对进口产品设置的贸易障碍。另外一种观点则认为绿色壁垒是工业化国家通过制定高于发展中国家的环境质量标准和准入条件作为限制进口的手段，从而使传统的贸易壁垒逐步演变为环境壁垒。

分析这两种定义不难发现，学者们都认为绿色壁垒是以保护环境为借口，实质是推行贸易保护以限制进口并且都采取提高环境标准和其他市场准入环境要求这一手段达到目的的。但前者认为进口国的目的不是为了针对特定国家，而是为了贸易保护这一单纯目的，而后者则认为进口国的目的是为了针对发展中国家从而“制定高于发展中国家的环境标准和准入条件”，以实现贸易保护。另外，前者认为实行绿色壁垒的主体不光是发达国家或工业化国家，只要是以保护环境为借口推行贸易保护、限制进口的国家都可以作为实行绿色壁垒的主体，而后者则把绿色壁垒的主体限定为发达国家或工业化国家。

前者认为构成绿色壁垒的环境标准和准入条件是“严格”和“复杂”的，属于绝对“过高”，而后者认为只要工业化国家环境标准和准入条件“高于发展中国家”就属于“过高”，就应成为绿色壁垒的一个构成要件。而绿色壁垒是指那些以保护环境、保护人类健康、保护动植物为由而直接或间接限制或禁止国外产品进入本国市场的措施，是对 WTO 自由贸易体制的扭曲，是一种新型的非关税壁垒形式。

因此，绿色壁垒的实质，不在于“绿色”本身，而是一种基于技术和经济发展水平不同条件下的贸易双方在绿色标准和制定绿色标准能力上的差异；这种差异一方面在客观上促进非绿色产品被绿色产品所代替，促进产品质量的整体提高；另一方面，当这种差异过大，对对方利益造成损害时，则会抑制贸易的发展，其表现形式为贸易歧视。

（二）绿色壁垒的作用机理

绿色壁垒是进口国针对进口产品的某些特征，通过使用环境标准、环境法规来限制进口产品的输入。环境标准和环境法规只是绿色壁垒的外在表现形式，绿色壁垒的作用对象是进口产品，它是针对进口产品制定的。其目的就是保护本国的市场，限制外国产品的输入。绿色壁垒的本质特征在于它的壁垒作用，即进口产品的某些特征与壁垒要求的冲突，壁垒产生了对产品进口的阻碍。如果进口产品能够满足环境标准、环境法规的规定，则这种标准、法规就不能起到阻碍进口的作用，当然这样的标准、法规也不是真正意义上的绿色壁垒。从根本上讲，贸易壁垒对本国市场的保护主要是形成了对进口产品价格和进口产品数量的控制机制。

1. 价格控制机制

绿色壁垒的价格控制机制是通过绿色关税实现的，绿色关税只是一种特殊形式的关税。从关税壁垒来看，对进口产品征收关税后，进口产品的销售成本就会升高；在销售利润率不变的情况下，将提高产品的销售价格，削弱进口产品的市场竞争力；在市场完全竞争的情况下，利润必然下降甚至亏损。因此绿色关税的作用机理表现为：征收关税提高销售成本，降低利润阻碍产品进口，即关税的施加不影响出口商的成本、售价，但提高进口国的购入成本，所以，绿色关税通过价格控制来阻碍产品进口。

2. 数量控制机制

配额是一种比较典型的数量限制型非关税壁垒，进口国通过改变配额指标来调整产品的进口数量，配额指标一旦确定，则进口数量确定。即配额指标和进口数量之间存在对应关系，配额是一种完全的数量控制机制。从绿色壁垒的实施过程分析，在运用绿色壁垒时，首先是制定法规或标准，其次是依据法规或标准对进口产品进行检查，产品符合规定，则允许进口，否则禁止进口。如果法规或标准的规定使得进口产品不符合要求，被禁止进口，其壁垒作用是显然的。此时可将绿色壁垒看成配额的特例，即零配额。如果依据法规或标准检查进口产品，产品符合规定则其壁垒作用失败。因此从静态的角度看，在绿色壁垒设立之初，其相当于零配额，表现为数量控制机制。绿色壁垒一旦形成并且实施，壁垒对进口产品就产生了明显的数量控制机制和价格控制机制的双重作用。即它既具有配额的数量控制作用，又形成了一种特殊的价格调节作用，其作用类似于关税但有其特殊性，是一种复合机制。

绿色壁垒的数量和价格的双重复合调控机制不是孤立的，而是共同对进口产品发生作用，同时在进口产品进入的不同时期，这种机制的主要表现形态是可变的。呈现出数量控制—价格控制—数量控制这一双重控制机制及其主要职能交替循环变化的过程。当绿色壁垒一旦形成或发生变动后，就会通过自身所具有的双重控制机制发生作用，从而对进口产品产生影响，进而影响出口国的产业结构和经济结构[153]。

（三）绿色壁垒的特征

1. 名义上的合理性

发达国家为主的绿色壁垒正是抓住了人们保护世界资源、生态环境和人类健康这一共同心理，制定了一系列保护资源、环境和人类健康的法律、法规，以限制那些不利于环境保护的国外商品的进入，如环境标志制度，要求政府及权威机构制定相关的环境标准，以对产品的环境影响做出恰当的评估、确认，并以特定的、简明的标志图案昭告消费者，使其一目了然。正因为如此，绿色壁垒在名义上和提法上有了合理性。

2. 形式的合法性

世界各国政府，尤其是发达国家正在大力推进环保立法工作，此外，部分国家在完善国内环保法律体系的同时，试图通过世界贸易组织在新的国际多边贸易谈判中签署更多的有关贸易与环境的专门性的法律文件，其中最为突出的是力争将环境在 WTO 相关贸易协议中合法化。虽然 GATT、WTO 以及相关贸易协议中的环境条款本身并非绿色壁垒，但其中一些条款相对模糊的界定的确使某些发达国家为实施绿色壁垒找到了法律上的借口，当发生贸易纠纷时，进口国也容易从 GATT 或 WTO 有关自由贸易原则中寻找法律上的支持。这就给绿色壁垒披上了合法外衣。

从产品的角度看，既包括初级产品，又涉及所有中间产品和工业制成品，从产品生产看，涵盖了研发、生产、加工、包装、运输、销售和消费整个生命周期；国别环保法规、标准，主要表现在发达国家先后分别在噪音、电磁波、废弃物等污染防治、化学品和农药管理、自然资源和动植物保护方面制定了多项法规、许多产品的环境标准。

3. 隐蔽性

与传统的非关税壁垒措施，如进口数量、许可证制度等相比，绿色壁垒常借环境保护之名，隐蔽于环境规则、国际公约的执行过程中。

首先，它不像配额和许可证管理措施那样，明显地回避了分配上的不合理性和歧视性，不容易引起贸易摩擦；其次，以发达国家为主设置的高于世界平均水平的环保标准，由于建立在现代科学技术基础之上，不仅检验标准极为严格、检验手续烦琐复杂，而且各种环境标准还经常处于变动之中。这使科技水平相对落后的出口国，特别是发展中国家难以应付和适应。这就为在科技方面占优势的发达国家打着环保旗号行贸易保护之实开辟了道路。

4. 形式复杂且技术性强

发达国家利用科学技术的优势，通过制定大量的系统而且严密的环境标准和法律法规，以满足其产品生产、加工、贸易活动有序进行的多种要求，而且对产品的生产、使用、消费和处理过程的鉴定等，都包括较多的科学技术成分。

5. 具有歧视性和不公正待遇

各国政策和标准的制定主要依据国内资源技术条件和国内生产者以及消费者的需求，有些条件是专门针对出口国家或商品制定的，甚至制定一些明显或隐蔽的双重环境标准，执行这些措施和标准时，隐含着歧视性和非公平待遇，往往是有利于本国生产者而不利于外国出口商。

6. 影响范围广且具有争议性

一项绿色壁垒措施的实施，其波及度比一般的关税壁垒和非关税壁垒要更加广泛和深远。许多措施会导致严格的限制甚至直接的禁止进口，且易产生连锁反应，从一国扩散到多个国家。以保护环境为目的的绿色壁垒措施大多由发达国家制定，它们以其先进的技术、雄厚的资金提出高于发展中国家的环保标准，看似做到了对国内外同种产品都实施同一环保标准，贸易政策的国内外一致，“公平、公正”。然而，在现阶段以发达国家的环保标准去要求发展中国家，显然是不合理的，尤其是，有的发达国家对进口产品甚至提出远高于国内标准的环保标准。从某种意义上讲，绿色壁垒是对落后国家的技术歧视。在国际贸易中因绿色壁垒引起的贸易争端，大都是因为设置这类壁垒的进口国尤其是发达国家实行歧视性贸易政策而引起的。

绿色壁垒的做法容易受到模仿而迅速扩散，产生连锁反应，涉及的范围也逐渐由传统产业向高新技术产业扩展，影响范畴大。但由于标准不统一且很难协调，往往容易产生分歧以及贸易摩擦。[154]

（四）绿色壁垒的主要形式

1. 绿色关税和市场准入

绿色关税是发达国家保护环境、限制进口最早采用的手段，它指一些国家以保护环境和维护人类健康为由，对某些影响生态环境的他国进口产品征进口附加税，即除征收一般正常关税外加征额外的环境附加税，或者限制、禁止其进口，甚至实行贸易制裁。市场准入实质是进口国以污染环境，危害人类健康以及违反有关国际环境公约或国内环境法律、规章而采用的限制外国产品进口的措施。它是绿色壁垒的初期表现形式。它包括：①对产品所征的税，主要针对对环境有潜在不利影响的产品，如卷烟、一定种类的能源、化学品等征收的税。②对使用环境资源所征的税，如对污水、废气排放所征的税。③对生产过程投入的物质所征的税，在实践中分为两种情况：一是所投入的物质体现在最终产品特性中，如因为香水含有酒精而对其征税；另一种是所投入的物质在生产中被消耗，没有体现在最终产品的物理性能中，如对生产钢材使用的能源进行征税。

2. 绿色技术标准

发达国家的科技水平较高，他们在环境保护的名义下，通过立法手段，制定严格的（一般是发展中国家难以达到的）环保技术标准，将发展中国家的产品排斥在本国市场之外。

3. 绿色环保标志

它是一种贴在产品或其包装上的图形，表明该产品不但质量符合标准，而且在生产、使用、消费、处理过程中符合环保要求，对生态环境和人类健康均无损害。发达国家的环保标志的特点是技术标准高，一般发展中国家的产品很难满足。所以如果发达国家要求某些产品在进入其市场前必须获得其环保标志，这势必对我国的出口市场形成一道“绿色屏障”。

4. 绿色包装制度

绿色包装制度是指规范商品包装及包装材料要符合节约能源、用后易于回收再利用、易于自然分解、不污染环境、保护环境资源和消费者健康要求的法律、规章。许多发达国家都制定了绿色包装的法律、法规，加强对包装废弃物的回收利用。一些国家为推行绿色包装，还利用税收优惠或处罚等经济手段鼓励回收使用再生包装材料。这些“绿色包装”法规在环境保护方面的确发挥了不可忽视的重要作用，但同时出口商的成本也因此而大大增加，并为一些国家制造“环境壁垒”提供了借口。

5. 绿色卫生检疫制度

绿色卫生检疫制度是国家有关部门对产品是否含有毒素、污染物及添加剂等进行全面的卫生检查，防止超标产品进入国内市场。绿色卫生检疫制度包括动植物检疫法，进口商品检疫法等法律法规要求及程序。由于各国环境与技术标准的指标水平和检测方法不同，以及对检验指标设计的任意性，而使环境和技术标准可能成为绿色贸易壁垒。在实际操作中，发达国家往往将它用做控制外国特别是发展中国家产品入境的重要工具。

6. 绿色加工和生产方法标准

标准问题是指由于同类产品加工和生产工艺方法不同对生态环境的影响不同，应限制或禁止不利于环境的产品的贸易。[155-158]

## 二、能效标识壁垒

### （一）能源效率标识壁垒概述

按照国际通行的概念，能源效率标识的概念是指附在用能产品上的信息标签，主要用来表示产品的能源性能（通常以能耗量、能源效率或能源成本的形式给出），以便在消费者购买产品时，向消费者提供必要的信息。能效标识可以强制实施，也可自愿实施，从已实施这项制度的国家和地区来看，绝大多数由政府节能主管部门组织强制实施。

能效标识的目的是为消费者的购买行为提供能效方面的信息，使消费者十分容易得到并清楚获知产品在能耗和用能费用等方面的情况，从而影响消费者的购买决定，同时鼓励制造商或供货商提供能效更好的产品，以促进和拉动产品能效提高和节能技术的进步。能效标识的主要作用有：

第一，鼓励消费者购买高效的产品。在消费者购买产品时，能效标识要让用户清楚知道产品的能耗特征，提醒并告知消费者注意能源效率、能源成本以及环境影响等特性，使得消费者在购买产品时可以比较不同品牌的同类型用能产品的能效和费用情况，能够做出正确的选择，并从总体上选择能效更好的产品。

第二，促进市场竞争，鼓励高效用能产品的开发、推广和销售。通过增加在用能产品外观中的能效水平及能源消费信息的介绍，能效标识能够提供消费者一些有关用能产品能效更高、用能成本更低的具体资料，并据此影响市场需求和供给，刺激制造商及时调整用能产品的开发、生产和推广，减少低效产品的生产，并在技术可行和经济可行的情况下，引进、开发新的、更有效的技术和产品，提供高效优质产品，推动社会节能进步。

第三，确立节能目标，取得良好的环保效益。能效标识确立产品的节能目标，引导和标识消费者购买及满足其服务性能又优质高效的节能产品，使消费者减少了能源消费的使用成本，在获得一定经济利益的基础上，还节约了能源开发的基建投资成本，减少了污染物排放，改善环境，取得良好的环境效益。

第四，促进其他节能政策的作用。用能产品的能效标识能够帮助政府达到能源和环境目标，而且能效标识也为其他政策实施提供了一个信息基础，与其他一些节能手段共同促进能效和环境目标的实现。[159]

### （二）能效标识类型

能效标识分为三种，即保证标识、比较标识、信息标识。其中，比较标识通常是被强制实施的，这样，达不到进口国耗能要求的产品及其标识将成为贸易的障碍。

#### 1. 保证标识

也称为认证标识和认可标识，主要是对数量一定且符合要求的产品提供一种统一的，且完全相同的标签，标签上没有具体的信息。保证标识只表示产品已达到或超过某一能效水平，它主要用来帮助消费者区分相似的产品，使能效高的产品更容易被认同。保证标识一般采用自愿原则，仅仅应用于某些类型的能源产品。另一类保证标识是“生态标识”，主要表明一个产品或工艺有着极好的环境特性或具有很小的环境影响。部分生态标识包含了能效因素，并将作为评定体系的一个组成部分。

2. 比较标识

比较标识通过不连续的性能等级体系或连续性的标尺，为消费者提供有关产品能耗、运行成本、能效信息或其他重要特性等方面的信息，这些信息容易被消费者理解。消费者做出购买决定时，可将能效与价格、可靠性、便捷性和其他一些特性统一考虑，并与相似产品的能源性能进行比较。根据表示的方法不同，比较标识可进一步分为能效等级标识和连续性比较标识。

能效等级标识——这种标识使用分级体系，为产品建立明确的能效等级，使消费者只需查看标识，就能很容易知道这种型号产品与市场上同类型的相对能效水平，并了解它们之间的差别。这种标识优势还包含该型号产品的运行特性、价格、能效等具体信息。连续性比较标识——这种使用带有连续标度的标识来标识该型号产品在所有同类产品中的相对位置，消费者可从中得到对比信息，进而做出购买选择。

比较标识的特点是除了显示出产品的具体能耗指标或运行成本外，还给出了该类型产品所具有的能效水平，以便于消费者了解和确认产品的优良程度。比较标识通常是强制实施的，但也有部分国家采取自愿性的比较标识。

3. 单一信息标识

只提供产品的技术性能数据，如产品的年度能耗量、运行成本或其他重要的具体数值，而没有反映出该类型产品所具有的能效水平，远不能提供进行不同型号产品之间能耗性能对比的方法。这类标识只包含纯技术信息，不便于消费者进行比较和选择。

（三）能效标识的管理制度

目前，世界各国实施的能源效率管理制度主要包括：能源效率标识、能源效率标准和节能认证制度。其中能源效率标识和能源效率标准通常都是强制性的，由政府节能主管部门组织实施，例如澳大利亚的 ENERGY RATING、加拿大的 ENERGY GUIDE 等。而节能认证则为自愿性的，如美国的 ENERGY STAR。

1. 能源效率标识

能源效率标识是粘贴在用能产品上的一种信息标识，用于表示产品的能源性能，特别是产品达到节能标准程度的高低。家用电器使用的能源效率标识，一般属于比较性标识，就是将该类产品的能源效率与同类产品进行比较，区分其能耗的高低。能效标识为消费者的购买决策提供必要的信息，消费者在购买贴有此种标识的产品时能得到直观的能耗信息和估算日常消费费用，以判断同类型产品中哪些型号能效更高、使用成本更低，从而引导和帮助消费者选择能效更高、使用成本更低的产品。另外，能效标识也能够影响制造商采用新技术降低能耗，促进其提高产品能源利用效率；为销售商市场营销策略提供一个新的支点，以获取更大的市场份额。

2. 能源效率标准

能源效率标准（以下简称能效标准）主要是在不降低产品的其他特性如性能、质量、安全和整体价格的前提下，对用能产品的能源性能做出具体的要求，以最大限度地提高用能产品的能源使用效率。能效标准属于节能标准化的范畴。能效标准与标识是世界各国积极采用的节能手段之一，通过能效标准与标识的实施，能够提高用能产品的能源效率、促进节能技术进步，进而减少有害物的排放，保护环境。

3. 节能认证制度

节能认证制度则是通过合格评定程序对用能产品能源性能对能效标准的符合性进行评定。达到某一等级能效标准的用能产品，可以贴附相应等级的能效标识。由于能效标识是用能产品能源性能的外在体现，因此能效管理制度也常被称作能效标识制度。能效标识不仅是用能产品进入国内市场的通行证，而且经过国际互认安排，也是进入国际市场的必由之路。[160]

## 三、碳标签

碳标签（Carbon La-belling）是为了缓解气候变化，减少温室气体排放，推广低碳排放技术，把商品在生产过程中所排放的温室气体排放量在产品标签上用量化的指数标示出来，以标签的形式告知消费者产品的碳信息。

### （一）碳标签的提出

碳标签是利用在商品上加注碳足迹标签的方式引导购买者和消费者选择更低碳排放的商品，从而达到减少温室气体的排放、缓解气候变化的目的。“碳标签”的使用最初起源于英国，自 2007 年起，英国政府成立专门碳基金，鼓励向英国企业推广使用碳标签。

国际贸易中碳标签的实施能否达到既定目标取决于两个基本因素：一是生产者和消费者要具有理性，他们必须有保护气候和环境的倾向，并愿意支付因碳标签的实施导致的加价；二是核定国际贸易品的碳足迹要方法简单，并且要标识统一、试点推广。碳标签只是鼓励消费者和生产者支持保护环境和气候的一种方法，更多地取决于消费者和生产者的社会道德和责任感。碳标签的实施需要核定生产过程中导致的温室气体排放量，会给厂商带来额外成本，消费者也要因此承担一部分的加价。

碳足迹（Carbon Footprint）的概念包括两个层面的含义：一是指产品或服务在生产、提供和消耗整个生命周期过程中释放的 $CO_2$ 和其他温室气体的总量，又叫作产品碳足迹；二是仅指公司生产过程中导致的温室气体的排放，又称为公司碳足迹。通过对产品生命周期碳排放的计算，企业可将其产品的碳足迹以贴上“碳标签”的方式告知消费者，从而引导消费者的市场购买行为。所以说，碳标签就是产品碳足迹的量化标注。碳消耗得越多，导致气候暖化的 $CO_2$ 也制造得越多，碳足迹就越大，标注在产品上的碳标签也就越大；反之，碳标签就越小。

产品碳足迹比公司碳足迹蕴含的概念要广些，包括了产品自身消耗（及处理）时排放的温室气体，还包括了生产产品的必要投入。而公司碳足迹只局限于生产过程的碳排放，所以又用“隐含足迹”的术语来表达。国际贸易领域的碳足迹指的是国际贸易品的生产和运输两个环节所导致的温室气体排放，因为国际贸易的商品不仅在生产过程会排放温室气体，运输过程同样会造成温室气体的排放。

（二）碳标签的实践

从 2007 年起，国外关于碳标签的讨论不断涌现，并有不少国家的政府部门和行业协会开始了这方面的推广活动。英国政府为应对气候变化专门资助成立了 Carbon Trust，鼓励向英国企业推广使用碳标签，行业协会也在会员企业中推广气候变化的认知。日本紧随英国，鼓励各公司自愿推出产品碳标签，在商品包装上详细标注产品生命周期每个阶段的碳足迹，以便消费者能够做出国际经济合作理性判断，支持同类产品中温室气体排放更少的产品。法国的环境与能源管理部门出台相关政策，自 2011 年开始，在法国境内销售的消费品，强制性要求披露产品环境信息（其中包括碳足迹信息），强调法国市场上的产品要标示其整个生命周期内的碳排放量，此外，美国、瑞典、加拿大、韩国等国家也在国内推广使用“碳标签”，“碳标签”的实施，已逐渐成为一种趋势，成为商品进入国际市场的通行证。[161]

（三）碳标签——新型贸易壁垒

碳标签无论从研究进度还是实际应用来看目前还仅仅处于初级阶段，但随着社会各界对环境保护和气候变化关注的日益加深，对国际贸易商品的碳足迹进行统一测度、推广碳标签的使用指日可待。假若碳标签像其他标签如生态标签一样普遍应用在国际贸易商品中，就有可能会被某些国家或商家滥用来设置技术贸易壁垒，从而碳标签成为贸易保护的有力工具。特别是发展中国家可能会受到来自发达国家强制加注碳标签的要求，引发更多的贸易摩擦。

发达国家由于对环保意识水平更强，设置了广泛而严格的环保标准和标志要求。碳标签的使用在推动降低能耗、减少温室气体排放方面具有较大的潜力，因而发达国家会要求发展中国家在出口商品时加注体现产品在整个生命周期导致温室气体排放量的碳标签，而发展中国家一方面由于国内技术水平较低，使用的生产商品的加工与生产方法很有可能会导致更高的温室气体排放，对缓解气候变化不利，往往具有较高的碳足迹，在出口目标市场上不具有竞争优势，很容易被赶出发达国家的市场；而且环保型的生产方法和技术需要较高的投入，这对于发展中国家来说难以在短期内实现气候友好产品和技术的引进和采用；另一方面，发展中国家的商品要想获得碳足迹的认定和碳标签的加注，需负担一定的时间成本和不菲的申请价格，这是依靠低廉的劳动力获得的微薄利润的发展中国家厂商难以承担的。[162]

*（四）应对措施*

1. 引入国际碳足迹认证标准，建立碳标签制度

商品上加注碳标签将成为发展趋势。2009 年 6 月，中国标准化研究院和英国标准协会在北京共同主办 PAS 2050 中文版发布会，以推动建立碳标签制度在我国试点工作。2009 年 11 月，在江西南昌召开的首届世界低碳与生态经济大会高层论坛上，环境保护部官员表示环保部将以中国环境标志为基础，探索开展低碳产品认证。2010 年 1 月，全国质量监督检验检疫工作会议表明，2010 年，我国认证认可工作将围绕低碳经济等重点产业，大力加强食品、节能环保等领域的认证工作。同时，积极推动认证认可多边和双边国际互认。可见，我国已经开始采取措施来确定“碳足迹”具体的核算法则、实施方案和标准，以保障碳标签制度的顺利推行。

2. 转变外贸企业经济增长方式，优先在外贸商品推行碳标签制度

面对产能过剩及减排压力，都要求我国必须转变经济增长方式，进行低碳生产。我国目前已取消“两高一资”（高耗能、高污染排放、资源型）产品出口退税，对一些重点的“两高一资”产品还加征出口关税，并引导这些产业向高附加值和更为节能的方向发展。我国应优先在外贸商品试行碳足迹认证、碳

标签制度，虽然短时间内会增加企业的成本，但从长期来看，外贸企业通过碳足迹评估、认证，加注碳标签这些“可视化”方法采取有效措施减少生产经营活动中的碳排放，最终不但降低企业经营成本，同时使企业处于环境领先地位。同时对于这些节能减排企业或者碳足迹低的产品，我国政府也应该给予适当财税上的奖励，以激励越来越多的公司将评估“碳足迹”作为其履行社会责任的一部分。

3. 大力发展碳金融，推进和加快我国低碳经济的发展

碳金融是指与碳，特别是与限制温室气体排放有关的金融活动，也可以叫作“碳融资”，主要是指银行将低碳经济项目作为贷款支持的重点、扩大对低碳经济发展直接融资规模及加快构建和完善我国碳交易市场。可以预计，绿色投资、绿色信贷将在培育和发展我国低碳、环境友好的产品和服务方面发挥巨大作用。

4. 增强我国消费者环保意识，推行低碳消费

一直以来，人们总是把全球变暖“归功”于企业行为，而对个人行为的影响研究甚少。其实，温室气体的排放与每个人的生活方式密切相关。据统计，目前我国城镇居民的生活用能约占到全国能源消费量的26%，而$CO_2$排放总量的30%是由居民生活行为及满足这些行为的需求造成的。但目前在国内，大多数公众对碳足迹、碳标签还不熟悉，更不要说推行低碳消费。相比之下，英国公众的碳足迹意识就很强，英国连锁超市中的商品贴上了碳足迹标签，完全是应消费者的要求实施的。因此增强我国消费者环保意识，引导低碳消费才能使碳标签制度的实施有广泛的消费基础。作为消费者要降低自己的“碳责任”，可以从两个方面入手，一是在日常生活中尽量减少自己的碳足迹，比如优先选择有碳足迹标签的产品，尽量选择本地生产的低碳产品，如食用本地绿色食品和有机蔬菜，穿天然材质棉麻衣物，尽量选择海运产品等。其次是积极进行碳抵消，也就是植树造林，增加碳汇能力。现在国内外不少网站上推出“碳计算器”，利用这一工具可以计算自己的$CO_2$排放量，并有意识地用各种实际行动缩减碳足迹。[163]

# 第八章　国家碳治理

全球气候变暖已经给人类社会造成了巨大影响，如冰川不断缩减、海平面上升、野生动物数量下降、极端天气频发等，应对全球性能源环境问题，各国采取积极的应对策略至关重要，对于国家而言，应对全气候变化主要涉及国家的战略选择、具体战略措施，以及减缓温室气体排放的具体政策工具措施等。本章将系统梳理国家层面应对全球气候变暖的应对战略、策略以及政策工具等问题。

## 第一节　碳排放与经济增长

鉴于化石能源在人类社会和经济发展中的特殊作用，化石能源燃烧的温室气体（以 $CO_2$ 为主，以下以 $CO_2$ 代表）排放与经济增长之间存在密切的关系。本节主要介绍碳排放与经济增长的理论关系以及两者之间实证关系的研究方法。

### 一、碳排放与经济增长的理论关系

#### （一）传统经济增长理论中关于环境的主要论述

碳排放是环境问题中的一个问题，由于碳排放的全球性和存量作用机理，使得碳排放成为当今全球环境问题中的热点问题之一。传统经济增长与环境的理论关系研究可以为分析碳排放与经济增长的关系提供支撑。

古典学派的经济增长理论中已经考虑或加入自然资源与环境因素。马尔萨斯认为由于人口数量增长呈指数型，而自然资源数量却是一定的和有限的，而且其增长极其缓慢，二者由于增长速率的显著差异，总会达到一点：人口数量将超过自然资源的供给极限。因此，如果人类不认识到自然资源的有限性，不仅自然资源与环境将遭到破坏，而且人口数量将陷入“马尔萨斯陷阱”。马尔萨斯忽略了技术进步因素对资源稀缺的缓解作用，但对自然资源稀缺论的首倡及报酬递减规律的阐释，从经济有效增长的角度来看还是值得肯定的。李嘉图在自然资源非均质这一前提下，提出只有肥力（或品位、位置）较高的自然资源的数量是相对稀缺的，而品位较低的，更难于开采的矿产资源和肥力较低的土地资源可以不断纳入开发使用之中。约翰·穆勒完全接受了李嘉图的相对稀缺论，并加以扩展。同时，将资源稀缺论引申到自然环境。认为尽管存在着自然资源的绝对极限，但人类会有能力来克服资源相对稀缺。最好的安排应是自然环境、人口和财富增长均保持在一个静止稳定的水平状态，即稳态经济状态。

自19世纪70年代兴起的新古典经济学，将资源稀缺作为一个既定的前提，偏重于研究在此前提下的资源最优配置问题。新古典经济学代表人物马歇尔认为人类的知识进步、教育普及、科技发展、新机器新方法的采用及市场范围的扩大等方面所产生的报酬递增倾向会压倒自然在生产上表现出的报酬递减倾向。马歇尔还提出经济外部性，对分析自然资源与环境对经济增长的有效性影响具有重要指导意义。

始于20世纪50年的现代经济增长理论，从理论先驱哈罗德—多马的理论一直到新经济增长理论和新制度学派的增长理论，对自然资源与环境要素的关注日益减少甚至不予考虑。而更多地关注于技术和制度等要素。现代经济增长理论也把自然资源与环境这一古典增长要素简化为单纯的“生产成本”问题，即随着自然资源不断地被开采、利用，资源利用的成本增加了，然而随着技术、知识的进步，“成本问题”相对于增长、资本积累、收益等不足以成为经济增长和社会发展的障碍。这里隐含了技术进步、制度安排、人力资本等要素对自然资源的一种渐进替代的思想。

伴随着对经济增长“现代性”的反思，人们逐渐又重新审视自然资源与环境要素对现代经济增长的内在意义，生态—环境在经济理论获得了越来越多的关注。[164]

脱钩理论：世界银行的脱钩概念既包括去物质化也包括去污染化，是指经济活动的环境冲击逐步减少的过程。[165] OECD认为脱钩一般用来描述打破环境破坏与经济发展链接的过程。[166] 脱钩理论认为，经济发展与资源利用、环境压力之间的关系表现为两种：其一是对资源利用和环境压力随着经济发展而增加；其二是对资源利用和对环境压力并没有随着经济的发展而增加，甚至还会减小。第一种关系称之为“耦合关系”；第二种关系称之为“脱钩关系”。通过库兹涅茨曲线描述环境与经济发展之间的关系也可以采取“耦合”与“脱钩”进行研究，这种研究方法与库兹涅茨曲线的原理是一致的。当经济发展与资源利用、环境压力之间是“耦合”关系时，处于库兹涅兹曲线的上升阶段；而当经济发展与资源利用、环境压力之间是“脱钩”关系时，则处于库兹涅茨曲线的下降阶段。

脱钩可以分为两类：相对脱钩和绝对脱钩。前者是指经济发展时，对资源利用或者对环境压力以一种相对较低的比率增加，也就是说，经济发展较快，资源利用和环境压力增加得相对较少，因为经济发展和资源利用或者环境压力之间的距离变得越来越大，这就是所谓的“相对脱钩”。绝对脱钩发生在经济发展的同时，资源利用和环境压力的增长率在减小，尽管资源利用的总量变得越来越大。相对脱钩先行发生，在人为干预下将最终转变为绝对脱钩。从相对脱钩向绝对脱钩转化的点，就是资源/环境拐点，即倒“U”形曲线的顶点。[167]

## 二、碳排放与经济增长的实证关系

对 $CO_2$ 排放量与经济增长之间的关系及其驱动因素的实证研究主要有三种方法：PAT 模型、STIRPAT 模型、KAYA–LMDI 分解模型。

### （一）基于 PAT 模型

IPAT 方程由 Ehrlich 提出，用于表征人类活动对环境问题的成因，其具体的数学表达式如下：$I=P\times A\times T$。其中，$I$ 表示环境影响，通常用排放的污染物数量来表征；$A$ 表示富裕程度，以一般人均 GNP 或人均 GDP 表征；$T$ 表示广义的科技水平，通常用单位产出（GDP）的环境影响或污染物排放量表征。两边去对数并对时间求导，得如下等式：

$$\dot{I}/I=\dot{P}/P+\dot{A}/A+\dot{T}/T$$

由上式可知，人类对环境影响的变化受人口增长、经济增长和科技进步的综合作用，因此调控人类活动对环境的影响可以从上述三个因素的增长速度控制入手，根据技术进步的大小可以细分为三种情况进一步讨论。情景 1：当 $T/\dot{T}>0$，说明技术进步以资源消耗或污染排放的增加为代价。必然会大大刺激资源消耗或污染排放总量的快速增长，同时也反映了经济增长方式极其粗放。$T/\dot{T}<0$，说明技术进步开始游离减缓因人口和经济增长所导致的资源消耗或污染排放总量增长速度，当 $T/\dot{T}\geqslant 0$ 向 $T/\dot{T}>0$ 发生转变时，表明环境影响强度包括资源消耗或污染排放强度从持续增长向稳定下降方向转变，技术进步促使经济增长由粗放转向集约，从而形成环境影响强度的倒 U 形曲线高峰。

当$\dot{A}/A \leqslant \left|\dot{T}/T\right| < \dot{P}/P+\dot{A}/A$，人均资源消耗或污染排放量开始出现零增长，且随着技术不断进步出现稳定下降的态势，形成人均环境影响的倒U形曲线。该阶段意味着技术进步导致的资源消耗或污染排放强度下降速度能够平衡或抵消经济所导致的资源或污染排放的增长速度。

当技术经济的作用足以抵消人口和经济增长所导致的资源消耗，污染排放总量增长时，也就是资源节约或污染减排技术起主导作用时，亦即$\left|\dot{T}/T\right| \geqslant \dot{A}/A+\dot{P}/P$，此时，$\dot{I}/I \leqslant 0$。资源消耗将进入稳定下降阶段。从而形成环境影响总量的倒U形曲线。

（二）基于STIRPAT模型

尽管关于人口与经济增长对环境影响十分显著，但IPAT模型并没有给出环境驱动力的相对重要性。Dietz把IPAT模型转变成一种随机模型，即STIRPAT模型，通过对技术项的分解，实现了对各种类型人文驱动因子对环境压力影响的分析。

$$I=aP^bA^cT^de$$

式中，$I$、$P$、$A$、$T$分别表示环境压力、人口数量、富裕度和技术，其中以能源消费总量表示环境压力；a是模型的系数，b、c、d分别是人口数量、富裕度、技术等人文驱动力的指数，$e$为模型误差。IPAT模型是STRIPAT模型的特殊形式，即$a=b=c=d=e=1$。STRIPAT模型不仅保留了IPAT模型中人文驱动力之间相乘的关系，并将人口数量、富裕度、技术等人文驱动力作为影响环境压力变化的主要因素。$I=aP^bA^cT^de$是一个多自变量的非线性模型，模型两边同时进行对数化处理后得：

$$\ln I=\ln a+b(\ln P)+c(\ln A)+d(\ln T)+\ln c$$

以$\ln I$作为因变量，$\ln P$、$\ln A$、$\ln T$作为自变量，$\ln a$作为常数项，$\ln e$作为误差项，对经过处理后的模型进行多元线性拟合。为了考察随着富裕度的增加，富裕度与环境压力之间是否存在倒“U”形环境库兹涅茨曲线，可将模型中自变量$\ln A$分解为$\ln A$和$(\ln A)^2$两项，方程拟合的过程中，通常将$T$包括在误差项中，而不再单独进行估计。因此，待拟合模型调整为：

$$\ln I=\ln a+b(\ln P)+c_1(\ln A)+c_2(\ln A)^2+e$$

此时，根据求偏导，可知富裕度对环境压力的弹性系数为$c_1+2c_2(\ln A)$。

（三）基于Kaya公式的碳排放分解

Kaya等式是由日本学者Yoichi Kaya教授在IPCC的第一次研讨会上提出

的。Kaya 模型专门用于研究碳排放及其驱动因素以定量分析碳排放变化过程中各种影响因素的相对重要性及其动态变化，揭示 $CO_2$ 排放量的推动力。具体可以表述为：

$$CO_2=\frac{CO_2}{EN}\times\frac{EN}{GDP}\times\frac{GDP}{POP}\times POP=C_i\times E_i\times Y_i\times P_i$$

其中，$CO_2$、$EN$、$GDP$、$POP$ 分别表示 $CO_2$ 排放量、一次能源消费量、国内生产总值和国内人口总量。Kaya 等式揭示出影响 $CO_2$ 排放的驱动力因素：

（1）表示人均 GDP，反映社会平均生活水平和宏观经济运行情况，对于发展中国家而言，人均 GDP 越高，高碳消费模式造成的 $CO_2$ 排放量就越高；如果经济规模或者经济产出效应是影响碳排放水平的主要因素，也就是说引起碳排放量增大的主因是由于经济的增长，那么碳排放将随 GDP 增加而呈线性增长。

（2）$P_i$ 表示总人口数量，人口数量越大 $CO_2$ 排放量越高。人口效应表示了碳排放的增长取决于人口改变。

（3）$E_i$ 表示单位 GDP 消耗的能源用量，即“能源强度”，能源强度越高，单位 GDP 产生的 $CO_2$ 量也相应越高；能源强度效应表示碳排放的变化取决于能源强度的改变，通过引进节能技术等可以提高能源使用效率，降低能源强度，对能源的消费量也就相应地减少，从而减少了碳排放。

（4）$C_i$ 表示单位能源消耗排放的 $CO_2$ 量，即能源种类的不同决定单位能源消耗排放的 $CO_2$ 量不同；碳强度效应显示碳排放的改变取决于碳强度的改变，碳强度是指单位能源在使用过程中所产生的碳排放量，碳强度取决于能源结构，在能源消费中采用更加清洁的燃料可以降低碳强度。显然，能源强度效应和碳强度效应属于技术效应，表示技术变化对碳排放量变化的影响。

$$\Delta CO_2=CO_2^t-CO_2^0=C_{ef}+E_{ef}+Y_{ef}+P_{ef}$$

其中，$\Delta CO_2$ 表示基于 0 年起始的 $t$ 年 $CO_2$ 排放量的总体变化值，这种变化情况可以继续分解为：$C_{ef}$ 表示单位能源消耗排放 $CO_2$ 量变化，即排放影子效应影响；$E_{ef}$ 表示单位 GDP 消耗的能源数量变化即能源强度效应影响；$Y_{ef}$ 表示人均国内生产总值变化即经济效应影响；$P_{ef}$ 表示国内人口总量变化即人口效应影响。

因素分解法按照分解方式可以分为拉氏指数分解法、迪氏指数分解法和费雪理想指数法等。其中，迪氏指数分解法又分为数学平均迪氏分解法（AMDI）和对数平均迪氏分解法（LMDI）等。Ang B. W. 从理论基础、适应范围、应用便利性、结果表达等方面综合比较因素分解法多种形式的优劣性，认为拉氏指数分解中残量过大会影响分解结果，而 LMDI 法能够消除残差项，是较为合理的分解方法。

依据 AngB.W.提出的 LMDI 因素分解法的具体步骤，可以得出如下结果：

$$C_{ef}=\sum\frac{CO_2^t-CO_2^0}{\ln CO_2^t-\ln CO_2^0}\ln\frac{C_i^t\ (t)}{C_i^0}$$

$$E_{ef}=\sum\frac{CO_2^t-CO_2^0}{\ln CO_2^t-\ln CO_2^0}\ln\frac{E_i^t\ (t)}{E_i^0}$$

$$Y_{ef}=\sum\frac{CO_2^t-CO_2^0}{\ln CO_2^t-\ln CO_2^0}\ln\frac{Y_i^t\ (t)}{Y_i^0}$$

$$P_{ef}=\sum\frac{CO_2^t-CO_2^0}{\ln CO_2^t-\ln CO_2^0}\ln\frac{P_i^t\ (t)}{P_i^0}$$

这些影响因素对 $CO_2$ 排放量的贡献分别为：$\frac{C_{ef}}{\Delta CO_2}$、$\frac{E_{ef}}{\Delta CO_2}$、$\frac{Y_{ef}}{\Delta CO_2}$、$\frac{P_{ef}}{\Delta CO_2}$

已有实证研究结果表明，$CO_2$ 和人均收入之间分别存在着线性、二次和三次递减形式关系，其中以支持 $CO_2$EKC 曲线存在的有效证据居多。而实证具体结果通常与选择的国家、国家组或部门数量、选择的衡量指标、数据来源以及具体模型密切相关。

## 第二节　国家应对气候变化的战略与选择

面对全球气候变化问题我们有三种选择：等待遭罪、适应和减缓其变化。而应对气候变化是指适应和减缓。当前，减缓政策处于应对气候变化的核心，减缓旨在处理气候变化的原因。适应是指采取政策和做法来应对气候变化的影响，适应措施的重点则是处理气候变化的影响。减缓与适应是一种辩证关系，在全球气候变化影响日益突出，气候变化减缓行动难以很快奏效的情形下，坚持减缓与适应并重，已经成为世界各国的共同选择。

### 一、适应战略

#### （一）适应能力

适应能力是人类最根本的特征，尤其是在市场经济条件下，环境约束的变化会自动触发大量的适应性活动，这在评估全球变暖的影响时理应受到足够重视。《联合国气候变化框架公约》（UNFCCC）在 20 世纪 90 年代即提出了适应机制的阶段目标。2001 年，UNFCCC 确立面向发展中国家的适应基金。2005 年，通过《内罗毕工作方案》，以促进所有国家了解气候变化的影响，帮助各国决策者就适应气候变化做出正确的、实际的决定。2007 年 12 月，在印尼巴厘岛举行的联合国气候变化大会上通过的《巴厘岛行动计划》，也明确把适应作为气候变化行动的一个重要组成部分。

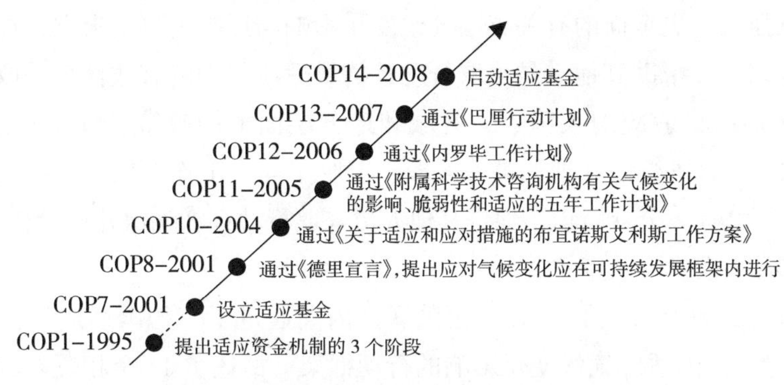


**图 8–1 UNFCCC 有关适应政策的发展路线**

适应能力包括尽早采取行动以改善季节性气候预报、粮食保障、淡水供应、救灾应急，而饥荒预警系统和保险范围能够使未来气候变化造成的损害最小化，同时立即带来许多实际益处。适应气候变化对所有国家都重要，对发展中国家来说更是如此，因为这些国家的经济严重依赖农业等易受气候影响的行业，所以其适应能力与工业化国家更是相形见绌。拖延采取适应措施，包括发展中国家对适应政策给予资助和支持方面的拖延，最终意味着将来会增加成本并为更多人带来更大的危险。气候重大变化，如旱灾、季风降雨不足或冰川融水流失等，都可能触发大规模的人口迁徙，以及因争夺水、粮食和能源等珍贵资源而引起的大规模冲突。

经济发展水平的不断提高、科学技术的持续进步以及一定程度的人口流动，既是人类进化性适应能力的生动体现，也可以作为一种有意识的政策反应，与通过节能减排来控制全球变暖的另一种反应交相辉映。而且，从政策的成本有效性上看，适应的成本有效性显得更为优越。

（二）主要国家的气候变化适应战略

欧盟。2007 年 6 月 29 日，欧盟委员会发布有关适应气候变化的政策性绿皮书《欧洲适应气候变化——欧盟行动选择》，确立了欧盟适应行动的四大支柱：在欧盟开展的早期行动，包括将适应纳入欧盟法律和资助计划的制定和执行过程中；将适应纳入欧盟的外部行动中，特别是加强与发展中国家的合作；通过集成气候研究扩大知识基础，从而减少不确定性；准备协调全面适应战略的过程。

英国。2008 年 7 月，英国政府发布了适应气候变化的行动框架——《适应英国的气候变化》，将政府已经开展的工作和更广泛的公共部门的适应行动联合起来，阐明了政府适应计划的协调工作，促进未来政府适应工作向前发展。旨在开发更强大、更全面的有关英国气候变化影响与后果的事实根据；提高采取行动的意识，并帮助其他人员采取行动；衡量适应行动的有效性，采取行动确保有效转移；将适应纳入国家、区域和地方层面上的政策、计划和系统中。2008~2011 年为执行该计划的第一阶段，着眼于 4 个工作领域：①提供气候变化的证据；②提高公众意识，促进其他人员采取行动；③确保并衡量相关进展；④将适应融入政府的政策中。

德国。2008 年 12 月 17 日，德国联邦内阁通过了《德国适应气候变化战略》，构建了德国适应气候变化影响的行动框架。概述了 13 个相关领域的适应选择，以减少其不确定性，实现可持续发展。德国适应气候变化战略的长期目标是减少脆弱性，维持并提高自然、社会、生态系统的适应性。其行动宗旨为：①确认并宣传气候变化的影响和风险；②引起注意并提高参与者的敏感性；③为各种公私事物、公共规划与活动提供决策基础；④指示行动选择，协调并确定责任，制定并执行措施。

法国。2005 年，法国发布了《法国适应气候变化战略》，将气候变化风险的科学评估与实施适应行动计划有机地结合起来。4 个总体目标为：①优先考虑公共安全与健康，保护人员和物品；②考虑社会各方面问题，在风险到来之前缓和不平等现象；③降低成本并使收益最大化；④保护自然环境。初步确定了 6 个优先领域：①通过了解气候科学和优先考虑适应行动，进一步提高认识；②加强气候监测系统；③加强所有参与者对气候风险的意识；④开发灵活的、考虑了相关气候影响的区域方法；⑤资助适应行动；⑥利用现有的政策工具。同时，提出了 3 种互为补充、相互交叉的开发适应措施的方法：跨部门方法、基于部门的方法和基于生态系统的方法。

芬兰。2005 年 1 月，芬兰农业与林业部发布了《芬兰适应气候变化国家战略》，旨在减少气候变化的不利影响，利用各种条件提高社会适应未来气候变化的能力。芬兰适应气候变化国家战略确定了增加适应能力的优先领域：①将气候变化影响与适应纳入部门政策；②处理长期投资；③应对极端天气事件；④改进观测系统；⑤加强研究与开发基地建设；⑥国际合作。芬兰适应气候变化国家战略的执行时间为2005~2015年，主要是通过不同部门开展的行动，例如特定部门战略和计划。

澳大利亚。2007年4月13日，澳大利亚政府委员会发布了《国家气候变化适应框架Ⅲ》，阐明了澳大利亚适应气候变化影响的立场，在5~7年内，加强关键部门和地区处理气候变化影响与减少脆弱性的能力建设。《国家气候变化适应框架Ⅲ》确定了采取适应行动的两大优先领域：①认识能力与适应能力建设，以便在国家和地区层面上采取有效的适应行动，如建设澳大利亚适应气候变化中心、为决策者加强区域气候变化的信息与工具服务和开展气候变化影响的脆弱性综合评估；②减少水资源、生物多样性、沿海地区和农业等关键部门和地区的脆弱性，解决关键的知识空白，开发与关键部门相关的工具与信息，制定和执行脆弱部门的气候变化行动计划。

美国。美国应对气候变化的立场强调以市场为基础寻求现实的解决方案，在适应行动上，美国也针对相对突出的气候变化问题和比较敏感的部门采取了旨在提高适应能力的行动。①人类健康：投入充足的财力和人力，开展培训、监测、预报、预防和控制手段，降低人类健康在气候变化中的风险；②海岸带保护：确定海岸线所面临的海平面上升和飓风等的威胁等级，实施有效的海岸保护措施，开发和推广生物栖息地保护技术，鼓励地方政府制定应对海平面上升的措施；③农业生产：改变作物的播种时间，以适应不断变化的生长环境，改变作物的结构和森林物种，培育新的、更适合的植物物种和作物，加强野外火灾的防护措施，控制虫害的暴发等；④生态系统保护：保护动物迁徙走廊，保证物种能根据气候变化情况进行适应性迁移，探索可以实现保护和管理双重目标的管理实践，推广促进生态系统恢复能力的管理实践；⑤水资源：提高水资源的利用效率，发展替代水源利用技术，重新规划基础设施建设，优化淡水分配原则，通过铺设地膜和其他手段保护土壤水分，保护沿海的淡水资源，防止海水入侵。

加拿大。加拿大应对气候变化的适应能力相对较强，但在资源依赖型行业和北极圈附近的土著社区仍表现出较明显的脆弱性。加拿大的政府部门、产业部门、社团和个人日益认识到采取气候变化适应行动的必要。在一些地区、人群和产业正在规划或实施具有针对性的适应行动。如北极圈内生活的猎人开始使用全球定位系统以应对更加不可预测的天气变化、住宅的建设离海边更远一些、农民购买农业生产保险应对极端天气风险等。2008 年加拿大政府发布了《从影响到适应：2007 变化气候中的加拿大》，比较全面地阐述了加拿大各地区的气候变化脆弱性和适应性选择。相对气候变化日益增加的风险，加拿大目前所采取的适应行动不论从规模上，还是从系统性上来看，都不能满足气候变化适应目标的需求。目前的适应行动重点需要在以下方面取得更多的突破：①获取适应行动所必需的知识、数据和决策支持工具等；②制定引导适应行动的专门规范和法律；③公共部门和社会公众对气候变化适应行动更多的认同和参与等。

日本。提高能源效率，增加可再生能源比例，降低能源、电力和淡水资源等的消耗，成为日本减缓和适应并举的气候变化应对措施。日本也拥有相对先进的气候变化适应技术，如高效的水处理技术和流域管理技术、灌溉和排水技术、洪灾后的传染疾病预防技术、风险管理技术、基础设施建设和维护技术等。

俄罗斯。根据气候变化的事实和未来变化趋势的预测，俄罗斯确定了应对气候变化的适应对策。俄罗斯将通过建设水文和气象事件的监测、预测、预警和预防体系，加强高风险地区的土地管理和社会保障，应对洪涝灾害增加的挑战；在冻土消融地区，加强对现有建筑物的形变进行监测，并根据需要进行基础加固等维护措施；随着温度的升高，人体健康也将面临新的风险，俄罗斯将重点加强有关高温事件的监测、预警和能力建设等工作；根据适宜种植面积扩大的情况，开辟新的农业种植区；监测海平面上升及其对海岸带地区的影响，积极应对北极航线开通所带来的区域竞争与合作机会等。

印度。2008 年 6 月 30 日，印度发布了《气候变化国家行动计划》，该计划除了确定了提高能效、可再生能源开发等气候变化减缓行动外，还专门就印度的气候变化脆弱性，制定了提高气候变化适应能力的行动计划。针对淡水资源短缺的预期，印度将通过价格等调控措施，提高淡水资源利用效率；设立专门计划，保护喜马拉雅山区生态系统及其生态价值，加强对喜马拉雅冰川的监测，并预测其对印度淡水资源供应的影响；培育气候适应力强的农作物，完善气象保险机制，改进耕作方式，以提高农业对气候变化的适应能力；鼓励私营部门进行风险投资，开发气候变化适应与减缓技术。[168]

（三）适应的主要领域

人类受到气候变化的影响及其适应能力与社会发展的性质及其水平密切相关。适应的挑战影响到许多关键的经济部门以及广泛的政策领域，包括水资源、农业与粮食安全、人类健康、陆地生态系统等。因此，针对不断增加的气候变化风险，其战略响应必须涉及经济、贸易、农业和资源政策等诸多方面。

1. 极端气候事件与自然灾害的适应性选择

气候变化可能会增加极端天气事件与自然灾害的发生频率、强度和风险。在容易受到极端天气事件与自然灾害影响的地区，将气候变化影响纳入自然灾害减灾管理、应急服务规划和恢复重建工作过程中，尤其是山火、洪水、飓风、风暴潮等。建立极端天气事件与自然灾害的早期预警系统，从而更加有效地实现防灾减灾。改进对有关应急服务信息的宣传，以提高公众对气候变化及其适应对策的认识。

2. 安全的淡水供应和管理措施

气候变化对水资源的影响，涉及流量、补给和理化性质的变化情况。需要加强有关水资源的水量和水质的评估，在国家层面上，可以对水价进行调节，建立健全法律框架，保护和恢复清洁的淡水资源，确保淡水的长期可持续使用。应该加强与给水工业的合作，确保将气候变化影响及其风险纳入水资源与基础设施的规划与管理过程中。关键的适应措施包括：保护地下水资源；改进现有供水系统的管理与维护；流域保护和改进供水系统；地下水和雨水的收集与脱盐；更好地利用循环水；开展洪水控制与干旱监测。

3. 适应未来气候变化挑战的基础设施建设

气候变化及其影响，尤其是极端天气事件作用强度和发生频率的不确定性，可能会使满足社会经济发展的基础设施受到影响，保护现有的和未来的基础设施不受气候变化的影响是各国适应战略的重要方向。关键的适应措施包括：识别并处理气候变化影响可能对基础设施产生的影响，分析电力、交通、通讯、水利基础设施以及其他关键的基础设施应对气候变化的脆弱性，并制定相应的风险管理战略，减少基础设施的脆弱性；与金融业和保险业合作，共享有关气候变化风险及其影响的统一数据，确定降低风险的适应行动，并找出保持社会繁荣发展的途径。

4. 保证土地可持续利用与粮食供应安全的措施

对大多数发展中国家而言，尤其是最不发达国家和小岛屿发展中国家，农业是重要的经济来源，同时，也最容易受到气候变化的影响和冲击。可以利用农业气象工具及其产品，改进土地利用、虫灾控制和改变耕种方法，从而保障粮食供应安全。应该使作物选择多样化，培育和引进抗旱、防洪、耐盐碱地和适应新气候条件的作物，提高畜牧业、渔业养殖和耕作技术，增加粮食储备。通过控制水土流失和水土保持措施，更好地管理土地及其使用情况。避免气候变化影响健康的保护措施。随着气候变化问题的日益加剧、极端天气和气候事件（及其引发的相关事件，如海平面上升）发生概率的增加，气候变化将会使世界许多地区的疾病演化与传播具有更高的不确定性，从而给人类健康带来更大威胁。开展气候变化与人类健康的脆弱性评估，可以更好地理解人类对气候变化的脆弱性，提高社区和机构适应气候变化产生的健康风险的能力，从而减少由气候变化引起的人类疾病、遭受痛苦和面临死亡的风险及其对自然系统的影响。建立环境—疾病监测系统，控制和消除全球气候变化对人类健康的不利影响。将气候变化对人类健康的潜在影响纳入公共健康宣传活动中，提高公众的认知水平和应对能力。

（四）中国气候变化适应战略

气候变化已经和持续影响到我国许多地区的生存环境和发展条件。区域性洪涝和干旱灾害呈增多增强趋势，北方干旱更加频繁，南方洪涝灾害、台风危害和季节性干旱更趋严重，低温冰雪和高温热浪等极端天气气候事件频繁发生。基础设施的建设和运行安全受到影响，农业生产的不稳定性和成本增加，水资源短缺日益严重，海平面不断上升，风暴潮、巨浪、海岸侵蚀、土壤盐渍化、咸潮等对海岸带和相关海域造成的损失更为明显，森林、湿地和草原等生态系统发生退化，生物多样性受到威胁，多种疾病特别是灾后传染性疾病发生和传播风险增大，对人体健康威胁加大。

我国已经发布《国家适应气候变化战略》，该战略指出，要将适应气候变化的要求纳入中国经济社会发展的全过程。并提出，截至2020年中国适应气候变化的主要目标是：适应能力显著增强，重点任务全面落实，适应区域格局基本形成。

适应能力显著增强是指，主要气候敏感脆弱领域、区域和人群的脆弱性明显降低；社会公众适应气候变化的意识明显提高，适应气候变化的科学知识广泛普及，适应气候变化的培训和能力建设有效开展；气候变化基础研究、观测预测和影响评估水平明显提升，极端天气气候事件的监测预警能力和防灾减灾能力得到加强。适应行动的资金得到有效保障，适应技术体系和技术标准初步建立并得到示范和推广。

重点任务全面落实是指，基础设施相关标准初步修订完成，应对极端天气气候事件能力显著增强。农业、林业适应气候变化相关的指标任务得到实现，产业适应气候变化能力显著提高。森林、草原、湿地等生态系统得到有效保护，荒漠化和沙化土地得到有效治理。水资源合理配置与高效利用体系基本建成，城乡居民饮水安全得到全面保障。海岸带和相关海域的生态得到治理和修复。适应气候变化的健康保护知识和技能基本普及。

适应区域格局基本形成是指，根据适应气候变化的要求，结合全国主体功能区规划，在不同地区构建科学合理的城市化格局、农业发展格局和生态安全格局，使人民生产生活安全、农产品供给安全和生态安全得到切实保障。

国际合作是提高我国适应能力的重要途径。该战略将进一步加强国际合作列为保障其实施的一项重要措施。希望通过加强适应气候变化国际合作，积极引导和参与全球性、区域性合作和国际规则设计，构建信息交流和国际合作平台，开展典型案例研究，与各方开展多渠道、多层次、多样化的合作。引导和支持国内外企业和民间机构间的适应合作，鼓励中方人员到国际适应气候变化相关机构中任职。通过国际技术开发和转让机制，推动关键适应技术的研发，在引进、消化、吸收基础上鼓励自主创新，促进中国适应技术的进步。还要综合运用能力建设、联合研发、扶贫开发等方式，与其他发展中国家深入开展适应技术和经验交流，在农业生产、荒漠化治理、水资源综合管理、气象与海洋灾害监测预警预报、有害生物监测与防治、生物多样性保护、海岸带保护和防灾减灾等领域广泛开展“南南合作”。

继续要求发达国家切实履行《联合国气候变化框架公约》下的义务，向发展中国家提供开展适应行动所需的资金、技术和能力建设；积极参与公约内外资金机制及其他国际组织的项目合作，充分利用各种国际资金开展适应行动。

## 二、减缓战略

人类活动主要通过 3 方面引起气候变化：一是化石燃料利用排放的 $CO_2$ 等温室气体增加大气中温室气体的浓度，这是人类活动造成气候变暖的主要驱动力；二是农业和工业活动排放的温室气体进入大气后，也通过温室效应增强气候变暖；三是土地利用变化导致的温室气体源/汇变化和地表反照率变化进一步影响气候变化，这包括森林砍伐、城市化、植被改变和破坏等。因此，减缓战略成为当前全球应对气候变化的主要选择。

### （一）减缓的含义

《联合国气候变化公约》中的减缓气候变化是指：在气候变化背景下，以人为干扰来减少温室气体排放源或增加温室气体吸收汇。在政府间气候变换专业委员会（IPCC）正式出版物中，减缓气候变化是指以降低辐射强度来减少全球变暖潜在影响的行动。减缓气候变化主要通过控制和减少温室气体排放来实现，也可以通过增加和保护碳汇来实现，两者同等重要[169]。

当前，减缓气候变化政策处于应对气候变化的核心，以温室气体减排等为主要选择的减缓行动有助于减小气候变化的速率与规模，以提高防御和恢复能力为目标的适应行动可以将气候变化的影响降到最低。尽管减缓措施必会产生全球效益，但由于在气候和生物物理系统中的时间滞后效应，减缓效益在减缓行动采取后的相当一段时期内很难显现出来。

（二）减缓战略的主要途径

世界各国根据各自国情和实际，减缓战略措施主要通过调整产业结构、节能和提高能效、优化能源结构、增加碳汇等控制温室气体排放，减缓气候变化。通过改变土地利用方式也可以减缓气候变化。

1. 调整产业结构

已完成城市化和工业化进程的发达国家，通过加速产业结构升级带动经济向低碳转型，单位国内生产总值温室气体排放呈现下降趋势。高耗能的原材料产业和制造业在国民经济中的比重明显下降，低排放的金融、服务、信息等产业迅速发展。同时，第二产业内部结构也发生显著变化，通过提高环保标准等措施，低端制造业和冶金、化工等高耗能产业发展停滞甚至萎缩，部分转移到发展中国家。产业结构的变化是发达国家能实现温室气体减排的重要方面。处于城市化和工业化过程中的发展中国家，尽管国民经济中高耗能制造业比重上升的阶段性特征一时难以改变，但仍把调整产业结构作为控制温室气体排放的重要途径。

2. 节能和提高能效

由于温室气体排放主要来源是化石能源燃烧，节能和提高能效是减缓气候变化的重要途径之一。发达国家在能效水平较高的基础上，进一步强化节能和提高能效的政策措施，抵制能源需求增长，降低温室气体排放。欧盟提出到2020年能效提高20%，发布《能源政策绿皮书》和《提高能源效率行动计划》，明确了涵盖建筑、交通和制造业等十大重点领域提高能效的75项措施。通过上述节能措施，欧盟可减少能源消耗4亿吨标油，减少$CO_2$排放约8亿吨。

3. 发展低碳能源、可再生能源和新能源

通过利用低碳和无碳能源替代高碳能源，实现温室气体减排。由于传统化石能源，相同热值的$CO_2$排放，天然气比石油低25%、比煤炭低40%，利用天然气替代煤炭是减排气候变化的可行措施之一。而水能、风能、太阳能是无碳能源，生物质能源是碳中性能源，积极发展可再生能源，用来替代传统化石能源可以大幅降低温室气体排放。《京都议定书》签订以后，发达国家在优化传统能源结构的同时，凭借经济和技术优势，加大开发可再生能源力度，减少温室气体排放。欧盟提出 2020 年可再生能源占终端能源消费比重提高到 20%，汽油燃油的 10%必须采用生物质燃料。欧盟鼓励可再生能源开发利用的具体措施已经取得显著成效，近年太阳能、风能等可再生能源占欧盟新建电站装机容量的比例不断上升。2008 年突破 50%，2011 年占比首次超过 2/3，达 71.3%。由于核能源材料的特殊性，开发利用核能具有显著的温室气体减排效果，成为重要的减少温室气体排放的手段。据国际能源署的分析，要实现全球减排的长期目标，到 2020 年和 2030 年核能装机容量需要达到 5000 亿瓦和 7000 亿瓦。

4. 增加碳汇

通过植树造林和加强森林管理，保护和增加碳汇，吸收 $CO_2$，是减少温室气体的重要手段。

5. 碳捕集与封存以及地球物理工程

碳捕集与封存（CCS）是利用吸附、吸收、低温及膜系统等现已较为成熟的工艺技术将废气中的 $CO_2$ 捕集下来，并进行长期或永久性的储存。尽管该技术尚处研发阶段，但如果取得突破，使成本和能源消耗大幅降低，未来大规模商业化应用的减排潜力巨大。据国际能源署的分析，要实现全球减排的长期目标，2030 年所需减排的 10%将依赖于碳捕集与封存技术来实现。为了争夺未来关键低碳技术的主导权，欧美等发达国家积极开展碳捕集与封存技术研发，特别是美国，在该技术的激励、潜力和经济性评估等方面开展了大量研究。而且美国还尝试通过立法，规定 2020 年之后的新建的燃煤发电站必须用碳捕集与封存技术。此外，欧盟国家也在积极推进该技术的研发与示范工作。

地球物理工程尚处于概念化阶段，具体设想包括通过增加平流层中气雾的浓聚物或者增加低海拔的海洋云雾将入射的太阳热量进行散射使其远离地球表面，从而抵消全球变换效益。这种全球干涉可能导致无法预料的后果，其潜在的风险尚需要全面评估。

6. 减少非 $CO_2$ 温室气体

联合国气候变化框架公约下总共有六种非 $CO_2$ 温室气体，可分为三大类：$CH_4$、氧化亚氮、含氟气体（包括氢氟碳化合物（HFCs）、全氟化碳（PFCs）、六氟化硫（$SF_6$）和三氟化氮（$NF_3$））。其中，$CH_4$ 和 $N_2O$ 是自然界中本来就存在的成分，由于人类活动而增加，而含氟气体 HFCs、PFCs、$SF_6$ 和 $NF_3$ 则完全是人类活动的产物。单位质量 $CH_4$ 的全球增温潜势（GWP）是 $CO_2$ 的 20~60 倍，$CH_4$ 在大气中的生命期为 9.1 年；氧化亚氮的全球增温潜势（GWP）是 $CO_2$

的 280~310 倍，氧化亚氮在大气中的生命期为 131 年；目前含氟气体占全部温室气体的比重并不大，但是这些气体普遍具有极高的全球变暖潜能值（GWP），是 $CO_2$ 的数百甚至上万倍，寿命周期从几年到几万年不等。控制非 $CO_2$ 温室气体排放具有显著的减缓气候变化效果。

7. 生活方式模式变化

生活消费模式对温室气体排放的影响非常大。工业革命以来的西方国家所引领的生活方式成为众多国家效仿的对象。控制温室气体排放，我们应当尽量改变高能耗的生活方式，尽量回收废物并再利用；使用节能设备；减少私家车的使用，出行使用公共交通工具等。

### （三）主要国家的减缓战略

1. 欧盟

在确定减排总量目标的基础上，欧盟应对气候变化采取的政策措施主要有三类：一是利用市场机制的政策，包括在欧盟层面建立温室气体排放许可交易制度等；二是成员国政府直接控制的财税政策，例如开征碳税、环境税、燃料税等新税种，并对低碳和可再生能源技术研发进行补贴；三是欧盟层面和成员国共同实施的监管政策，例如建立了“综合污染预防与控制”制度等。总体而言，欧盟在结构和技术减排、市场体系建设、气候变化与节能减排立法实践等方面也积累了有益的经验。

首先是大力推动清洁能源开发利用。欧盟国家一直是全球清洁能源开发利用和新能源产业发展的主力。不论从技术水平还是从产业化发展来看，法国在核电，德国、西班牙、意大利在太阳能光伏发电，丹麦在风电，英国、挪威在天然气和海上风电等领域均处于世界领先地位。欧盟不仅掌控着新能源行业很多核心技术，而且在终端产品市场上，新能源发电装机也快速增长。

其次是加快绿色转型。欧盟成员国一直致力于通过结构调整，实现温室气体减排与经济社会可持续发展的“双赢目标”。

再次是充分发挥市场机制作用。在应对气候变化、促进温室气体减排的市场化工具运用方面，欧盟一直走在全球前列，主要表现在欧盟碳交易市场及其相关金融服务体系建设取得了长足进展。

最后是财税政策成为重要工具。在欧盟应对气候变化的一揽子政策措施中，财税政策始终都承担着重要角色，也是运用历史较长、工具较为丰富、成熟的政策手段。欧盟各成员国采取税收、补贴、政府采购等一系列措施，直接或间接地影响企业和居民的投资和消费方向，推动节能减排。

通过包括气候与能源一揽子计划和各种能效措施，无条件承诺到2020年将温室气体排放量较1990年减少20%以上。同时承诺抬高减排幅度至30%，前提是各发达经济体同意相当水平的减排力度，同时发展中经济体做出重大贡献，共同促成国际条约的签署。

2. 日本

日本在2002年6月核准了《京都议定书》，承诺在1990年的基础上降低6%，并实施了新的气候变化计划，该计划基于以下四个原则：保持环保和发展经济的平衡，逐步实施，责任分担，国际合作。日本政府将重点放在能源利用所产生的排放方面，并规定了各部门的排放指标。在政策方面，日本政府出台了一系列政策杠杆，其中包括碳税和排放贸易。碳税包括“石油和煤炭税”和“气候变化税”。2009年日本政府宣布了2020年的温室气体减排中期目标定为与2005年相比减少15%，为此，2010年3月，日本环境省汇总一套减少温室气体排放方案以达到本国的减排目标，措施包括加大可再生能源利用、推广节能住宅和环保汽车。受福岛核电站事故影响，2013年，日本将2020年温室气体排放减排目标从原来较2005年减少15%调整为减少3.8%。

3. 美国

《京都议定书》中规定美国的减排指标为7%，2001年3月，政府以承诺减排将严重影响经济为由退出了《京都议定书》，为回应各方的批评，2004年2月政府宣布了气候变化行动作为《京都议定书》的替代计划。该行动计划包括2002~2012年温室气体单位GDP排放量降低18%；加强能源部现存的温室气体排放自愿登记计划；增加研发方面的联邦资助；以及通过税收促进可再生能源的投资等。美国承诺2020年温室气体排放量在2005年的基础上减少17%。据专家测算，这约为在1990年基础上减排4%。另外，美国的减排目标还包括到2025年减排30%，2030年减排42%，2050年减排83%。

4. 英国

《京都议定书》为欧盟规定的目标是到2012年温室气体排放量在1990年的基础上减排8%，而英国设定的目标是减排12.5%。2003年3月英国《能源白皮书》提出到2010年将$CO_2$减排20%，到2050年减排60%。为了实现这一目标，英国已经制定了一系列提高能源利用效率、降低温室气体排放量的气候政策。成立碳基金和实行温室气体排放贸易制度是其中两项重要的政策。

5. 加拿大

2002年加拿大签署了《京都议定书》，承担6%温室气体减排目标：即以

1990年为基准，在2008年到2012年期间减少6%的温室气体排放量。2006年10月加拿大政府提出《空气清洁法案》，根据法案，政府将在接下来的4年内同汽车、石油和天然气工业等温室气体排放大户及相关省份进行协商，以确定温室气体减排的短期、中期和长期目标，并从2011年开始强制治理导致全球气候变暖的温室气体排放问题，争取到2050年将加温室气体排放量在2006年的排放水平上削减50%。同年，政府提出了一个综合的全国统一规范温室气体和大气污染物排放规章制度：《清洁大气规范议程》。主要内容为：从重要排放源的源头上解决温室气体和大气污染物排放问题，对工业源、交通源、消费和商品排放源进行规范；实行更加严厉的能效标准；改进室内空气质量。[169-172]

（四）中国应对气候变化的减缓战略

1. 优化产业结构

传统产业低碳化。实现高碳产业的低碳化是发展低碳经济的内在要求。所谓高碳产业即高耗能、高排碳量的产业，根据我国能源统计年鉴相关计算可知，碳排放量最大的行业依次是黑色金属冶炼及压延加工业、化学原料及化学制品制造业、非金属矿物制造业、采掘业等。这与我国煤炭行业消费分布特征基本一致。传统产业低碳化的主要途径：

第一，坚决淘汰传统高碳行业的低端落后产能。通过严格市场准入，强化安全、环保、能耗、土地等指标的约束作用，制定和完善相关行业准入条件和落后产能界定标准。严禁向落后产能建设项目提供土地。强化经济和法律手段。充分发挥差别电价、资源性产品价格改革等价格机制在淘汰落后产能中的作用，落实和完善资源及环境保护税费制度。加强环境保护监督性监测、减排核查和执法检查，加强对企业执行产品质量标准、能耗限额标准和安全生产规定的监督检查，提高落后产能企业和项目使用能源、资源、环境、土地的成本。加大执法处罚力度。对未按期完成淘汰落后产能任务的地区，实行项目“区域限批”，暂停对该地区项目的环评、核准和审批。坚决淘汰传统高碳低端产能。

第二，优化高碳行业结构存量。加快对产业存量中高消耗、高排放、高污染、低效益的落后产能进行调整、改造、淘汰的步伐，以腾出资源环境容量，用于低消耗、低排放、低污染、高效益的新建项目，用高新技术改造钢铁、水泥等传统产业。

第三，提高进入门槛，培育低碳新兴产业，优化增量。提高“高碳”产业准入门槛，强化招商引资的结构导向机制，以是否有利于建设资源能源节约、环境友好型的产业系统为基本的取舍标准，从能源、水、土地、矿产资源消耗以及环境保护方面实行更严格的产业准入标准，制定和完善各类产业标准、行业标准和产品标准，加快产业能效准入标准和污染排放准入标准的制定，设立"产业门槛"、"能效门槛"和"环境准入门槛"，变"盲目引资"为"慎重选资"。培育高新技术产业、积极鼓励增加知识密集型产业和高新技术产业的比例，积极发展生物医药、集成电路、新一代移动通信、下一代互联网、信息安全等低碳产业，节能环保产业、电子信息产业、现代制造业等战略性新兴产业，通过相关产业结构政策，积极扶持国内低碳型的新兴产业发展。实现产业增量的低碳化和高度化。

第四，大力发展服务业，推动产业结构调整。努力实现提高服务业比重、提升服务业水平、推进服务业改革开放、提高服务业吸纳就业能力等发展目标，构建结构优化、水平先进、开放共赢、优势互补的服务业发展格局。不断提高服务业层次，逐步实现服务业的高端化，通过服务业的发展推动产业结构调整和优化。

2. 节能和提高能效

第一，继续实施重点节能改造工程。继续推进重点节能改造、高效节能技术和产品产业化示范、重大合同能源管理、节能监察机构能力建设、建筑节能、绿色照明等重点工程。

第二，进一步完善节能标准标识。不断完善高耗能行业单位产品能耗限额、终端用能产品能效、节能基础类标准等节能标准；扩大能效标识、节能产品认证的覆盖范围。

第三，推广节能技术与产品。

第四，推进建筑领域节能。建筑是节能减排、应对天气变化最重要的领域之一，而且是刚性的排放领域。首先，加大推进新建建筑节能标准的执行；其次，继续推进大型公共建筑节能改造；再次，提高可再生能源在建筑中的应用，重点推进绿色建筑示范工程，扩大太阳能在建筑领域的应用。

第五，推进交通领域节能。加快构建便捷、安全、高效的综合交通运输体系，不断优化运输结构，大力发展电气化铁路，加快淘汰老旧机车机型，推广铁路机车节油、节电技术，对铁路运输设备实施节能改造。公路运输，全面实施营运车辆燃料消耗量限值标准。水路运输，推进船舶大型化、专业化，淘汰老旧船舶，加快实施内河船型标准化。发展大宗散货专业化运输和多式联运等现代运输组织方式；城市交通，合理规划城市布局，优化配置交通资源，建立以公共交通为重点的城市交通发展模式。优先发展公共交通，有序推进轨道交通建设，加快发展快速公交。

3. 调整能源结构

第一，化石能源高效清洁化利用。传统化石能源结构中煤炭资源占整个化石能源总量60%以上，通过进口增加石油、天然气供应的空间又相对有限，以煤为主的能源结构短期内难以改变，实现化石能源高效清洁利用，特别是实现煤炭高效清洁化利用是中国应对气候变化的最为现实的战略选择。所谓煤炭清洁利用技术就是指以煤炭洗选为源头、以煤炭高效洁净燃烧为先导、以煤炭气化为核心、以煤炭转化和污染控制为重要内容的技术体系，主要包括煤炭加工、煤炭高效洁净燃烧和转化等技术手段。煤炭高效清洁化利用重点发展煤炭高效燃烧及先进发电技术、燃煤烟气污染物排放控制技术；$CO_2$捕获与封存技术、整体煤气化联合循环技术（IGCC）、烟气再循环$O_2/CO_2$煤粉燃烧技术。此外，积极推进石油节约技术和石油代替技术，加大石油勘探开发力度，加快天然气开发利用，推进煤层气等非常规油气资源开发，提高天然气在一次能源消费中的比重。

第二，发展低碳能源。围绕新油气田规模高效开发和老油气田采收率提高两条主线，鼓励低品位资源开发，推进原油增储稳产、天然气快速发展。挖掘东部潜力，加强老区精细勘探，拓展外围盆地资源；加快西部重点盆地勘探开发，增加油气储量和产量；加快海上油气资源勘探开发，坚持储近用远原则，重点提高深水资源勘探开发能力。重点加大煤层气和页岩气勘探开发力度。

第三，发展可再生能源和新能源。积极有序发展水电，统筹考虑中小流域的开发与保护，科学论证、因地制宜积极开发小水电，合理布局抽水蓄能电站。安全高效发展核电，坚持集中与分散开发利用并举，以风能、太阳能、生物质能利用为重点，大力发展可再生能源。

4. 增加森林碳汇

加快植树造林，继续实施生态建设重点工程，巩固和扩大退耕还林成果，开展碳汇造林项目。深入开展城市绿化，抓好铁路、公路等通道绿化。加强森林抚育经营和可持续管理，强化现有森林资源保护，改造低产低效林，提高森林生长率和蓄积量。完善生态补偿机制。积极增加农田、草地等生态系统碳汇。加强滨海湿地修复恢复，结合海洋经济发展和海岸带保护，积极探索利用藻类、贝类、珊瑚等海洋生物进行固碳。

5. 控制其他领域排放

控制工业生产过程温室气体排放，推广利用电石渣、造纸污泥、脱硫石膏、粉煤灰、矿渣等固体工业废渣和火山灰等非碳酸盐原料生产水泥，加快发展新型低碳水泥，鼓励使用散装水泥、预拌混凝土和预拌砂浆；鼓励采用废钢电炉炼钢—热轧短流程生产工艺；推广有色金属冶炼短流程生产工艺技术；减少石灰土窑数量；通过改进生产工艺，减少电石、制冷剂、己二酸、硝酸等行业工业生产过程温室气体排放。通过改良作物品种、改进种植技术，努力控制农业领域温室气体排放；加强畜牧业和城市废弃物处理和综合利用，控制 $CH_4$ 等温室气体排放增长。积极研发并推广应用控制氢氟碳化物、全氟化碳和六氟化硫等温室气体排放技术，提高排放控制水平。

6. 倡导低碳生活模式

首先，树立科学的低碳节约能源消费理念。一是强化低碳节约能源消费理念。低碳节约能源消费，作为一种新型消费观念，就是倡导消费者有意识地减少能源消耗，尤其是要减少煤炭、石油等传统能源的消耗，引导公众关注和支持水能、太阳能、风能、生物质能、潮汐能等绿色能源的发展，优先选择绿色能源消费。二是倡导低碳节约消费。低碳消费主要包括减少非必要的消费，抵制破坏环境和浪费资源能源的商品，消费过程中不污染环境等。低碳节约消费把节约文化、环境道德纳入社会运行的公序良俗，引导公众在衣食住行等日常生活的各个方面，自觉选择节约环保、低碳排放的消费模式，唤醒社会公众转变消费的观念和行为，选择低碳产品，节约资源能源，保护生态环境。使消费行为符合节约消费的要求。当低碳消费行为渗透到社会经济生活各个层面，引起日常生产生活的良性改变，每个社会成员都是低碳消费的参与者和推动者。

其次，建立健全消费行为干预措施。一是培育和固化低碳节约能源消费理念。将低碳节约消费理念教育贯穿于家庭教育、学校教育和社会教育全过程，在全社会进一步牢固树立低碳节约消费理念；注重低碳节约消费行为引导和倡导，将低碳节约消费理念向行为转变，并将行为固化，形成低碳节约消费习惯，反过来又会促进全社会低碳节约能源消费理念传播和强化。二是健全理性消费的行为约束机制。低碳节约消费行为的形成，不仅需要态度、价值、习惯和个人规范等行为主体内部因素的改变，还需健全低碳节约消费的经济与规则激励机制和约束机制。激励机制，鼓励公众的绿色消费行为，对使用低碳消费用品给予适当的资金支持，激发人们低碳节约消费的积极性。同时利用政策手段、价格机制等，抑制高碳消费方式，促使向低碳节约消费方式转变。三是营造低碳节约消费的社会文化氛围。以动员社会各界参与节能减排为重点，普及节能低碳知识，树立勤俭节约、低碳消费理念。充分发挥传统媒体优势，积极运用

互联网、移动网络等新兴媒体加大宣传力度，营造浓厚的低碳节约消费的社会文化氛围。[173–176]

## 第三节　国家碳治理的政策工具

应对全球气候变化，完成全球温控目标，需要各国共同采取措施遏制 $CO_2$ 排放，其中，选择合理的政策工具是控制 $CO_2$ 排放的重要举措。本节主要介绍碳治理政策工具国际实践的主要经验以及国家层面碳治理政策工具的主要选择问题。

### 一、碳治理政策工具及国际经验

温室气体减排政策工具主要包括标准和管制政策、财政政策工具、排放权交易、自愿协议、信息工具、研发政策等。在国际社会，气候问题主要利益集团和国家大体分为三大类：欧盟（以英国、法国、德国为代表）、“伞形”国家集团[①]（以美国、日本、加拿大、澳大利亚为代表）和发展中国家（印度、巴西、南非等）。因各国的经济发展阶段不同，温室气体减排的阶段差异较大，各国减排工具选择上存在较大差异。但从国际经验来看，温室气体减排政策工具呈现如下趋势。

第一，标准和管制政策工具仍然是温室气体减排的“基础性”工具。标准和管制政策工具，包括法律、规章、标准、指令、授权等，是欧盟、伞形国家最常见的管制措施，涵盖了工业、建筑、交通、可再生能源等领域。能源效率是最主要的标准管制对象，能效标准的设计和实施包括多种方式。例如，可以作为技术标准，或者作为产业规范，以规章制度或是自愿协议的方式加以实施，其应用包括汽车的燃料经济标准、家电标准和建筑标准等诸多领域。欧盟、伞形国家为代表的发达国家虽然实施经济手段的时间比较早，各种体制也较完善，

---

① 伞形集团（Umbrella Group）是一个区别于传统西方发达国家的阵营划分，用以特指在当前全球气候变暖议题上不同立场的国家利益集团，具体是指除欧盟以外的其他发达国家，包括美国、日本、加拿大、澳大利亚、新西兰、挪威、俄国、乌克兰。因为从地图上看，这些国家的分布很像一把“伞”，也象征地球环境“保护伞”。

但目前各国并未出现经济刺激手段占据环境管理主导地位的状况。欧盟是应对气候变化的“优等生”，除了碳市场之外，仍有大量涉及能源、工业、交通、建筑的标准和管制手段。从国际范围来看，市场化手段只是作为直接管制的补充，标准和管制政策是减排的“基础性”工具。

第二，多种政策工具协同作用是温室气体减排政策的普遍现象。从国际经验来看，从大的层面来看，“命令—控制式”政策工具和“市场化”手段相结合，政策工具整体呈“混合式”特征。在政策工具组合中，管制和标准政策工具是“基础性”政策工具，其次是财政政策等工具，并辅以自愿协议、信息工具等。从欧盟部分国家的经验可以看出，即便是碳税和碳市场也可以并用。

第三，政策工具的应用随着政策环境而循序渐进演变。从温室气体减排的实践来看，可以归纳出这样一条“经验”，即：温室气体减排政策工具的应用必须首先与各国温室气体排放的阶段相适应，碳排放总量变化趋势是重要的阶段特征。温室气体减排政策工具的国际实践来看，欧盟碳排放总量总体呈下降态势，采用了碳税、碳市场等“高级的”政策工具。在欧盟内部，碳税政策也未达成共识。伞形国家集团排放总量仍呈上升态势，均未采用碳税、碳市场等政策工具。产生这种现象可能的重要原因是不同发展阶段减排成本存在差异。

第四，提高能源效率是温室气体政策工具的核心目标。在各国应对气候变化的政策中，提高能效是核心的目标。从国际经验可以看出，能源效率、再生能源、新能源与 $CO_2$ 固化是各国减排政策要解决的主要问题。其中，提高能效是主要国家减排政策工具应用的核心目标。

第五，市场化减排政策工具主要在欧盟应用。碳税最先在北欧国家实施，瑞典、挪威、芬兰、丹麦和荷兰是先行者，并于 1992 年由欧盟推出，但是由于各种原因，并没有得到普遍推广。目前，欧盟内部对碳排放税仍未达成一致。伞形国家集团，如美国、日本、澳大利亚、加拿大等均没有采用碳税。对于碳税的减排效果，评价不一。在不同国家和地区的不同发展阶段实施碳税，其实施效果有较大的差异。西方一些经验研究发现碳税对温室气体减排的影响有限，也有研究表明碳税对 $CO_2$ 减排的确有用。

在欧盟、伞形国家集团、发展中国家中，目前只有欧盟建立了国家层面的碳市场。此外，还有几个区域性的碳市场，如美国区域温室气体行动（RGGI）、西部气候行动（WCI）、加州总量控制与交易计划（AB32）、中西部温室气体减排协议（MGGA）、澳大利亚新南威尔士减排体系（NSW GGAS）、日本自愿减排交易体系（JVETS）等。

在分析碳市场的作用和绩效时，从国际文献来看，对欧盟碳市场的评价褒贬不一。但碳市场对温室气体减排的促进作用是显然的，随着配额拍卖等相关机制在第三阶段的启动，碳市场对温室气体减排的促进作用将更加明显。

## 二、国家碳治理政策工具的选择

国家层面碳治理政策的选择与该国的经济发展阶段、技术水平、能源结构等密切相关，治理政策选择的重点和目标各不相同，以下以我国为例简要说明碳治理政策工具的选择问题。

第一，继续运用好标准和管制为代表的“传统”政策工具。尽管目前对我国温室气体减排政策工具的普遍评价是“行政手段多，市场手段少了”，但是标准和管制为代表的“传统”工具在近中期仍将是我国节能减排的“基础性”政策工具。现阶段，在探索市场化减排政策机制的同时，应更多反思和改进传统“命令—控制式”减排政策工具。

第二，充分考虑政策工具的应用条件，稳步推进“高级”政策工具的应用。应充分考虑我国快速的工业化、城市化进程，现阶段和中长期能源消费和排放的特征，以及我国的环境监管水平和能源体系的市场化程度等问题。在考察和借鉴国际经验时，不宜紧盯欧盟的碳税、碳市场，应从“宽视野”关注减排政策工具的演进过程和具体环境，充分考虑我国减排的现阶段特征。从长期看，应更多发挥市场机制在减排中的作用，碳税、碳市场等“高级”的市场化减排工具的应用是大势所趋。但是如果脱离了我国的现实，过早采用相关政策工具可能很难实现其在“理论上”的优势。现阶段，超越现实情况的政策工具的应用更多的只是一个“学习”和“试错”的过程。

第三，加强各主要政策工具之间的协调。一般认为，单一的政策工具很难解决温室气体减排的问题，温室气体减排需要多种政策工具协同作用。在减排政策工具的设计中应统筹好各种政策工具。在我国现行体制下政策工具的应用有明显的“碎片化”特征，政策工具应用中“部门利益化”的现象比较严重，统筹协调各种政策工具的使用存在制度性的障碍，这可能制约政策工具应用的有效性。温室气体减排是一项大的系统工程，各项政策工具需要统筹协调，为此，需要在统一的框架下，构建基于部门分工的管理体系，明确各部门的职责，界定清楚管理过程，确保监管内容和监管过程的衔接，形成有效的、相互衔接协调的温室气体减排管理体系。

第四，以提高能源效率作为近期减排政策工具的核心目标。一般认为，在减少温室气体排放的途径中，提高能源效率是最经济和最容易的方式。我国的能源效率与发达国家有很大的差距，这决定着，提高能源效率是我国现阶段转变经济发展方式和应对气候变化最重要的内容。

第五，积极推进碳市场建设。作为一种“创建市场”的工具，碳市场是一种“精细化”的复杂管理手段，其内在目标实现过度依赖于制度背景、技术背景等外部条件以及交易机制设计本身。欧盟排放贸易体系的实施过程表明，碳排放权交易是高级的环境管理手段，其成功实施的前提条件是具备健全的法制环境和规范完善的市场经济体制。必要的保障措施包括准确设定碳排放控制目标、建立配套管理机制和能力、实施严格的排放量测量、报告和核查，以及建立商业化的碳交易环境等。我国在探索以碳市场解决温室气体减排问题时，应客观分析与发达国家的国情差异。在积极推进碳市场建设的同时，高度关注我国的能源供给体系的市场化程度，以及资源性产品长期的价格扭曲等问题。

第六，稳妥推出碳税。碳税的征收涉及经济社会等诸多方面，影响广泛而深远，各国在推出碳税时都非常慎重。我国在碳税的设计时应综合考虑碳税的经济效率、环境效果，还要考虑到社会效益、国际竞争力等因素。目前我国企业税赋总体偏高，片面加税，可能进一步增加企业的税收负担，不利于提高企业的竞争力和盈利能力。碳税的推出应与我国税制的改革整体衔接，同时不应增加企业的总体税负。[177]

# 第九章 全球碳治理

气候变暖是迄今为止人类所遇到的程度最大、范围最大的全球性危机。气候问题不仅是单一领域内的科技、经济、政治问题，更是涉及人类几乎所有知识领域的问题，由于温室气体排放的外部性和减排的公共性，使得当今世界任何一个人、一个国家都会通过碳足迹相互影响，任何人或国家都无法独自应对温室气体排放的外部性。遏制温室气体排放，减缓全球气候变化需要全球治理机制。本章重点关注全球碳治理的历史责任、全球碳减排的国际博弈与合作、主要实践以及在此背景下的环境外交。

## 第一节 全球碳排放历史与减排责任

遏制温室气体排放，减缓全球气候变化，客观上需要世界各国共同努力。但全球变暖是由于温室气体排放累积造成的，以及温室气体减排是一个典型全球性公共产品。各国间进行有效的减排合作的一个重要前提，是需要区分减排责任的大小，这主要涉及减排责任的分担问题。本节将介绍全球碳排放历史信息，分析主要国家或经济体的碳排放的贡献，并依据排放空间的测算，确定主要国家或经济体的未来排放空间，为确定各国减排责任提供参考。

### 一、碳排放的历史演变

当前的气候变化主要是由历史上的碳排放逐渐积累所导致的，应对气候变化，首先要对碳排放的历史演变规律进行简要分析，重点分析碳排放总量、排放结构、增速等。由于全球 $CO_2$ 浓度的增加主要是由于化石燃料的使用，利用美国橡树岭国家实验室 $CO_2$ 信息分析中心（Carbon Dioxide Information AnalysisCenter，CDIAC）提供的 1850~2006 年世界各国化石燃料 $CO_2$ 排放和水泥生产过程排放数据（包括固体燃料、液体燃料、气体燃料、水泥生产、废气燃烧以及总排放量）来分析全球碳排放相关规律。

（一）全球排放的阶段特征

从排放总量所表现出的规律来看，自 1750 年以来，全球碳排放量的历史趋势大体可以分成四个阶段，[178] 由于碳排放总量主要是化石能源燃烧和水泥生产过程产生的，我们将重点关注 1850 年以后的全球碳排放总量的结构特征。

第一阶段：1820 年以前，化石能源排放前夕。这段时间是一个特别时期：它是中世纪文明向现代文明的过渡时期，也是农耕时代向工业时代的转折期，能源资源从植物能源时代向化石能源时代的过渡期。随着欧洲文艺复兴的兴起与发展、美洲大陆的发现，以及欧洲对非洲和亚洲的殖民和侵略，极大地推动了一个全球化市场的发展，进而为以英国为核心的纺织革命创造了条件。特别是瓦特蒸汽机的问世，使得大规模生产成为可能，农耕时代的植物能源已经无法满足蒸汽机时代的能源需求，植物能源时代只能提供有限的能源、有限的粮食、有限的动力、有限的原材料，在新的产业革命面前，植物能源时代走到了巅峰，一个新的时代正在到来。

这个时期的全球碳排放总量甚微，主要来源于极其少量的固体燃料燃烧。

第二阶段：1820~1910 年前后，化石能源排放的来临。1820~1850 年前后，由于英国、法国的加来海峡地区和德国鲁尔地区的煤矿发现与开发，整个世界从 1830 年煤炭消费量占整个能源消费量不到 30%，迅速在 1888 年达到了 48%。超过了木材使用量，成为主导能源。与此同时，伴随着煤炭的规模性的

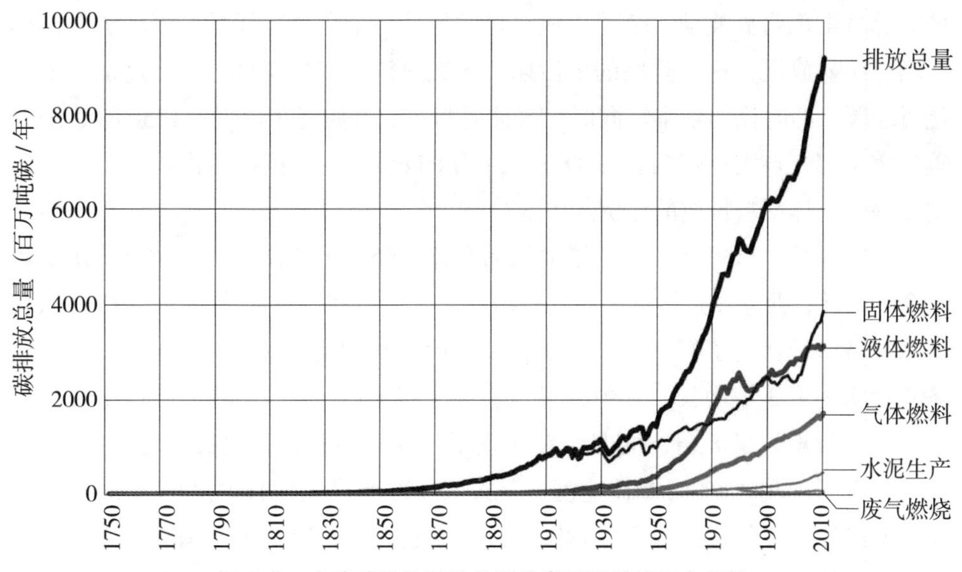


图 9-1 全球碳排总量及各排放类型贡献的历史趋势

开采和使用，蒸汽机真正开始得到推广，交通、钢铁、电力迅速得到推动，整个世界经济产生了连锁式飞跃发展，世界由此正式进入工业文明时代——化石能源时代。

这个阶段的全球碳排放开始由缓慢增长，到后期的快速增长。排放绝大部分仍然来自固体燃料排放，但由于新型交通工具的革新，液体燃料排放在这个阶段的中后期开始登上历史的舞台，但占排放总量的比重很低。1820 年，全球碳排放全部来自固体燃料排放，到了 1910 年，固体燃料排放的比重降为 95%。

第三阶段：1910~1950 年，排放较为稳定阶段。经历了百年左右的高速发展，欧洲发达国家普遍面临煤炭资源短缺危机，从而使整个欧洲大陆无法再实现一个持续的高速增长，欧洲的经济已经由过去的高速增长转向一个低速增长，甚至不增长的历史性大调整格局。虽然这一时期美国依然保持着继续增长的状态，但也存在经济转型的重大问题，1910 年前后，美国的非农业人口正式超过农业人口，城市化和工业化初步完成，直到第二次世界大战后的 1950 年，美国经济实力达到历史顶点。为了拓展国家生存空间和摆脱经济危机的严重影响，人类社会经历了两次世界大战。这是一个非常特殊的时期，人类历史上第一次连续卷入两次真正意义上的全球性战争与一场席卷全球的经济危机，是人类社会发展过程中一个大历史时代变革的过渡期，化石能源时代的第一阶段——煤炭时代向化石能源第二阶段——石油时代展开的过渡期。

这个阶段全球碳排放总量总体保持增长态势，但涨幅明显收窄，个别年份排放总量出现明显波动。全球排放总量的另外一个显著特征是，固体燃料排放的增速明显放缓，这个阶段的中后期液体燃料排放增长明显加快，这也预示着化石能源石油时代的到来。同时，气体燃料排放开始逐步出现。1950 年，全球碳排放全部来自固体燃料排放的比重降为 65.6%，而液体燃料排放的比重上升到 26%，气体燃料排放的比例约占 6%。

第四阶段：1950 年以来，随着战后重建，经济迅速恢复，以及第三次工业革命的兴起，西方发达国家经历了一段黄金发展时期，特别是 1950~1973 年间，全球经济增长达到了有史以来最高发展阶段，平均增长速度为 4.91%，全球经济总量实现了 3 倍增长，其中，日本实现了年平均增长 9.29%的高速增长，整个经济总量增长了 8 倍，而美国在实现了 100 多年的较高增长速度的条件下，依然实现了年均 4.8%的增长速度，是过去 100 年高速增长速度的 2.2 倍左右。到了 20 世纪 80 年代，西方发达国家经济增长放缓，以金砖四国为代表的发展中国家加快了经济发展步伐，开始了工业化进程，带动全球经济总量的进一步增长。全球经济总量的快速增长带动了以石油、煤炭为主的化石燃料的大量使用，产生大量碳排放，进而导致大气 $CO_2$ 浓度剧增。期间，以《联合国气候变化框架公约》签署为标志，人类开始关注碳排放与全球气温变暖的关系问题，节能减排成为国际社会的共识，《联合国气候变化框架公约》(1992)、《京都议定书》(1997) 等国际公约相继签署，公约框架下的减排行动不断推进。

这一阶段全球碳排放总量的一个显著特征是快速急剧增长，液体燃料排放迅速增长，在相当长的一段时期内其排放超过了固体燃料排放，气体燃料排放一直呈现快速增加态势，而伴随着发展中国家城市化进程的推进，水泥生产过程排放呈现明显增长，并且这一态势近年来呈现快速增长。

(二) 排放的结构特征

从历史角度来看，固体燃料产生的碳排放在全球碳排放中一直占着相当大的比例，1950 年以前，全球碳排放一半以上来自固体燃料。固体燃料的碳排放在全球碳排放中的比例在 1975 年至 2000 年期间基本稳定，但在 2000 年以后，在全球碳排放中的比重又呈现上升的态势。

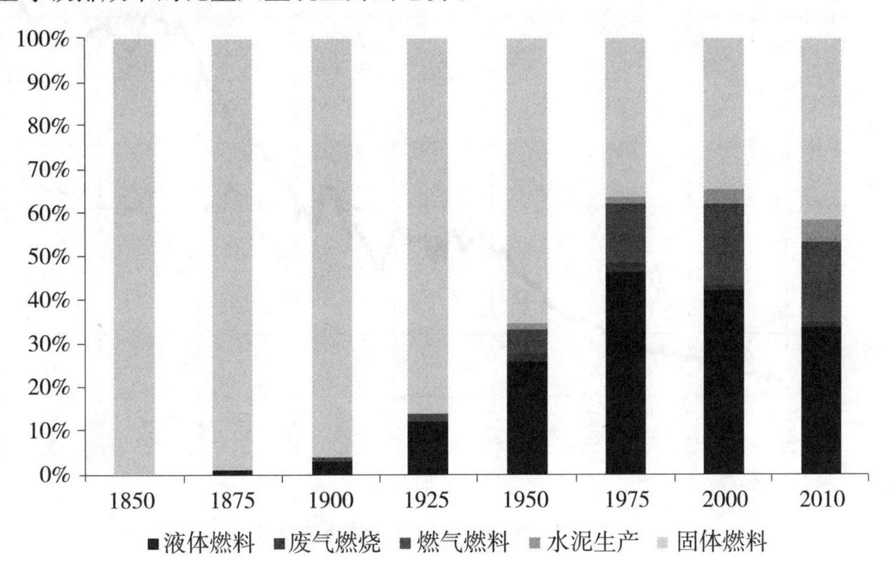


**图 9-2 全球碳排放结构的历史趋势**

液体燃料产生的碳排放总体呈现了先增长后递减态势。在 1975 年以前，随着石油等液体燃料在世界能源地位的逐步上升，液体燃料在全球碳排放中比例上升，1975 年以后，液体燃料的排放所占比例又进入呈现稳步下降通道，这种趋势一直持续至今。这与天然气等液体燃料在世界能源结构的比例增加有关。

由于燃气燃料相对固体燃料和液体燃料更加清洁，气体燃料碳排放在全球碳排放结构中的比例一直呈现稳步增长，这与同期世界能源结构清洁和高效化的趋势相吻合。

水泥生产产生的碳排放在全球碳排放中的比例整体较低，但考虑到全球碳排放的规模，水泥生产也产生了相当可观的碳排放，并且其占全球碳排放的比例一直呈现稳步增长。由于水泥是重要的基础建筑材料，今后新兴经济体的城市化将进一步提高其碳排放在全球碳排放中的比重。

2010 年，全球碳排放全部来自固体燃料排放的比重进一步降至 42%，液体燃料排放的比重上升到 34%，气体燃料排放的比例上升到 18.6%，水泥生产的碳排放约占 5%。

（三）人均碳排放特征

受获得全球人均碳排放数据的限制，只能分析得到 1850 年后相关人均碳排放，可以看出，全球人均碳排放基本与全球排放总量的趋势一致。

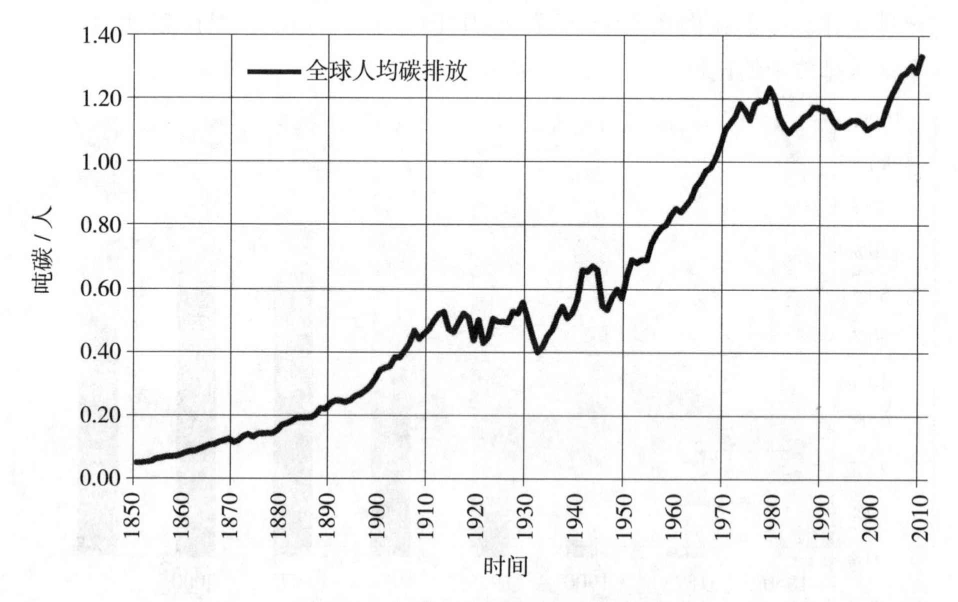


**图 9–3　全球人均碳排量的历史特征**

1850~1910 年期间，全球人均碳排放呈现稳步增长态势，从 1850 年的人均 0.05 吨碳增长到 1910 年的 0.47 吨碳；全球人均碳排量增长了 840%。1910~1950 年期间，全球人均碳排在波动中小幅上涨，从 1910 年的人均 0.47 吨碳增长到 1950 年的 0.64 吨碳，只增长了 36.71%。1950 年后，全球人均碳排放大致可以分为两个阶段，第一个阶段，是 1950 年至 1973 年，这期间，全球人均碳排放呈现快速增加，主要原因是西方发达国家经济快速增长带动了以石油为主的化石能源消费的快速增长；从 1973 年至今，全球人均碳排放增速放缓，主要原因是由于发达国家经济增长放缓，全球人均碳排放的增长主要由发展中国家贡献。

（四）全球碳排放的区域特征

受获得全球人均碳排放数据的限制，暂时不能按照洲际区域分析全球碳排放的区域排放结构。我们将全球区域[①]划分为西欧、发展中美洲、东亚、远东、中东、北美、大洋岛国、非洲和德国。从图 9–4 可以看出：

全球碳排放的区域分布上，整体上呈现了以欧美为中心向各区域多元化分散的趋势。欧洲和北美地区在全球排放格局中一直占主要地位，特别是在 1975 年以前，全球碳排放的绝大部分碳排放来自欧洲和北美地区，这些地区也是世界主要发达国家所在区域。发达国家相继完成了工业化和城市化的进程，在此过程中，发达国家消耗了大量的化石能源，产生了大量的温室气体排放。其中，西欧地区和德国碳排放的比重呈现整体递减，而北美地区碳排放比重却经历了先增加后减少的趋势。

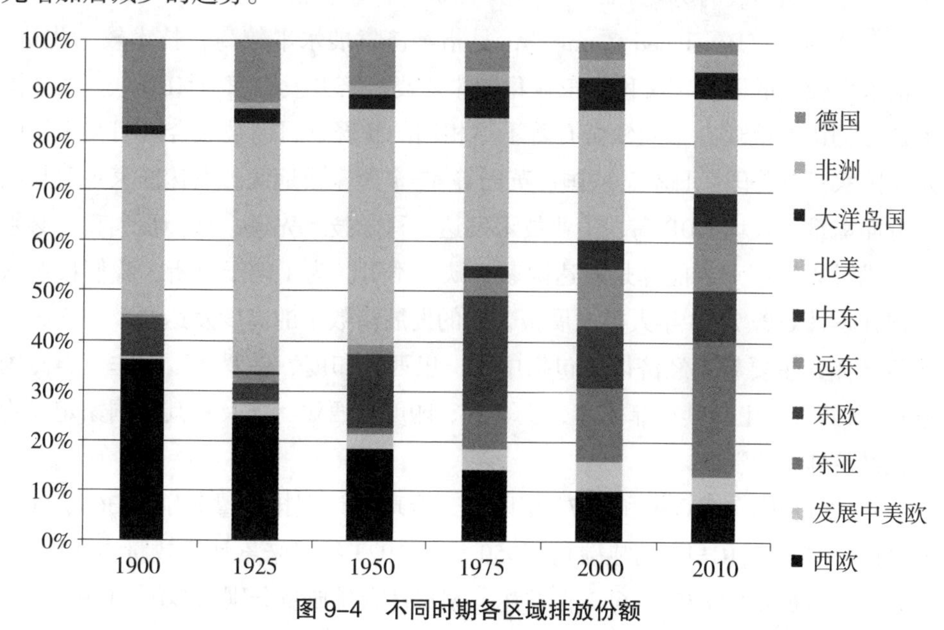


**图 9–4 不同时期各区域排放份额**

以中国为核心的东亚地区碳排放在全球中的份额呈现显著增加态势，这种增加态势在 1975 年后呈现加速，这主要是由中国经济持续快速增长带动化石能

① 东亚：中国、朝鲜和越南；北美：美国、加拿大；东欧：原社会主义地区。其他地区覆盖范围详见：http：//cdiac.ornl.gov/$CO_2$_Emission/timeseries/regional

源快速增长引起的。而非洲、中东地区、远东地区以及发展中美洲，虽然在全球中的份额不大，但在全球排放中份额却呈现稳步小幅增长的趋势。

2010 年，欧洲和北美地区（西欧、北美、东欧和德国）仍然是世界主要排放区域，碳排放占全球碳排放总量的 39.13%；其中，西欧占 7.68%，北美贡献了 18.78%，东欧和德国贡献了 12.7%。亚洲成为世界新的排放中心，其中，东亚（以中国为主）占全球碳排放的 26.97%；亚洲其他地区（中东和远东）贡献了 19.78%。

## 二、主要经济体排放贡献分析

鉴于温室气体在大气中有一定的寿命期，今天的全球气候变化主要是发达国家自工业革命以来 200 多年间温室气体排放的累积效应造成的，因此，控制全球温室气体排放，在考虑现实排放责任的同时，必须分析主要经济体对全球温室气体累积排放的历史贡献，追溯历史责任，才能更好地体现公平。

发达国家（Developed Country），是指经济发展水平较高，技术较为先进，生活水平较高的国家，又称作工业化国家、高经济开发国家（MEDC）。发达国家这一词语的范畴在不同领域有着不尽相同的解释，目前被联合国明文确认的发达国家只有美国、日本、法国、英国等 47 个国家或地区。发达国家主要从四个方面衡量：人均 GDP 高、工业技术发达、科学技术先进、社会福利高。必须同时满足以上四点才能算是发达国家，缺一不可。为了便于分析，我们按照联合国开发计划署 2013 年人类发展报告中的发展指数中的高度发达国家定义为发达经济体；主要新兴经济体，包括中国、巴西、印度、俄罗斯、南非（金砖国家）、墨西哥、土耳其、菲律宾、土耳其、印度尼西亚、埃及；其余国家定义为其他经济体。[179]

自 1850 年、1950 年和 1973 年以来，全球累计碳排放量分别为 364、3044 和 2404GtC（1 GtC=10 亿吨碳），1950 年和 1973 年以来累计排放量占 1850 年以来累计排放量的 83%和 66%；发达国家累计碳排放量分别为 201、149 和 113 GtC，1950 年和 1973 年以来累计排放量占 1850 年以来累计排放量的 74%和 56%；主要新型经济体累计碳排放量分别为 76、74 和 684GtC，1950 年和 1973 年以来累计排放量占 1850 年以来累计排放量的 97%和 90%。同期相比，发达国家累计排放总量分别是新型经济体累计排放总量的 2.65、2.01 和 1.66 倍。可以看出，发达国家排放高峰发生在 1973 年以前，而主要新兴经济体的排放主要

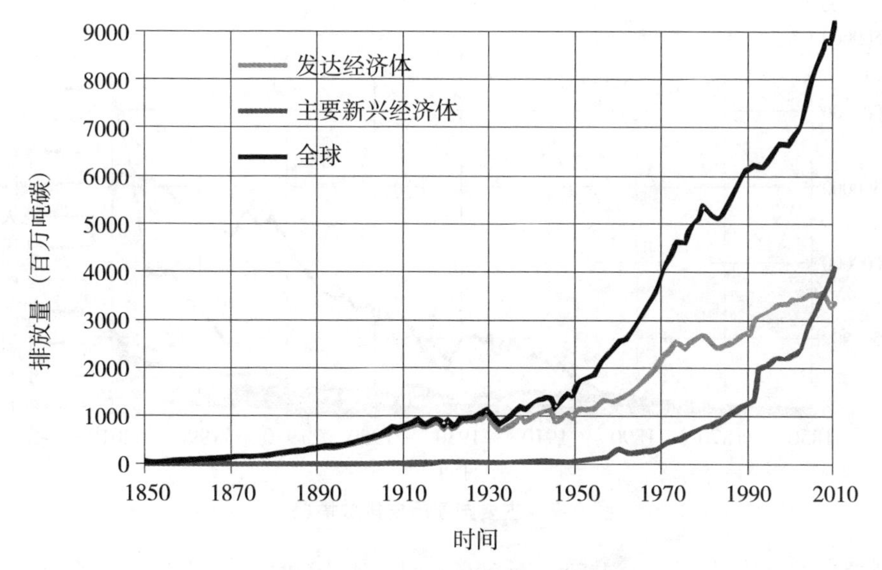


图 9-5 主要经济体历史排放情况

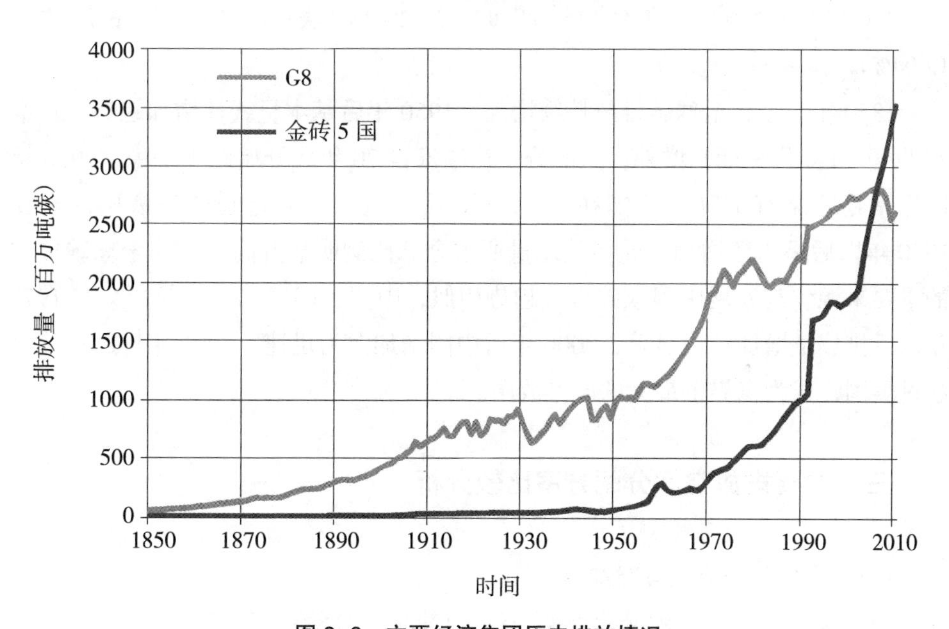


图 9-6 主要经济集团历史排放情况

发生在 1973 年以后。所计算的起始时间点越晚，主要新兴经济体累计排放占全球的比例越高。

自 1850 年至 2010 年，G8 国家的累计碳排放量之和（168GtC）占全球碳排放量的 46%，其中，G8 发达国家占发达国家累计总排放的 84%，基础五国（中、俄、印、巴、南非）和墨西哥占全球累计总排放的 17%。占全球累计排放

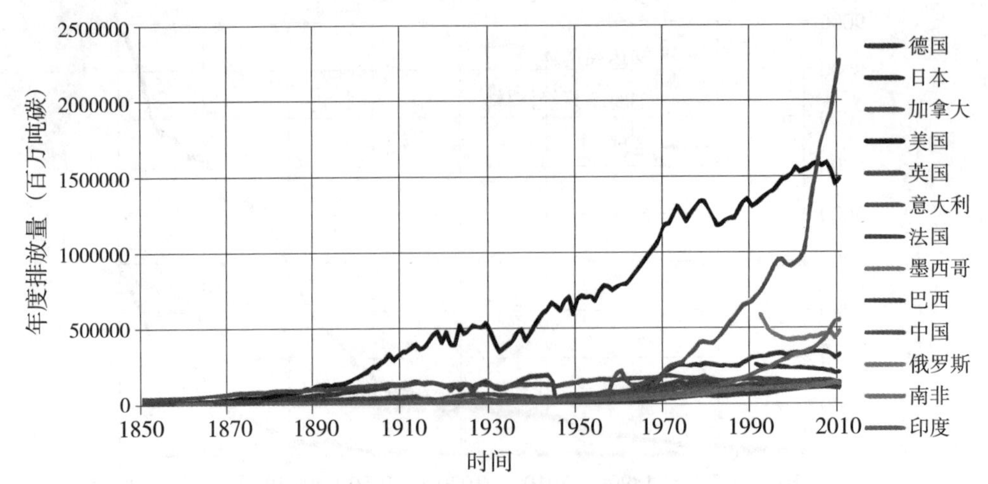


**图 9–7　主要国家历史排放情况**

比例最高的国家依次为：美国（26.66%）、中国（9.95%）、英国（5.25%）、日本（3.64%）、德国（3.27%[①]）、印度（2.82%）、法国（2.57%）和加拿大(2.04%)。

1850 年至今，全球碳排放持续增加，1950 年后基本呈线性增加趋势，日本 20 世纪 70 年代短期剧增外，大部分发达国家自 70 年代开始趋于平稳，1990 年以后平稳或略有下降，美国在 2008 年以后，进入下降通道。发展中国家在 1950 年以后呈指数增加，碳排放总量所占全球比例明显升高，成为全球碳排放的重要来源。与发展中国家碳排放趋势相似，中国、印度、巴西等国家在 1970 年以后排放量增加较为显著，2000 年后中国增加尤为迅速，2006 年排放量首次超过美国，成为世界上最大的碳排放国。

## 三、主要排放空间分配方案比较分析

### （一）主要排放空间方案概要

为实现《联合国气候变化框架公约》（简称《公约》）稳定大气中温室气体浓度的目标，自《公约》生效以来，各国研究机构陆续提出多种碳排放限额分配方案。其分配原则也不尽相同，有的提倡效率，有的主张公平，有的基于现实，有的考虑历史责任。这里重点介绍其中的 7 个方案，5 个为减排方案，2 个

① 联邦德国历史排放数据没有计入，德国占比变小。

为排放空间分配方案。[180]

第一个是IPCC方案（表9–1），它发表在IPCC第四次评估报告中。这个方案的出发点是把工业革命以来到21世纪末的增温控制在2℃以内，在这个目标下，该方案倾向于在2050年前把大气$CO_2$当量浓度（$CO_2$–e）控制在450 ppmv之内。$CO_2$–e浓度是一个没有明确定义的单位，如果把$CH_4$和$N_2O$等温室气体都转换成$CO_2$–e浓度的话，目前大气$CO_2$–e浓度已经达到460 ppmv左右，因此450 ppmv $CO_2$–e浓度目标是不可能实现的。根据IPCC的报告，大气气溶胶等的致冷效应，同$CO_2$以外的温室气体的致暖作用大致相等[181]。这个看法的可靠性虽值得怀疑，但它至少说明，目前IPCC报告中用的$CO_2$–e其实基本相当于$CO_2$在450 ppmv $CO_2$–e目标下，IPCC方案提出《联合国气候变化框架公约》中的40个附件Ⅰ国家①，2020年在1990年的基础上减排25%~40%，到2050年则要减排80%~95%。对非附件Ⅰ国家（主要是发展中国家）中的拉美、中东、东亚以及“亚洲中央计划国家”，2020年要在“照常情景”（BAU）水平上大幅减排（可理解为大幅度放慢$CO_2$排放的增长速率，但排放总量还可增加），到2050年，所有非附件Ⅰ国家都要在BAU水平上大幅减排。

第二个是G8方案（表9–1），由G8国家（美国、英国、法国、德国、意大利、加拿大、日本和俄罗斯）在2009年7月的意大利峰会上提出。它要求到2050年，将全球通过化石能源利用和水泥生产排放的$CO_2$削减50%，而发达国家则削减80%。这个方案没有设定基准年，也没有设定中期目标和2050年$CO_2$浓度控制目标。

第三个是联合国开发计划署（UNDP）方案[176]（表9–1），它提出的目标是全球$CO_2$排放在2020年达到峰值，2050年在1990年的基础上减少50%，但在此总目标下，发达国家和发展中国家的减排途径不同。发达国家应在2012~2015年达到峰值，2020年在1990年基础上减排30%，到2050年则减排80%；发展中国家在2020年达到峰值，届时可比“现有水平”多排放80%，到2050年，则要比1990年减排20%。这个方案提出的2050年$CO_2$浓度控制目标，与

① 澳大利亚、奥地利、白俄罗斯、比利时、保加利亚、加拿大、克罗地亚、捷克共和国、丹麦、爱沙尼亚、芬兰、法国、德国、希腊、匈牙利、冰岛、爱尔兰、意大利、日本、拉脱维亚、列支敦士登、立陶宛、卢森堡、摩纳哥、荷兰、新西兰、挪威、波兰、葡萄牙、罗马尼亚、俄罗斯联邦、斯洛伐克、斯洛文尼亚、西班牙、瑞典、瑞士、土耳其、乌克兰、英国、美国。

**表 9-1 不同减排方案具体参数的比较[180]**

| | 中期目标（2020 年） | 长期目标（2050 年） | 基准年 | 按排放主体分类 |
|---|---|---|---|---|
| IPCC 方案 | 附件 I 国家减排 25%~40%；非附件 I 国家中，拉美、中东、东亚地区及亚洲中央计划国家在基准水平上大幅度减排 | 附件 I 国家减排 80%~95%；非附件 I 国家在基准水平上大幅减排 | 1990 年 | 附件 I 国家<br>非附件 I 国家 |
| G8 国家方案 | — | 减排 50% | — | 发达国家　其他国家 |
| UNDP 方案 | 到达峰值 | 减排 50% | 1990 年 | 发达国家<br>发展中国家 |
| OECD 方案 | 减排 3%（2030 年） | 减排 41% | 2000 年 | OECD 国家<br>金砖四国<br>其他国家 |
| 澳大利亚 | 增加 29% | 减排 50% | 2001 年 | 澳大利亚　加拿大<br>美国　日本<br>欧盟 25 国　发展中国家 |
| CCCPST 方案 | 到达峰值（9.03GtC） | 减排到 8.18 GtC（2030 年） | 2003 年 | 美国<br>美国以外的经合组织国家<br>中国<br>中国以外的非经合组织国家 |
| 丹麦 Sorensen 方案 | — | 486.27 GtC（2000~2100 年累计排放） | 2000 年 | 美国、中国、西欧等 13 类 |

*数据来源*：Ding and Duan（2010）.

IPCC 方案相同，也为 450 ppmv$CO_2$–e。

第四个是 OECD（经济合作和发展组织）方案（表 9–1）[182]，它以 2000 年为基准年，减排主体分为 OECD 国家、金砖四国和其他国家。它在 2050 年大气 $CO_2$ 浓度控制在 450 ppmv 目标下，将全球平均气温的升高幅度限制在 2℃~3℃。提出 2030 年全球应减排 3%，其中 OECD 国家减排 18%，金砖四国排放可增加 13%，其他国家增长 7%；到 2050 年，全球在 2000 年的基准上减排 41%，其中 OECD 国家减排 55%，金砖四国减排 34%，其他国家减排 25%。

第五个方案（表 9–1）由澳大利亚的研究人员 Garnaut [183] 提出（后文称 Garnaut 方案），它提出以 2001 年为基准年，2005 年为起始年。在 450 ppmv 情景下，该方案提出到 2020 年，全球排放可比 2001 年增长 29%，到 2050 年则要减少 50%。在减排主体上，它分为澳大利亚（以 2000 年为基准年）、加拿大、美国、日本、欧盟 25 国及发展中国家六大类，前五类国家到 2020 年减排幅度在 25%（澳大利亚）至 45%（加拿大）之间，到 2050 年的减排幅度在 82%（欧盟 25 国）与 90%（澳大利亚）之间；发展中国家 2020 年可比 2001 年多排放 85%，到 2050 年时要减排 14%。这个方案还分别对中国和印度给出目标，中国到 2050 年要减排 45%；印度则到 2020 年可增加排放 97%，到 2050 年这个增排幅度则要降至 90%。

第六个方案（表 9-1）由来自美国、荷兰和意大利的几位科学家[184]共同提出（后文称 CCCPST 方案），它强调在公平原则下，由不同国家的高收入群体承担减排任务，一个国家的高收入人数在全球所有高收入人数中的比例即为此国家的减排比例，而一国高收入人数则通过该国不同人群收入分布计算获得。在这个方案中，控制排放的主体分四类：美国、美国以外的经合组织国家、中国、中国以外的非经合组织国家，并要求到 2020 年全球达到排放高峰，该年总的排放量设定为 9.03 GtC，分配到四个主体，美国 1.39 GtC，美国以外的经合组织国家 2.13 GtC，中国 2.32 GtC，中国以外的非经合组织国家 3.19 GtC；2030 年全球总排放量设定在 8.18 GtC，其分配方案是美国 0.87 GtC，美国以外的经合组织国家 1.69 GtC，中国 2.24 GtC，中国以外的非经合组织国家 3.38 GtC。这个方案将 2003 年设定为基准年，据美国能源信息署（EIA）的数据，该年全球化石能源燃烧排放的 $CO_2$ 为 6.95 GtC。

第七个方案（表 9-1）由丹麦研究人员 Sorensen[185]提出（后文称 Sorensen 方案），该方案对 2000~2100 年期间不同排放主体的排放空间直接作了分配。它分配的原则是“人均未来趋同”，即当前排放高者逐渐减排，低者可逐渐增高，到 2100 年左右，达到不同国家人均排放相同。在这样的原则下，该方案通过模型计算，得出 2000~2100 年通过化石能源燃烧和土地利用可总共排放 486.27 GtC，并将这部分排放空间分配到 13 个主体，分别是：美国 69.55 GtC，加拿大、澳大利亚和新西兰 12.00 GtC，日本 17.73 GtC，西欧 48.82 GtC，东欧 9.27 GtC，俄罗斯、乌克兰和白俄罗斯 21.27 GtC，中东 43.91 GtC，中国 68.18 GtC，印度 49.91 GtC，其他亚洲国家 42.27 GtC，拉丁美洲 23.45 GtC，非洲 58.09 GtC，国际航空和航海 21.82 GtC，年多排放 195%。

（二）各方案评估

第一，这 7 个方案都没有考虑历史上各国在实际排放上形成的巨大差别。众所周知，大气 $CO_2$ 浓度从工业革命前的 270 ppmv 左右提高到 2005 年的

380 ppmv，约 60%的贡献来自 2005 年人口不到全球 15%的 27 个发达国家。以人均累计排放为指标，在 1900~2005 年间的排放历史做了定量计算，结果表明：在此期间，27 个发达国家的人均累计排放为 251.17 tC，发展中国家为 33.33 tC，相差 7.54 倍；以国家计，美国的人均累计排放为 467.88 tC，澳大利亚 260.62 tC，中国为 24.14 tC，印度为 10.79 tC，四个国家的比例是 43.4：24.2：2.2：1.0。《联合国气候变化框架公约》确定了“共同但有区别的责任”原则，但对为何强调国家间的“区别”没有做出深入的说明，强调“区别”的基础主要是各国历史上实际排放量的巨大差别。因此，以上 7 个方案都违背了“共同但有区别的责任”原则。

第二，这 7 个方案都分配给发达国家比发展中国家更多的未来排放权，这将压制发展中国家发展的正当权利。到目前为止，世界上所有国家，在其发展经济、提高国民福利过程中，都不能避免通过增加人均能源消费而提高人均 $CO_2$ 排放这个模式。可以说，目前世界上的低碳经济国家还是那些以自然经济形式存在的最不发达国家，而低碳发展的国家还没有出现过。即使今后低碳技术获得长足进步，发展中国家在建造公共设施、工业化和城市化过程中还将不可避免地导致 $CO_2$ 排放的增长，因为在很长一段时期内，水泥生产、金属材料冶炼和长途运输等行业是很难发展出真正的低碳技术的。在发展太阳能、风能、核能等低碳能源所需的设备时，也会产生大量的 $CO_2$ 排放。这就涉及一个核心问题：在今后排放权分配上，到底应遵循何种原则？由于历史上发达国家的人均排放大大高于发展中国家，为保证发展中国家的发展权，今后发展中国家理应获得比发达国家更多的排放权，而不是相反。排放权是在公平正义原则下一国应该享有的排放权益，而一国在一段时期内的“实际排放量”则由其历史排放量、当前排放量、发展阶段、经济结构和生活方式等因素决定，完全有可能超过或小于它的排放权。而排放量“出超者”与“盈余者”之间的调节，则可以通过公平的交易体系而实现。

第三，这 7 个方案在高峰排放年设定时，没有真正考虑各国在发展阶段上的巨大差别。它们把全球高峰排放年大都设定在 2020 年，也就是说大部分发展中国家都得从 2020 年起开始减排，而 27 个发达国家在过去 10 年，总排放量还在增长，它们在整体上达到峰值年，也必定在 2010 年之后，UNDP 方案则直接把发达国家的高峰排放年设定在 2012~2015 年之间，只比发展中国家早 5~8 年。如以年人均排放量为标准，一些发达国家在 20 世纪 70 年代或 80 年代才达到排放高峰，这个时间出现在它们工业化、城市化完成几十年、上百年之后，并同它们高能耗产业向别国转移有关；如果以总量计算，随着人口的增加，美国、澳大利亚、加拿大、日本等国的排放近年还在增长。许多发展中国家的工业化、城市化水平都很低，有的甚至还没有开始大规模的基础设施建设，因而排放的增长是不可避免的，即使今后低碳技术有很大的突破，技术的转移、普及也决非一二十年内所能完成，更何况许多基础设施建设根本没有低碳技术。简言之，这 7 个方案在设定高峰排放年时，都没有考虑发展中国家与发达国家几十年、上百年的发展差距以及今后发展中国家的人口增长趋势。

第四，这 7 个方案在减排比例分配时，完全是人为设定，没有考虑基准年各国排放量的巨大差别。IPCC 方案和 UNDP 方案把 1990 年设为基准年、该年 27 个发达国家的人均排放量为 3.23 tC，发展中国家则为 0.67 tC，相差 4.8 倍，即使以 2005 年为基数年，两者差别还有 4.4 倍。在如此巨大的基数差别情景下分配减排责任，必然会导致今后排放权分配的巨大差别。

第五，在这 7 个方案中，各自还有明显的倾向性立场。比如 CCCPST 方案由美国学者为主提出，它在“公平原则”下计算出美国在 2004~2030 年间的人均排放权是中国的 3 倍，是中国以外其他发展中国家的 6.7 倍，即便比起其他经合组织国家，它也还要高 1.9 倍。由澳大利亚学者提出的 Garnaut 方案，尽管在长期减排目标上，澳大利亚减排幅度最大，但在中期减排目标上比其他发达国家都低。这个方案中，澳大利亚基准年的人均排放是欧盟 25 国的 2.11 倍，是日本的 1.84 倍，加之中期减排的难度大于长期，因而该方案相对有利于澳大利亚。丹麦学者提出的 Srensen 方案，采用“未来趋同”途径，首先，这个“趋同”十分有利于当前为高排放的发达国家；其次，这个趋同竟然到 2100 年左右才能达到，即发达国家在今后 100 年中，每年的人均排放权都要高于发展中国家；此外，这个方案在总体上十分有利于西欧国家。以上几个方案由学者个人提出，倾向性强尚可理解，G8 方案和 OECD 方案由发达国家提出，偏向发达国家集团，也可以理解，最难理解的是 IPCC 方案和 UNDP 方案，它们本应该采用中性、公正的立场来分配未来排放权，甚至应该为落实联合国千年发展计划，向发展中国家倾斜，但这两个方案都非但没有考虑历史上形成的巨大排放差别，还要在今后排放权分配上，继续扩大这种差别。易于推测，这两个不公正的方案也是由发达国家学者主导下设计出来的。

## 四、未来排放空间的测算与分配

### （一）排放空间的原则和依据

如何分配未来温室气体排放空间，如何确定不同国家的减排或限排义务，是国际气候谈判贯穿始终的一个焦点问题。公平原则是温室气体排放空间分配的重要原则，然而，对于公平的理解，国际上尚没有一个统一的标准。在国际气候谈判中，发达国家往往强调效率原则，而发展中国家则坚持历史责任原则以及人人对全球公共资源享有平等权利的人均原则。公平原则及其排放空间的分配规则，如表 9-2 所示。

基于对公平原则理解的不同，从上一节的分析可知，国际上提出的减排方案和排放空间分配方案在排放空间的分配上存在很大差异。尽管不同国家的学者和政府机构对公平原则理解存在差异，但对人人生而平等这一基本人权思想的认同是高度一致的，平等原则应该是公平原则的集中体现，应成为排放权分配的核心原则，即，每个社会成员初始分得的配额必须是等量的。由于存在排放权交易制度，每个社会成员最终享有的配额不一定等于他的初始配额。建立在初始配额相等基础上的排放权交易制度，提供了以价值补偿的方式间接实现平等原则的可能性。

由于每个人的排放轨迹不一定和全人类整体的排放轨迹相吻合，平等原则应当被具体解释为每个人的长期排放权均等，而不是每个人的未来排放权均等。历史累积排放量大的未来排放权小，历史累积排放量小的人未来排放权大，这样才能真正维护排放权分配的平等原则，避免由于排放轨迹的不一致所导致的不公。如果一个人的历史累积排放过高，会导致未来排放权为负值，此时他必须通过在排放权交易市场上购买额外的排放权来抵消已有的赤字。

针对发达国家提出的一个国家减排的比例应该只由这个国家当前的排放水平决定，不应该考虑历史上的排放的观点。可以借助继承法原理来帮助驳斥这一观点，继承遗产的同时要偿还债务，这个观点在世界范围内是得到普遍认同的。排放权继承的概念就是针对发达国家回避历史责任提出的。发达国家今天的高经济发展水平，可以认为是从他们的祖辈那里继承了“遗产”；发达国家当年的经济发展带来的超额的温室气体排放，便是他们的祖辈对全人类欠下的“债务”。继承遗产的同时应当偿还债务，以实现排放权分配的平等原则。[187]

表 9-2 不同的公平原则及其温室气体排放空间分配规则[186]

| 分类 | 公平原则 | 基本定义 | 一般操作规则 | 排放权分配的操作规则 |
|---|---|---|---|---|
| 基于分配的准则 | 主权原则 | 所有国家具有平等的污染权和不受污染的权利 | 所有国家按同比例减排，维持现有相对排放水平不变 | 按排放相对份额分配排放权 |
| | 平等主义 | 所有人具有平等的污染权利和不受污染的权利 | 减排量与人口成反比 | 按人口相对份额分配排放权 |
| | 支付能力 | 各国根据实际能力承担经济责任 | 所有国家总减排成本占 GDP 比例相等 | 排放权分配应使所有国家的总减排成本占 GDP 比例相等 |
| 基于结果的准则 | 水平公正 | 平等对待所有国家 | 所有国家净福利变化占 GDP 比例相等 | 排放权分配应使所有国家的净福利变化占 GDP 比例相等 |
| | 垂直公正 | 更多关注处于不利状况的国家 | 净收益与人均 GDP 负相关 | 累进分配排放权使净收益与人均 GDP 负相关 |
| | 补偿原则 | 根据 Pareto 最优原则任何一方的改善不能造成其他方的损失 | 对有净福利损失的国家进行补偿 | 排放权分配不应使任何国家遭受净福利损失 |
| | 环境公平 | 生态系统的基础地位和权利优先 | 减排应使环境价值最大化 | 排放权分配应使环境价值最大化 |
| 基于过程的准则 | 罗尔斯最大最小 | 处于最不利地位国家的福利最大化 | 最贫穷国家的净收益最大化 | 为最贫穷国家分配较多份额使其净收益最大化 |
| | 一致同意 | 国际谈判过程是公平的 | 寻求大多数国家接受的政治方案 | 排放权的分配应满足大多数国家的要求 |
| | 市场正义 | 市场是公平的 | 更好地利用市场 | 以拍卖方式将排放权分配给出价最高者 |

资料来源：刘江等. 减缓气候变化与可持续发展报告. http://www.ccchina.gov.n/file/source/ea/ea2002072201.htm

（二）未来排放空间的测算

随着全球气候变暖，大气中 $CO_2$ 的环境容量成为全人类日益稀缺的宝贵环境资源，$CO_2$ 排放份额一方面成为各国在国际谈判中需要争夺的重大国家利益，同时也日益演变为后工业化发达国家约束新兴发展中国家发展的武器。未来排放空间的测算本书借鉴了丁仲礼等人的研究成果。

1. 排放空间的确定

根据2050年将大气$CO_2$浓度控制在470 ppmv的目标，计算每个国家的排放权，即今后排放配额。以2005年作为计算起点，2012年，大气$CO_2$浓度为379.75ppmv，因此，2006~2050年这45年间，大气$CO_2$浓度还可增加90.25ppmv。

（1）排放空间测算。首先，应将浓度转换成质量。根据大气密度，1ppmv浓度的$CO_2$约为1.52ppm质量，而大气总质量约为$5.12\times10^{15}$ t [188]。因此大气$CO_2$浓度每增加1ppmv，增加碳的质量约为$1.52\times10^{6}\times$（12/44）×5.12×1015=2.12×109t（公式中，12是C的原子量，44是$CO_2$的分子量，12/44表示$CO_2$中碳的含量），即2.12GtC。这样，增加90.25ppmv$CO_2$浓度，即意味着大气圈将总共增加191.33GtC。

人类向大气圈排放$CO_2$后，一部分会被海洋、陆地生态系统吸收，根据资料，2000~2006年的平均吸收率为54%。如果我们假定2050年前人为排放的$CO_2$，还按照这一速率吸收，则排放空间可从191.33 GtC增加到415.93GtC。此为可供人类排放$CO_2$的总量，由化石燃料排放和土地利用排放两大部分组成。根据CDIAC的资料，过去50年来土地利用产生的$CO_2$年排放量，虽有一定的年际变化，但变化率不大，基本处在1.25~1.70 GtC之间，1998~2007年的年均排放为1.48 GtC。我们假定从2006年到2050年，每年通过土地利用排放的$CO_2$为1.50 GtC，则45年内将总共排放67.50 GtC，那么2006~2050年人类可通过化石燃料消费获得的$CO_2$排放空间为348.43 GtC，即为12775.77亿吨$CO_2$。[189-190]

（2）分配原则。$CO_2$排放权就是生存权与发展权，在分配$CO_2$排放空间上，国际社会必须遵循人人平均原则。公平正义是排放权分配的首要原则，《京都议定书》也已经确定了“共同而有区别的责任”原则，只有依据“人均累计排放”来分配这一排放空间，才能真正做到公平正义，人均累计排放可定义为：在一时段内某个国家或地区人均逐年排放的总和。

在具体计算时，它只需获知某国历年的人口总数和历年通过化石燃料消费产生的$CO_2$总量。对已经发生了排放的前三个时段，首先将某年全球排放的$CO_2$（来自化石燃料）量除以该年全球人口，给出该年全球人均排放量，某国的排放配额即为该国人口总数乘以全球人均排放量。在一个时段内将每个国家每年排放配额相加，再减去该国在该时段中发生的实际排放量，就可算出每个国家在此时段的“排放盈余”或“排放赤字”。2013~2050年的各国排放配额，我们按2012年的全球人口（70.2亿）计算，并不考虑今后不同国家人口增长率会不同这一因素。在这37年中，每年每人的排放配额为1.16 tC（302.21×10÷

70.2÷37)，或为 4.27 t $CO_2$，此数值乘上各国 2012 年人口，便得出各国 2013~2050 年的排放配额。

(3) 国家或区域划分。将每个国家 1900~2050 年的配额减去其 1900~2005 年的实际排放，即得到 2006~2050 年的排放空间。根据 1900~2050 年的应得配额数、1900~2005 年的实际排放量、2005 年的排放水平、1996~2005 年排放量平均增速这四个客观指标，我们将大于 30 万人口的国家或地区分为四类：

第一类国家可称之为“已形成排放赤字国家”（表 9-3），一共有 30 个，主要为发达国家和产油大国。根据人均累计 $CO_2$ 排放指标，这些国家今后不但没有排放空间，而且已经超额排放，并总共达 88 588.07 GtC。如美国 1900~2050 年的排放配额总共为 31.63。

表 9-3 已形成排放赤字国家 单位：百万吨碳

| 国家 | 1900~1949 年 | | 1950~1989 年 | | 1990~2005 年 | | 2006~2050 年 | |
|---|---|---|---|---|---|---|---|---|
| | 排放量 | 配额 | 排放量 | 配额 | 排放量 | 配额 | 配额 | 排放空间 |
| 美国 | 21411.64 | 2832.75 | 41149.41 | 8023.79 | 23359.27 | 4736.02 | 16037.06 | −54290.69 |
| 德国 | 6207.24 | 1614.98 | 9993.13 | 2884.98 | 3657.56 | 1392.78 | 4420.59 | −9544.61 |
| 英国 | 6312.09 | 1091.79 | 6373.04 | 2077.9 | 2411.95 | 997.95 | 3222.16 | −7707.27 |
| 俄罗斯 | 1538.44 | 2346.38 | 13547.89 | 4938.34 | 6858.15 | 2517.73 | 7699.23 | −4442.80 |
| 加拿大 | 1116.67 | 233.1 | 3256.92 | 820.52 | 2049.15 | 511.64 | 1725.99 | −3131.50 |
| 澳大利亚 | 369.52 | 145.5 | 1612.41 | 486.21 | 1408.35 | 317.3 | 1086.27 | −1355.00 |
| 波兰 | 1141.46 | 621.93 | 3263.36 | 1245.97 | 1426.69 | 654.72 | 2042.89 | −1266.00 |
| 比利时 | 862.58 | 193.2 | 1168.2 | 360.89 | 444.25 | 173.05 | 556.13 | −1191.77 |
| 乌克兰 | 513.12 | 841.67 | 4861.94 | 1773.96 | 1781.75 | 847.46 | 2509.38 | −1184.34 |
| 捷克 | 571.43 | 243.72 | 1343.15 | 374.16 | 546.4 | 174.91 | 545.11 | −1123.07 |
| 法国 | 2243.46 | 965.23 | 3919.96 | 1915.33 | 1596.52 | 1001.91 | 3262.06 | −615.41 |
| 哈萨克斯坦 | 95.19 | 150.97 | 1363.14 | 486.19 | 735.2 | 265.83 | 813.55 | −476.99 |
| 斯洛伐克 | 186.09 | 79.07 | 625.4 | 173.18 | 183.84 | 91.36 | 288.12 | −363.60 |
| 荷兰 | 397.6 | 183.75 | 1150.31 | 492.24 | 617.46 | 267.34 | 873.29 | −348.75 |
| 阿联酋 | 0 | 2.17 | 211.51 | 22.79 | 394.56 | 49.34 | 219.5 | −312.28 |
| 丹麦 | 172.35 | 82.55 | 504.16 | 184.79 | 234.76 | 90.04 | 289.72 | −264.16 |
| 科威特 | 2.89 | 1.69 | 200.19 | 35.48 | 246.05 | 36.43 | 144.41 | −231.12 |
| 卡塔尔 | 0.07 | 0.44 | 76.88 | 6.44 | 152.31 | 10.12 | 42.57 | −169.69 |

续表

| 国家 | 1900~1949 年 | | 1950~1989 年 | | 1990~2005 年 | | 2006~2050 年 | |
|---|---|---|---|---|---|---|---|---|
| | 排放量 | 配额 | 排放量 | 配额 | 排放量 | 配额 | 配额 | 排放空间 |
| 白俄罗斯 | 99.53 | 161.38 | 940.82 | 343.17 | 321.25 | 172.51 | 523.88 | –160.65 |
| 卢森堡 | 0.06 | 6.8 | 116.63 | 12.99 | 41.34 | 7.18 | 24.44 | –106.61 |
| 沙特阿拉伯 | 33.03 | 56.22 | 732.29 | 285.08 | 1259.95 | 335.82 | 1262.87 | –85.28 |
| 爱沙尼亚 | 14.44 | 21.78 | 142.5 | 51.85 | 81.21 | 24.26 | 71.88 | –68.37 |
| 文莱 | 8.87 | 0.8 | 33.3 | 5.51 | 24.35 | 5.37 | 20 | –34.84 |
| 立陶宛 | 37.23 | 55.97 | 329.1 | 119.62 | 82.38 | 60.82 | 183.18 | –29.11 |
| 格鲁吉亚 | 48.84 | 71.94 | 489.75 | 177.8 | 57.73 | 83.73 | 239.24 | –23.62 |
| 奥地利 | 303.79 | 163.77 | 471.83 | 279.45 | 271.26 | 137.36 | 443.49 | –22.80 |
| 拉脱维亚 | 30.94 | 49.75 | 244.74 | 89.24 | 49.54 | 41.82 | 123.12 | –21.29 |
| 瑞典 | 210.66 | 148.82 | 668.09 | 301.27 | 213.96 | 150.58 | 483.39 | –8.65 |
| 摩尔多瓦 | 38.14 | 61.31 | 376.82 | 135.68 | 68.78 | 71.94 | 207.36 | –7.46 |
| 芬兰 | 30.24 | 84.7 | 354.57 | 175.07 | 243.39 | 87.52 | 280.58 | –0.34 |
| 总和 | 43997.61 | 12514.13 | 99521.44 | 28279.89 | 50819.36 | 15314.84 | 49641.46 | –88588.07 |

第二类国家或地区（表 9–4）可称之为“排放总量需降低国家或地区”，这些国家或地区从 2006 年起尚有一定排放空间，但如果继续保持它们 2005 年的排放水平，则 2006~2050 年的排放总量将超过其排放空间，故今后需要设法降低年排放量。这些国家或地区共有 33 个，总人口 6.27 亿，占世界总人口的 9.62%，它们中既有中等发达国家或地区，如韩国、意大利、中国香港等，也有发达国家，如日本、挪威、以色列、瑞士等，同时有不少发展中国家。

第三类国家或地区（表 9–5）可称之为“排放增速需降低国家”，这些国家或地区如保持 2005 年的排放水平，则到 2050 年，其排放总量将小于排放空间，但如果保持 1996~2005 年这十年间的 $CO_2$ 排放增长速率，则排放总量将大于排放空间，因此这些国家或地区需设法逐年降低排放增长速率。第三类国家或地区共有 63 个，人口共有 23.02 亿，占世界总人口的 35.34%，它们主要是发展中国家，中国亦在其中。

第四类国家（表 9–6）可称之为“可保持目前排放增速国家”，这些国家如果在 2006~2050 年期间，继续保持 1996~2005 年的 $CO_2$ 排放增长速率，其排放

表 9-4 排放总量需降低国家或地区 单位：百万吨碳

| 国家或地区 | 1900~1949 年 | | 1950~1989 年 | | 1990~2005 年 | | 2006~2050 年 | |
|---|---|---|---|---|---|---|---|---|
| | 排放量 | 配额 | 排放量 | 配额 | 排放量 | 配额 | 配额 | 排放空间 |
| 伊朗 | 35.28 | 310.01 | 939.87 | 1237.75 | 1374.04 | 1088.38 | 3712.94 | 3999.89 |
| 韩国 | 33.11 | 450.47 | 749.74 | 1229.14 | 1670.21 | 779.72 | 2560.3 | 2566.57 |
| 意大利 | 383.55 | 978.54 | 2593.61 | 2029.82 | 1827.27 | 981.46 | 3136.64 | 2322.02 |
| 西班牙 | 251.31 | 566.71 | 1272 | 1298.9 | 1136.84 | 686.58 | 2321.06 | 2212.1 |
| 日本 | 1074.41 | 1517.84 | 6380.23 | 4037.13 | 5071.86 | 2150.04 | 6840.49 | 2019 |
| 马来西亚 | 7.31 | 98.18 | 192.98 | 436.85 | 529.98 | 373.95 | 1372.03 | 1550.75 |
| 委内瑞拉 | 43.73 | 78.92 | 760.67 | 450.13 | 600.94 | 396.45 | 1429.42 | 949.58 |
| 朝鲜 | 13.48 | 208.05 | 865.39 | 556.02 | 717.93 | 378.34 | 1263.09 | 808.71 |
| 罗马尼亚 | 132.2 | 333.19 | 1267.25 | 773.49 | 468.74 | 382.27 | 1156.76 | 777.52 |
| 塞尔维亚 | 25.38 | 109.83 | 308.46 | 315.01 | 187.54 | 170.63 | 527.52 | 601.6 |
| 南非 | 399.42 | 201.09 | 1866.61 | 918.62 | 1584.7 | 734.49 | 2563.99 | 567.45 |
| 希腊 | 14.66 | 153.08 | 325.03 | 340.08 | 363.33 | 183.33 | 593.68 | 567.14 |
| 中国香港 | 0.07 | 20.62 | 111.87 | 156.48 | 147.24 | 109.4 | 377.44 | 404.76 |
| 乌兹别克斯坦 | 87.03 | 126.85 | 1395.54 | 489.59 | 574.62 | 404.84 | 1422.31 | 386.4 |
| 波黑 | 11.64 | 53.37 | 135.16 | 136.69 | 69.61 | 64.53 | 209.39 | 247.58 |
| 匈牙利 | 162.93 | 207.21 | 670.49 | 390.21 | 248.47 | 174.82 | 539.44 | 228.81 |
| 瑞士 | 105.19 | 98.58 | 336.54 | 227.18 | 179.15 | 122.37 | 397.07 | 224.32 |
| 以色列 | 0.44 | 23.55 | 162.18 | 115.27 | 238.52 | 96.96 | 357.92 | 192.56 |
| 保加利亚 | 34.42 | 135.2 | 574.18 | 318.63 | 221.56 | 140.06 | 414.24 | 177.97 |
| 利比亚 | 0 | 17.73 | 159.7 | 90.1 | 201.35 | 87.11 | 316.52 | 150.41 |
| 马其顿 | 5.36 | 25.7 | 60.17 | 60.93 | 46.43 | 33.8 | 108.79 | 117.25 |
| 斯洛文尼亚 | 6.45 | 30.33 | 63.23 | 64.86 | 59.14 | 33.6 | 106.92 | 106.89 |
| 阿曼 | 0 | 8.01 | 34.9 | 35.63 | 86.32 | 38.35 | 134.09 | 94.85 |
| 新西兰 | 59.38 | 33.64 | 162.22 | 106.64 | 121.25 | 64.13 | 219.13 | 80.7 |
| 阿塞拜疆 | 44.01 | 69.49 | 556.99 | 198.06 | 173.83 | 134.81 | 446.7 | 74.23 |
| 爱尔兰 | 61.04 | 85.92 | 203.75 | 119.08 | 163.68 | 63.86 | 221.59 | 61.98 |
| 挪威 | 94.72 | 67.01 | 238.09 | 146.36 | 156.8 | 75.53 | 248.11 | 47.4 |
| 塞浦路斯 | 0 | 8.36 | 20.48 | 22.7 | 25.32 | 12.94 | 44.71 | 42.91 |
| 黑山 | 1.34 | 5.78 | 19.43 | 19.78 | 11.8 | 10.73 | 32.52 | 36.25 |
| 马耳他 | 0 | 5.96 | 8.02 | 12.04 | 11 | 6.53 | 21.55 | 27.07 |
| 土库曼斯坦 | 17.95 | 27.86 | 252.05 | 88.68 | 158.33 | 73.61 | 258.49 | 20.31 |
| 亚美尼亚 | 18.73 | 29.47 | 275.08 | 97.49 | 36.88 | 54.58 | 161.42 | 12.27 |
| 冰岛 | 0.05 | 2.57 | 15.54 | 7.81 | 9.02 | 4.68 | 15.83 | 6.29 |
| 总和 | 3125.58 | 6088.12 | 22977.45 | 16527.15 | 18473.7 | 10112.88 | 33532.1 | 21683.54 |

表 9-5 排放增速需降低国家或地区 单位：百万吨碳

| 国家或地区 | 1900~1949 年 | | 1950~1989 年 | | 1990~2005 年 | | 2006~2050 年 | |
|---|---|---|---|---|---|---|---|---|
| | 排放量 | 配额 | 排放量 | 配额 | 排放量 | 配额 | 配额 | 排放空间 |
| 中国 | 489.28 | 11819.59 | 10283.94 | 32451.25 | 14938.58 | 21123.66 | 70223.81 | 109906.51 |
| 印度尼西亚 | 84.94 | 1445.63 | 584.56 | 4847.97 | 1174.73 | 3488.93 | 12090.83 | 20029.13 |
| 尼日利亚 | 8.11 | 480.18 | 335.79 | 2242.85 | 279.28 | 2000.07 | 7560.33 | 11660.26 |
| 越南 | 35.58 | 443.73 | 156.93 | 1712.61 | 213.74 | 1296.7 | 4547.72 | 7594.5 |
| 墨西哥 | 127.85 | 424.46 | 1599.04 | 2111.38 | 1681.63 | 1623.96 | 5576.6 | 6327.88 |
| 埃及 | 17.6 | 357.53 | 342.9 | 1412.25 | 513.9 | 1087.14 | 3896.33 | 5878.86 |
| 土耳其 | 44.85 | 368.05 | 576.03 | 1467.37 | 827.67 | 1114.74 | 3902.75 | 5404.37 |
| 泰国 | 0.16 | 22.37 | 238.79 | 1461.97 | 832.28 | 1005.41 | 3369.67 | 4788.19 |
| 小岛国联盟 | 19.67 | 268.44 | 860.73 | 1087.5 | 737.4 | 721.15 | 2469.05 | 2928.34 |
| 阿根廷 | 137.35 | 263.61 | 817.11 | 943.34 | 566.71 | 610.57 | 2072.36 | 2368.71 |
| 阿尔及利亚 | 1.99 | 159.83 | 308.54 | 587.6 | 447.1 | 499.51 | 1757.17 | 2246.49 |
| 象牙海岸 | 0 | 62.95 | 29.54 | 243.9 | 26.68 | 271.39 | 944.01 | 1516.03 |
| 叙利亚 | 0.15 | 49.79 | 119.84 | 274.59 | 206.61 | 266.88 | 1010.53 | 1275.2 |
| 智利 | 52.34 | 104.11 | 216.68 | 368.97 | 221.36 | 253.26 | 871.53 | 1107.49 |
| 葡萄牙 | 46.13 | 167.25 | 183.88 | 348.49 | 230.93 | 173.42 | 563.08 | 791.31 |
| 洪都拉斯 | 0 | 20.36 | 13.59 | 112.47 | 20.26 | 100.25 | 365.51 | 564.75 |
| 约旦 | 0 | 19.57 | 32.74 | 64.97 | 63.48 | 76.68 | 296.52 | 361.51 |
| 巴勒斯坦 | | 19.73 | 1.07 | 50.5 | 1.61 | 49.62 | 201.21 | 318.39 |
| 克罗地亚 | 18.83 | 89.65 | 154.19 | 159.9 | 88.49 | 77.91 | 243.41 | 309.36 |
| 刚果 | 0 | 13.3 | 5.82 | 55.93 | 6.4 | 51.26 | 193.08 | 301.34 |
| 黎巴嫩 | 0.35 | 22.65 | 49.28 | 91.31 | 62.56 | 61.08 | 214.53 | 277.38 |
| 阿尔巴尼亚 | 1.96 | 24.05 | 42.31 | 84.63 | 11.98 | 53.81 | 168.69 | 274.93 |
| 巴拿马 | 0.01 | 12.21 | 22.05 | 60.74 | 22.24 | 48 | 172.86 | 249.51 |
| 吉尔吉斯 | 22.7 | 36.19 | 326.15 | 115.58 | 52.74 | 81.54 | 278.33 | 110.06 |
| 斯威士兰 | 0 | 3.48 | 2.47 | 19.27 | 2.72 | 17.15 | 60.17 | 94.88 |
| 中国澳门 | 0 | 0.71 | 3.12 | 9.22 | 6.63 | 7.26 | 25.3 | 32.74 |
| 总和 | 1109.85 | 16699.42 | 17307.09 | 52386.56 | 23237.71 | 36161.35 | 123125.38 | 186718.12 |

表 9–6 可保持目前排放增速国家 单位：百万吨碳

| 国家 | 1900~1949 年 | | 1950~1989 年 | | 1990~2005 年 | | 2006~2050 年 | |
|---|---|---|---|---|---|---|---|---|
| | 排放量 | 配额 | 排放量 | 配额 | 排放量 | 配额 | 配额 | 排放空间 |
| 印度 | 579.51 | 7023.15 | 2674.55 | 22290.28 | 4516.53 | 17047.24 | 60672.79 | 99262.87 |
| 最不发达联盟 | 13.33 | 3603.86 | 454.64 | 12929.83 | 445.28 | 10954.56 | 41012.06 | 67587.06 |
| 巴西 | 91.51 | 795.07 | 1116.24 | 3836.28 | 1198.13 | 2865.78 | 9992.53 | 15083.77 |
| 巴基斯坦 | 0.46 | 597.57 | 215.99 | 2524.91 | 420.95 | 2319.02 | 8454.86 | 13258.98 |
| 菲律宾 | 0.88 | 310.85 | 236.22 | 1488.77 | 288.73 | 1237.97 | 4522.96 | 7034.72 |
| 哥伦比亚 | 18.54 | 175.29 | 315.18 | 892.97 | 259.41 | 681.58 | 2403.91 | 3560.62 |
| 肯尼亚 | 0.00 | 80.14 | 37.59 | 492.95 | 36.10 | 501.30 | 1903.99 | 2904.69 |
| 摩洛哥 | 2.26 | 147.85 | 100.99 | 618.82 | 144.10 | 474.40 | 1631.00 | 2624.73 |
| 秘鲁 | 18.69 | 133.66 | 165.59 | 538.90 | 113.98 | 421.04 | 1458.73 | 2254.07 |
| 加纳 | 0.00 | 68.20 | 22.59 | 371.38 | 25.34 | 324.69 | 1205.27 | 1921.61 |
| 斯里兰卡 | 0.00 | 136.52 | 31.83 | 479.50 | 33.74 | 312.18 | 1022.67 | 1885.30 |
| 伊拉克 | 35.23 | 80.32 | 271.02 | 426.10 | 307.00 | 397.75 | 1497.35 | 1788.28 |
| 喀麦隆 | 0.00 | 77.27 | 17.76 | 287.58 | 14.80 | 255.59 | 951.75 | 1539.64 |
| 危地马拉 | 0.03 | 41.27 | 26.38 | 220.67 | 36.13 | 182.18 | 679.79 | 1061.36 |
| 厄瓜多尔 | 5.83 | 49.17 | 75.92 | 246.34 | 96.84 | 201.15 | 698.56 | 1016.61 |
| 津巴布韦 | 25.54 | 27.54 | 66.56 | 223.93 | 65.84 | 206.18 | 701.71 | 1001.43 |
| 突尼斯 | 0.39 | 59.04 | 57.22 | 209.75 | 78.88 | 157.53 | 540.46 | 830.28 |
| 玻利维亚 | 0.58 | 57.08 | 28.62 | 170.98 | 35.12 | 134.90 | 491.09 | 789.72 |
| 萨尔瓦多 | 0.00 | 34.68 | 15.08 | 139.55 | 22.28 | 100.71 | 356.63 | 594.21 |
| 巴拉圭 | 0.00 | 21.43 | 8.97 | 101.70 | 15.87 | 86.59 | 315.77 | 500.65 |
| 尼加拉瓜 | 0.01 | 17.06 | 14.32 | 99.33 | 14.04 | 82.86 | 292.18 | 463.06 |
| 哥斯达黎加 | 0.00 | 12.60 | 15.54 | 73.48 | 22.51 | 63.17 | 231.43 | 342.62 |
| 乌拉圭 | 0.45 | 39.68 | 50.36 | 104.54 | 21.16 | 55.42 | 177.89 | 305.56 |
| 纳米比亚 | 0.00 | 11.14 | 0.00 | 31.91 | 6.14 | 29.91 | 108.04 | 174.84 |
| 塔吉克斯坦 | 20.37 | 29.48 | 347.13 | 121.53 | 62.08 | 101.66 | 350.32 | 173.42 |
| 蒙古 | 0.00 | 17.43 | 41.34 | 52.19 | 37.74 | 41.29 | 138.04 | 169.87 |
| 博茨瓦纳 | 0.00 | 5.31 | 4.39 | 30.41 | 15.73 | 27.85 | 98.20 | 141.65 |
| 加蓬 | 0.00 | 8.84 | 33.54 | 22.87 | 11.19 | 19.01 | 69.05 | 75.05 |
| 留尼汪岛 | 0.00 | 4.87 | 4.14 | 16.82 | 8.59 | 11.84 | 41.99 | 62.78 |
| 瓜德罗普 | 0.00 | 5.82 | 4.48 | 11.77 | 6.77 | 7.06 | 23.43 | 36.84 |
| 西撒哈拉 | 0.00 | 0.25 | 0.84 | 3.59 | 0.96 | 5.16 | 23.53 | 30.72 |
| 马提尼克岛 | 0.00 | 4.69 | 6.45 | 11.78 | 8.25 | 6.48 | 21.18 | 29.43 |
| 总和 | 813.61 | 13677.13 | 6461.47 | 49071.41 | 8370.21 | 39314.05 | 142089.16 | 228506.44 |

总量也不会超过它们的排放空间。因此，这些国家今后在控制大气 $CO_2$ 浓度的全球努力中，主要任务应是尽量保持排放增长速率不增加。这类国家共有 80 个，其中包括最不发达国家联盟（49 国，除去图瓦卢）以及人口大国印度、巴西、巴基斯坦，共有人口 26.57 亿，占世界总人口的 40.78%。

## 第二节　全球碳减排的国际博弈与合作

$CO_2$ 对环境的影响是全球性的，而非一般的区域性特征，这使得碳减排具有很强的国际公共品属性，$CO_2$ 减排需要所有国家的协同合作。但由于各国发展阶段的差异性，各方利益存在显著的非对称性，各方为使自己获取最大的利益，在国际碳减排合作过程中存在激烈的博弈过程。本节主要分析全球碳减排博弈的现状、博弈产生的原因以及国际碳减排合作的关键因素。

### 一、全球碳减排博弈

20 世纪后叶以来，全球气温持续上升，IPCC 研究报告以很高可信度，认为这与工业革命以来生产的极度膨胀和化石燃料的大规模使用有直接的密切关系。尽管全球变暖引起了世界各国的普遍关注，但并非所有国家对减排工作都齐心协力，各国在碳减排过程中针锋相对，力争为本国获取最大的利益，世界各国和利益集团之间的激烈博弈，是全球碳减排的一个显著特点。

#### （一）碳减排博弈产生的原因

减排博弈的产生原因要从碳减排本身性质说起。从自然或技术属性看，“碳排放”具有三方面特点：

第一，由于大气层的流动性，无论哪一国的碳排放，都使地球上所有的人成为受害者，但受气候变暖影响的程度因地理纬度不同呈现较大差异。严峻的气候变化问题给太平洋岛国造成了持续的严重威胁，并对太平洋岛国的经济发展、粮食安全和人民的生存问题带来了严峻的挑战。有关资料显示，约有 50% 的太平洋岛国人口居住在距离海岸线 1.5 公里的范围内。一些太平洋岛国，如基里巴斯、图瓦卢、马绍尔群岛、斐济、瓦努阿图、巴布亚新几内亚和密克罗尼西亚等正在遭受气候变化带来的负面影响。由于全球气候变暖导致海平面上升，基里巴斯、图瓦卢等甚至面临被淹没的危险。

第二，$CO_2$ 在大气层中的留存和危害期很长，“碳排放”涉及一个历史责任问题。目前，造成全球变暖的 $CO_2$ 排放主要是现在的发达国家历史排放造成的，部分碳排放量可观的工业化国家不愿意承担责任，这使更多的国家拒绝为气候谈判的进展做出贡献。

第三，碳排放具有典型的负外部性特征。这些特征决定碳排放实际上是一个公共物品，根据经济学相关理论可知，在没有特定治理机制前提下，公共物品供给往往不足。温室气体排放空间是全球公共资源，各国个体理性选择的结果往往导致“公地悲剧”。各国单打独干，会导致“搭便车现象”，以致碳排放更多，国际气候环境恶化。

第四，在今后一定时间内，减少碳排放量与经济发展之间存在着不可调和的矛盾，排放权在很大程度上代表着国家的发展权和发展空间，减少碳排放量，意味着牺牲或剥夺国家的发展空间，从发展的角度来看，这对发展中国家来说显然是不公平的。因此，减少碳排放问题、控制全球气候变暖，不仅仅是一个技术问题，而且是一个能够给经济和政治带来巨大挑战的全球性议题。[191]

（二）碳减排博弈中的利益集团

自 1992 年《联合国气候变化框架公约》诞生以来，为了应对全球气候变暖，各国围绕应对气候变化进行了一系列谈判，这些谈判表面上是为了应对气候变暖，本质上还是各国经济利益和发展空间的角逐。在这一过程中，基于各自的立场和利益取向，在减排博弈中国家逐步分化，逐渐形成几个重要的利益集团，总体而言，这些利益集团之间存在两大关系：发达国家之间的关系和发达国家与发展中国家之间的关系；前者主要表现为欧盟国家和以美国为首的伞形国家之间的矛盾和冲突，矛盾的焦点是是否应严格遵循《京都议定书》。后者表现为南北关系。矛盾的焦点是平等和效率之争。以中国为首的发展中国家集团坚持“共同但有区别的责任原则”，强调发达国家的历史责任；以美国为首的发达国家集团坚持效率优先原则，强调所有国家的共同参与，进行市场化的排放权交易。

各国针对《联合国气候变化框架公约》和《京都议定书》意见存在分歧，分化出了欧盟、伞形集团（The Umbrella Group）、77 国集团（Group of 77）、小岛屿国际联盟（Alliance of Small Island States，SOSIS）以及基础四国（中、印、巴、南 BASIC）等不同的利益集团，各方立场如表 9–7：

欧盟：积极推动国际气候谈判进程，将自己视为应对气候变化的领导者，在节能减排立法、政策、行动和技术方面一直处于领先地位。2007 年 1 月，欧

表 9-7 《京都议定书》各缔约方利益集团分化[192]

| 利益集团 | 主要国家 | 碳排放立场 |
| --- | --- | --- |
| 欧盟 | 奥地利、比利时、丹麦、芬兰、法国、德国、希腊、冰岛、意大利、卢森堡、荷兰、葡萄牙、西班牙、瑞典、英国等 | 积极倡导碳减排，认为《京都议定书》所有条款都应得到严格执行，主张对《京都议定书》的灵活机制的运用予以严格限制，强调发达国家应将主要精力放在本土的减排上，反对允许参与灵活机制来替代降低减排指标的建议 |
| 伞形集团 | 美国、加拿大、日本、澳大利亚、新西兰、挪威 | 着重灵活机制的作用，主张排放权自由交易，灵活执行《京都议定书》，推销所谓的“抵消排放”和“换取排放”的方案，并试图以此替代减排，以现有植被或新植被吸收 $CO_2$ 的能力抵消本国的超标排放，或者在发展中国家实施清洁发展机制（CDM）项目来换取本国的温室气体的排放 |
| 77 国集团 | 绝大部分发展中国家，共 130 个 | 强调“共同但有区别的责任”的减排原则，认为发达国家对温室气体排放负有最大的责任，应率先减排 |
| 小岛屿国家联盟 | 由低洼岛屿国家组成的联盟，包括 43 个成员和观察员国 | 由于海平面上升直接危及其生存，极力主张严格执行各项相关议题 |
| 石油输出国组织（OPEC） | 由石油输出国国家组成 | 反对设立严格的管理措施，只勉强同意减少温室气体排放 |
| 经济转型国家 | 由东欧和原苏联国家组成 | 拥有大量剩余排放配额，期望通过排放权交易获得巨大收益 |

数据来源：乔榛，魏枫. 世界碳减排博弈困局及出路探析[J].北方论坛，2011，227（3）：130-133.

盟首次提出：为将升温幅度控制在 2℃以内并继续显示欧盟在减排方面的积极和领导作用，不论其他国家如何行动，到 2020 年欧盟的温室气体排放将至少比 1990 年降低 20%。2008 年 12 月，经过激烈争论在原有一揽子政策基础上做出妥协后，欧盟峰会终于通过了该议案。欧盟提出“捆绑目标”方案，即若其他发达国家以及排放相对较少、经济较发达的发展中国家“根据自己的责任和各自的能力对全球的努力做出足够的贡献”，欧盟则将自己的减排目标提高到 30%。欧盟这一立场一方面给发展中国家提供了一定的调整行动空间，另一方面对美国等国施加了政治压力。与伞形集团国家相比，欧盟在气候谈判中表现相对积极，支持《京都议定书》实施第二承诺期。然而，欧盟仅仅视第二承诺期为一个过渡阶段，极力主张在2015年前建立一个“涵盖全球主要经济体并具法律效力”的新减排协议，并在2020年后生效。

伞形集团：是发达国家的保守者。是指除欧盟以外的其他发达国家，包括美国、日本、加拿大、澳大利亚、新西兰。后来瑞士、挪威、冰岛、俄罗斯和乌克兰加入，成为伞形集团。因为从地图上看，这些国家的分布很像一把“伞”，也象征地球环境“保护伞”，故得此名。这些国家多为能源消耗大国或温室气体减排压力较大的国家。由于担心减排行动对本国经济造成过大负担，他们反对立即采取减排、限排措施。同时认为，强制减排不应该只是发达国家所承担的义务，发展中国家，尤其是新兴经济体也应参与其中。这些国家伞形集团的中期减排目标低，且以一些发展中国家参与减排为前提条件。2001年，美国政府宣布退出对发达国家碳排放具有约束力的《京都议定书》。2011年，难以完成减排任务的加拿大政府为避免支付巨额罚款，也正式宣布退出这一具法律效力的协议。虽力量有所削弱，但由于各国利益诉求相似，立场相近，仍作为目前国际气候谈判中一支重要的政治力量。

77国集团+中国。该机构的宗旨是在国际经济领域内加强发展中国家的团结与合作，推进建立新的国际经济新秩序，加速发展中国家的经济社会发展进程，致力于维护发展中国家民族独立和国家主权，争取经济利益，在一些涉及重大共同利益的问题上协调立场，发挥积极作用。中国同77国集团的关系在原有基础上有了较大的进展，并形成了“77国集团+中国”的新型合作模式。该集团以中国、印度、巴西和南非组成的“基础四国”为龙头，主张《京都议定书》“非附件一国家”（即发展中国家）落实自愿减排行动，倡导南南合作；而“附件一国家”（即发达国家）在气候变化问题上负有不可推卸的历史责任，需做出进一步减排承诺并对发展中国家提供资金、技术支持。即坚持“共同但有区别责任”原则，要求发达国家率先承担减排义务，向发展中国家提供资金、技术与能力建设支持。反对本国承担量化减排义务。

小岛屿国家联盟：攸关存亡的绝对支持者。小岛屿发展中国家是指“小岛屿和低洼沿海地区的国家。在可持续发展问题上他们面临相似的挑战。包括人口少，资源匮乏，地处偏远，易受自然灾害，过度依赖国际贸易以及对于全球发展的脆弱性。成立于1991年，是受全球变暖威胁最大的几十个小岛屿及低海拔沿海国家组成的国家联盟。在所有的国际碳减排利益群体中，小岛国联盟最为关注和热心支持国际碳减排进程，提出的减排目标最严厉，迫切要求世界各国大力减排温室气体。

PEC 国家——消极的被动观望者。在面对全球气候变化的问题上，OPEC 国家缺少参加的动力，多数是采取消极观望的态度，即便之后参与到相关的国际协议中去，也多是出于国家的经济利益考虑，而与应对气候变化本身无关。强调气候变化问题的不确定性以及碱减排对于石油输出国家的不公正性是 OPEC 国家对于气候变化的一贯立场。OPEC 国家的消极被动和小岛国联盟的焦急迫切在立场上形成了两个极端，成为影响国际碳减排进程的重要力量。

随着时间的推移，利益集团也已经发生了微妙而明显的变化，如德班气候变化大会上，矛盾实际上已经不是传统思维认为的发达国家对发展中国家，或者富国对穷国，而是“强”者对“弱”者。所谓“强”者指的是排放大国，既包括发达国家美国，也包括新兴发展中国家中国、印度、巴西等；中国、印度、巴西、南非四国抱团，而“弱”者则是那些生态脆弱的最不发达国家，如非洲国家、岛国、东南亚小国等。小岛国家联盟和非洲国家集团减排立场与金砖四国存在较大分歧，小岛国家联盟立场开始向欧盟靠拢。

目前，全球正在应对一个真正的国际性“囚徒困境”问题，如果合作，会产生最优的结果，但各国又都有不合作的动机。在全球变暖的情况下，如果各国都减少温室气体排放，那么各国都会得到更大的收益——然而，每个国家都有动机从其他国家的减排中获益，而自身不支付任何减排成本。

## 二、全球碳减排合作主要困难及原因分析

尽管气候变化问题已成为全人类共同面对的挑战。最近 30 多年以来，国际社会召开了一系列重要会议，在保护全球环境、应对气候变化问题上达成了广泛共识，采取了一系列有效行动，国际气候合作已经成为一个复杂的国际政治经济博弈是不争的事实，但国际气候合作，特别是碳减排合作却成果有限。

### （一）碳减排合作的主要原因

气候变化峰会成为推动国际碳减排合作的重要平台。观察历届气候变化峰会不难发现，各方主要分歧在于各方应承担多大的责任、碳排放应该付出多大的代价等问题上。通俗地说，各方愿不愿意掏钱承担减少碳排放的责任与义务问题。

#### 1.“碳排放”的责任问题

发展中国家坚持“共同但有区别的责任”原则和实施双轨制。该原则主要

包含两层意思：共同责任和区别责任。共同责任，即因气候是世界各国共同承担责任的全球公共问题，谁也不能推卸属于自己的那一份责任。但由于历史上和目前全球温室气体排放的最大部分源自发达国家，目前大气中残存的$CO_2$主要是由西方国家的工业化进程带来的，而不是当前发展中国家的排放带来的，发达国家是全球环境问题或全球环境退化的主要责任者，应当比发展中国家承担更大的或者是主要的责任。坚持共同但有区别的责任原则是发达国家与发展中国家之间博弈的前提，坚持实施减排的双轨制是发展中国家的谈判底线。显然，发达国家和发展中国家的利益诉求点也不同。发达国家强调碳排放的总量或增长，认为逐步兴起的发展中国家是当前的碳排放大国，应该承担更多的减排责任。减排双轨应并为一轨，发达国家和发展中国家必须在统一的框架下谈判，共同做出减排承诺。

2. 减排成本分担

由于发达国家是全球环境问题或全球环境退化的主要责任者，同时，发达国家无论在环境保护的经济上、技术上都远远高于发展中国家，所以要求发达国家在全球环境保护中承担较多的义务和责任也是符合公平原则的。因此，无论是根据公平观念还是污染者付费、受益者补偿的原则，发达国家都应承担比发展中国家更大的保护全球环境的责任。发达国家应当要对其历史排放和当前的高人均排放负责，改变不可持续的生活方式，大幅度减少排放，同时要向发展中国家提供资金、转让技术。当然发展中国家在发展经济、消除贫困的过程中，也要采取积极的适应和减缓气候变化的措施。应当在可持续发展的框架下，统筹考虑经济发展、消除贫困、保护气候，实现发展和应对气候变化的双赢，确保发展中国家发展权的实现。为发展中国家的减排行动提供技术、资金支持和能力建设支持，是发达国家政府在公约下承担的义务，发达国家的政府应当发挥主导作用，不应推卸责任。但在资金规模、各国承担比例以及监督机制等方面，发达国家和发展中国家仍存在较大分歧。

（二）原因分析

1. 经济发展的技术锁定效应

在技术水平一定的情况下，碳排放与经济增长呈正相关，也就是说，一国的碳排放越大，其经济增长就越快；相反，碳排放越小，其经济增长就越慢，排放是一国经济增长所付出的代价。这种现象在工业化的早期表现得非常明显。但从长期来看，受到技术进步和资源环境的约束，碳排放与经济增长的相关性会发生变化，但其变化需要付出相应的转型成本。

2. 各国减排利益的冲突

各国经济发展不平衡，各国都想在“碳排放”博弈中得到更多的利益，普遍存在所谓的“搭便车”心态。不同发展水平的国家之间，甚至相同发展水平的国家之间，会基于自己的利益围绕碳排放展开博弈。对于发展中国家来说，不能因为减排而延续贫困，不能因应对气候变化而制约发展；仍要把经济和社会发展、消除贫困作为首要和压倒一切的目标，不希望在碳排放方面受到更多约束。发达国家对环境质量的要求更高，不仅较为严格地限制自己的碳排放，而且要求碳排放增长迅速的发展中国家减少排放，以确保自身减排努力不会被发展中国家的排放增量部分或全部抵消。

3. 发达国家和发展中国家的环境效用的差异性

环境效用反映的是环境质量对人们追求生活质量满足的程度。环境效用受到两个因素的影响，即环境的优劣程度和收入水平的高低。在人类的生产能力还很低，人们主要关注的是如何获得满足自己基本生活所需要的物质财富，环境本身并不是人们关注的主要对象。随着人们生活或收入水平不断提高，环境受到人们的关注程度也相应地增强。发展中国家和发达国家，由于它们的环境效用不同，由此决定它们对待碳减排的态度也不同。发展中国家因为经济落后，收入水平较低，生活的压力较大，因此，环境还较少进入它们的效用函数，环境的边际效用很低，对环境的恶化也很少关心。发达国家由于其达到了较高的发展程度，收入水平很高，环境的边际效用较高。由于碳减排的外部性，发展中国家和发达国家之间会出现一种围绕碳排放的博弈，发展中国家和发达国家在是否进行碳减排选择时面临的约束不同，发展中国家会选择碳排放以增加收入效用，而发达国家则会选择减排来增加环境效用同时尽量保持经济增长来获得收入效用。[190] 由此可见，发达国家与发展中国家在碳减排博弈上的困境主要源于它们之间经济发展的巨大差距，以及由此引起的环境效用的不同。

4. 缺乏国际碳治理机构

由于碳减排是公共产品，在参与全球气候治理的过程中，各国均具有搭便车的动机，这凸显各主权国家的政策行为受到国际治理机构缺乏的深刻影响与严重制约。由于缺乏一个有效且权威的全球性治理结构，各国在碳减排目标上难以取得一致的认识，并且都在为自己的发展争取更多的碳排放空间。在面临全球生态问题时，尽管各个国家可以出台各种政策以确保自身的安全，但是当代生态和技术现实之间的巨大差异导致了这种威胁远远超出任何单一国家的控制。在这种压力下，各主权国家必须寻求某种形式的国际合作或参与某种国际机制。但各问题领域的国际机制一旦建立，其原则、规范、规则和决策程序必然会对其行为体的活动具有某种“禁制”含义——它们限制着行为体特定的行动并禁止其他的行动。在特定领域内，国际机制规定了各主权国家什么可做和什么不可做。对各主权国家而言，参与国际机制和承担国际义务的直接代价就是对部分主权的放弃。[193] 在现阶段要建立一种权威性的全球治理结构还有相当大的困难。

## 三、全球碳治理合作的关键问题

全球碳减排合作中的关键问题，首先涉及两个核心问题，一是如何界定各国的碳排放责任；二是如何界定或分配各国碳排放权。前者属于认识问题，需要达成一种共识，达成共识的过程也是一个博弈的过程；后者属于行动问题，会出现一种博弈，需要找到一个博弈的均衡解。

### （一）“碳排放”责任

关于“碳排放”的责任问题，各国的认识相差甚远，如印度提出人均排放的概念，即以人均碳排放来测算，发展中国家的人均排放要大大低于发达国家，因此，发达国家应该是造成温室效应的最大责任者；巴西提出应准确测量“碳排放”的历史责任，发达国家在工业化以来大量化石能源的燃烧是导致气候变暖的主要原因；发达国家则强调“碳排放”的总量或增长，由此，把碳排放的责任归咎于快速增长的发展中国家。但全球气候变暖很大程度上是由于空气中温室气体的存量规模导致的，而非排放增量，发达国家与发展中国应就“共同但有区别的责任”原则进一步凝练共识，在发达国家承诺减排明确有法律约束力的技术、资金支持的基础上，可适当在减排活动的透明度，如减排活动的可报告、可检测、可核实，以及合理确定减排责任的区别，承担与自身减排能力和排放水平相适应的减排责任。

### （二）界定或分配各国碳排放权

界定或分配各国碳排放权是国际碳减排合作的更为深层次的问题，而坚持公平优先还是效率优先是碳排放权的界定或排放空间的分配最核心的问题，但从减排效率而言，由于发展中国家经济发展相对粗放，生产技术落后，减排成本低，减排相对容易，发展中国家承担相对多的减排任务，从经济学上讲可以实现经济效率帕累托最优改进；但由于技术的锁定效应，碳排放空间的分配直接决定了一个国家的减排责任，让发展中国家承担主要由发达国家造成的全球变暖的治理问题，既不符合污染者付费原则，也不符合受益者补偿的原则，有失公平。因此，在界定或分配各国碳排放权时，公平原则应该放在第一位，即人与人之间，无论贫富，均享有平等的发展权，其次，要明确发展的历史责任，确定排放确立和历史责任的关系。为此，国务院发展研究中心"应对全球气候变化"课题组发表研究报告提出一个全球温室气体减排的理论框架，核心是解决各国排放权分配问题。具体的分配分三个步骤：第一步是对各国的排放现算一个历史总账。根据各国对现有大气层中留存的温室气体的贡献，确定各国自工业革命以来累计实际排放是否超过其应有的排放权。如果超过，则其当期的排放权余额就是赤字，反之则为盈余。这就可以为各国建立起"国家排放权账户"。第二步是科学设定自现在起到未来某个时点上全球新增总排放额度，并将这一额度分配给各国。这一新增额度加上各国当前时点的排放权余额，即为各国到未来某个时点总的排放额度。第三步是各国在各自的排放额度下提出自己的减排路线图，自行决定当前至目标时点每年的实际排放，并可以进行国际温室气体排放权交易。[193–194]

## 第三节　全球碳治理的主要实践

为了应对全球气候变暖，世界各国在有关国际机构的组织下，开展了富有成效的工作。本节就全球碳治理的实践活动进行简要梳理，重点介绍全球碳治理过程中形成的有效的合作机制。

### 一、国际社会应对气候变化谈判主要进展

气候变化是人类面临的严峻挑战，必须各国共同应对。自 1992 年《联合国气候变化框架公约》诞生以来，各国围绕应对气候变化进行了一系列谈判，这些谈判为国际政府间碳减排起到了积极推动作用。

（一）从里约到京都：确定责任分担基本格局

1992 年《联合国气候变化框架公约》诞生。为了促使各国共同应对气候变暖，在 1990 年 IPCC 发布了第一次气候变化评估报告后不久，1990 年 12 月 21 日，第 45 届联合国大会通过第 212 号决议，决定设立气候变化框架公约政府间谈判委员会。这个委员会成立后共举行了 6 次谈判，1992 年 5 月 9 日在纽约通

过了《联合国气候变化框架公约》（简称《公约》），同年6月在巴西里约热内卢召开的首届联合国环境与发展大会上，提交参会各国签署。1994年3月21日《公约》正式生效。

《公约》的主要目标是控制大气温室气体浓度升高，防止由此导致的对自然和人类生态系统带来的不利影响。《公约》还根据大气中温室气体浓度升高主要是发达国家早先排放的结果这一事实，明确规定了发达国家和发展中国家之间负有“共同但有区别的责任”，即各缔约方都有义务采取行动应对气候变暖，但发达国家对此负有历史和现实责任，应承担更多义务；而发展中国家首要任务是发展经济、消除贫困。

公约生效后，以西欧、北欧为首的发达国家认为公约为发达国家规定的温室气体减限排义务不足以实现公约最终目标，开始在公约的基础上推动制定一份议定书，进一步强化发达国家的减排义务，同时也希望为发展中国家规定某种形式的减排义务。

1997年通过了《京都议定书》。《公约》虽确定了控制温室气体排放的目标，但没有确定发达国家温室气体量化减排指标。为确保《公约》得到有效实施，1995年在德国柏林召开的《公约》第1次缔约方大会通过了“柏林授权”，决定通过谈判制定一项议定书，主要是确定发达国家2000年后的减排义务和时间表。经过多次谈判，1997年底在日本京都通过了《京都议定书》，首次为39个发达国家规定了一期（2008~2012年）减排目标，即在他们1990年排放量的基础上平均减少5.2%。同时，为了促使发达国家完成减排目标，还允许发达国家借助三种灵活机制来降低减排成本。议定书还规定，发达国家在2012年后的第二承诺期及以后承诺期内进一步承担的具体减排指标应通过谈判确定，并为此确立了相应谈判机制。此后，各方围绕如何执行《京都议定书》，又展开了一系列谈判，在2001年通过了执行《京都议定书》的一揽子协议，即《马拉喀什协定》。2005年2月16日《京都议定书》（以下简称“议定书”）正式生效。但美国等极少数发达国家以种种理由拒签议定书。

（二）从京都到巴厘：发达国家背信弃义，酝酿“重新洗牌”

2005年启动了议定书二期谈判，由于议定书只规定了发达国家在2008~2012年期间的减排任务，2012年后如何减排则需要继续谈判。在发展中国家推动下，2005年底在加拿大蒙特利尔召开的《公约》第11次缔约方大会暨议定书生效后的第1次缔约方会议上，正式启动了2012年后的议定书二期减排谈判，主要是确定2012年后发达国家减排指标和时间表，并建立了议定书二期谈判工作组。但欧洲发达国家以美国、中国等主要排放大国未加入议定书减排为由，对已启动的有关第二承诺期进一步减排指标的谈判采取拖延战术。此后的议定书二期减排谈判一直进展缓慢。

在发展中国家与发达国家就议定书二期减排谈判积极展开的同时，发达国家则积极推动发展中国家参与2012年后的减排。经过艰难谈判，2007年底在印尼巴厘岛召开的《公约》第13次缔约方大会上通过了“巴厘路线图”，各方同意所有发达国家（包括美国）和所有发展中国家应当根据《公约》的规定，共同开展长期合作，应对气候变化，重点就减缓、适应、资金、技术转让等主要方面进行谈判，在2009年底达成一揽子协议，并就此建立了公约长期合作行动谈判工作组。自此，气候谈判进入了议定书二期减排谈判和公约长期合作行动谈判并行的“双轨制”阶段。

（三）从巴厘到哥本哈根：老问题、新回合、大角力

2008~2009年间，各方在议定书二期减排谈判工作组和公约长期合作行动谈判工作组下，按照“双轨制”的谈判方式进行了多次艰难谈判，但进展缓慢。到2009年底，当100多个国家首脑史无前例地聚集到丹麦哥本哈根参加《公约》第15次缔约方大会，期待着签署一揽子协议时，终因各方在谁先减排、怎么减、减多少、如何提供资金、转让技术等问题上分歧太大，各方没能就议定书二期减排和“巴厘路线图”中的主要方面达成一揽子协议，只产生了一个没有被缔约方大会通过的《哥本哈根协议》，只对谈判中的减缓、适应、资金和技术等主要要素提供了方向性指导，回避了南北双方的根本矛盾，也未涉及最终谈判结果的法律形式问题。《协议》虽然没有被缔约方大会通过、也不具有法律效力，但却对2010年后的气候谈判进程产生了重要影响，主要体现在发达国家借此加快了此前由议定书二期减排谈判和公约长期合作行动谈判并行的“双轨制”模式合并为一，即“并轨”的步伐。哥本哈根气候大会虽以失败告终，但各方仍同意2010年继续就议定书二期和巴厘路线图涉及的要素进行谈判。

（四）从哥本哈根到巴黎，国际应对气候变化治理机制最终确立

《哥本哈根协议》虽然没有被缔约方大会通过，但欧美等发达国家在2010年谈判中，则借此公开提出对发展中国家重新分类，重新解释“共同但有区别责任”原则，目的是加快推进议定书二期减排谈判和公约长期合作行动谈判的“并轨”，但遭到发展中国家强烈反对。经过多次谈判，在2010年底墨西哥坎昆召开的气候公约第16次缔约方大会上，在玻利维亚强烈反对下，缔约方大会最终强行通过了《坎昆协议》。《坎昆协议》汇集了进入“双轨制”谈判以来的主

要共识，总体上还是维护了议定书二期减排谈判和公约长期合作行动谈判并行的“双轨制”谈判方式，增强国际社会对联合国多边谈判机制的信心，同意2011年就议定书二期和巴厘路线图所涉要素中未达成共识的部分继续谈判，但《坎昆协议》针对议定书二期减排谈判和公约长期合作行动谈判所做决定的内容明显不平衡。发展中国家推进议定书二期减排谈判的难度明显加大，发达国家推进“并轨”的步伐明显加快。

2011年12月，《联合国气候变化框架公约》第17次缔约方大会在南非德班召开，会议取得了以下五点成果：一是坚持了《联合国气候变化框架公约》《京都议定书》和“巴厘路线图”授权，坚持了双轨谈判机制，坚持了“共同但有区别的责任”原则；二是就发展中国家最为关心的《京都议定书》第二承诺期问题做出了安排；三是在资金问题上取得了重要进展，启动了绿色气候基金；四是在坎昆协议基础上进一步明确和细化了适应、技术、能力建设和透明度的机制安排；五是深入讨论了2020年后进一步加强公约实施的安排，并明确了相关进程，向国际社会发出积极信号。但由于发达国家缺乏政治诚意，“巴厘路线图”谈判仍未完成。

2013年11月，联合国气候变化框架公约第19次缔约方会议及京都议定书第9次缔约方会议在波兰华沙举行，会议主要取得三项成果：一是德班增强行动平台基本体现“共同但有区别的原则”；二是发达国家再次承认应出资支持发展中国家应对气候变化；三是就损失损害补偿机制问题达成初步协议，同意开启有关谈判。华沙谈判目的是为2015年的巴黎会议奠定基础，届时各国政府将签署一份新的全球性条约以应对气候变化。该条约将于2020年起生效，并且将成为第一个发达国家与发展中国家共同承诺减排的条约。2014年的联合国气候大会将在秘鲁利马召开，各方将进一步讨论如何落实巴厘路线图成果和推进德班平台谈判。根据计划，2015年的巴黎会议将对2020年之后的应对气候变化做出最终安排。

2014年12月9日，《联合国气候变化框架公约》第20次缔约方大会暨《京都议定书》第10次缔约方大会在秘鲁首都利马召开，就2015年巴黎大会协议草案的要素基本达成了一致。会议的主要成果有以下五项：一是进一步细化了预计2015年达成的应对气候变化新协议的各项要素，为各方2015年进一步起草并提出协议草案奠定了基础，向国际社会发出了确保多边谈判于2015年达成协议的积极信号。二是就继续推动“德班平台”谈判达成共识，进一步明确并强化2015年新协议在《联合国气候变化框架公约》下遵循共同但有区别的责任原则等基本政治共识。三是利马大会初步明确了2020年后各方应对气候变化的“国家自主贡献”所涉及的信息，为各方在2015年年底巴黎气候大会前尽早提出应对气候变化行动目标提供了参考依据。四是就加速落实2020年前“巴厘路线图”成果、提高执行力度做出了进一步安排。五是旨在帮助发展中国家适应气候变化的绿色气候基金获得的捐资承诺已超过1000亿美元，为国际社会释放了积极信号。但大会通过的最终决议力度与各方预期尚有差距，如：在敦促和要求发达国家落实《京都议定书》第二承诺期减排指标方面进展有限，相关行动力度有待加强；承诺捐资的绿色气候基金规模距离在2020年达到1000亿美元的目标似乎还很遥远等。[195]

2015年12月12日，经过艰难的谈判，在法国巴黎举行的联合国气候变化大会最终达成了《联合国气候变化框架公约巴黎协议》（下面简称《巴黎协议》）。《巴黎协议》是一项有法律约束力的国际条约。这是自1992年达成《联合国气候变化框架公约》、1997年达成《京都议定书》以来，人类历史上应对气候变化的第三个里程碑式的国际法律文本。《巴黎协议》的内容，主要还对国家自主贡献、适应机制、损失损害、资金机制、能力建设、透明度、全球盘点、市场机制等内容做出了系统性安排。除《巴黎协议》文本外，会议还通过了与《巴黎协议》相对应的决定，对《巴黎协议》的签署、生效以及生效前筹备工作的机制安排、国家自主贡献的提交与更新、资金问题、透明度、全球盘点等内容做了比较细化的规定，大大增强了协议条款的可操作性。这些都是本次巴黎会议成果的重要组成，也是下一步落实巴黎协议的重要基础和起点。

巴黎协议的一大特点，是在确立了具有雄心的全球长期目标的基础上，对各缔约国并未简单一刀切设定严格法律约束力的目标和违约惩罚机制，而是采纳了尊重国家主权、各国自主确定行动目标，采取非侵入、非对抗模式的评价机制，以此最大限度求同存异，鼓励各国参与，在理想与现实之间达成了一种最大限度照顾各方关系的微妙平衡。一方面体现发达国家与发展中国家共同但有区别的责任，例如要求发达国家继续率先减排并开展绝对量化减排，发达国家要为发展中国家提供资金支持等，另一方面也要求所有国家都根据各自的国情和能力采取行动。

《巴黎协议》形成的框架体系，对各国已经制定的政策和采取的行动目标具有极大的包容性，并以此为出发点，形成了一个各国行动目标和力度“只进不退”的棘齿锁定机制。各国提出的行动目标，无论涉及减排、适应还是资金，一旦自主决定，都将建立在不断进步的基础上，公约为此建立了每5年对各国行动的效果进行全球盘点的机制，各国在此基础上每5年更新国家自主贡献，以此鼓励各国基于新的情况、新的认识不断加大行动的力度，确保实现应对气候变化的长期目标。

《巴黎协议》在公约的基础上，确立了一个相对松散、灵活的应对气候变化国际体系，是在总结公约和京都议定书20多年来的经验教训后，国际气候治理体系自然演化的结果，凝聚了无数政治家、谈判代表和智库的心血和智慧。《巴黎协议》的达成，确立2020年后国际应对气候变的治理机制，将成为人类迈向可持续发展征程的新起点，将推动全球应对气候变化国际合作进入一个新的阶段，对各国国内政策也将产生深远的影响。[196]

## 二、《京都议定书》及其减排履约机制

### （一）《京都议定书》简介

《京都议定书》全称为《联合国气候变化框架公约的京都议定书》，是联合国气候变化框架公约的补充条款，是人类历史上第一部限制各国温室气体（主要 $CO_2$）排放的国际法案。联合国气候变化框架公约参加国于1997年12月在日本京都共同制定。

《京都议定书》于1998年3月16日至1999年3月15日间开放签字，条约于2005年2月16日开始强制生效，到2005年9月，一共有156个国家通过了该条约（占全球排放量的61%），占人口总量80%。

《京都议定书》规定，到2010年，所有发达国家 $CO_2$ 等6种温室气体的排放量，要比1990年减少5.2%。具体说，各发达国家从2008年到2012年必须完成的削减目标是：与1990年相比，欧盟削减8%、美国削减7%、日本削减6%、加拿大削减6%、东欧各国削减5%至8%。新西兰、俄罗斯和乌克兰可将排放量稳定在1990年水平上。议定书同时允许爱尔兰、澳大利亚和挪威的排放量比1990年分别增加10%、8%和1%。根据“共同但有区别的责任”的原则，包括中国、印度在内的发展中国家暂不列入受限之列。其目标期限为2008至2012年。

《京都议定书》是一个对具体减排目标具有很强可操作性的协议，第一次设定了具有法律约束力的温室气体限排额度，是迄今为止国际社会承诺削减温室气体排放、遏制地球变暖的唯一一项国际公约，是人类历史上第一个具有法律约束力的环保国际文件。标志着人类在对抗全球变暖的行动上迈出了艰难的第

一步，更在灾害自救的道路上迈出了关键的一大步——让所有发达国家和发展中国家建立一种平等的协议，以在21世纪中叶之前达到大量减少温室气体排放的需要。这一事关各国经济利益和未来发展权益的国际环境领域的重大事件，也是迄今为止国际社会承诺削减温室气体排放、遏制地球温室效应持续恶化的唯一一项国际公约，并且是人类历史上第一个具有约束力的环保国际文件，这是国际环境与发展合作领域的重大突破；标志着人类在应对全球变暖的行动上迈出了坚实的一小步，而在灾害自救的道路上却跨出了关键的一大步，对人类未来治理发展具有划时代的意义，被誉为国际环保事业的里程碑，也标志着一个加强国际环境合作、共同应对全球变化的新时代来临。[197]

（二）《京都议定书》的灵活减排机制

为了帮助各附件Ⅰ国家完成减排承诺，《京都议定书》引进了三种灵活减排机制。

1. 排放贸易机制

排放贸易机制是《京都议定书》框架的基石，作为《京都议定书》的联合履约机制，它只允许发达国家之间开展排放贸易，简而言之，排放贸易机制是指附件Ⅰ国家，将其超额完成减排目标的减排量，以贸易的形式转让给另一个未能完成减排任务的附件Ⅰ国家，购买方国家用以抵消其未完成的减排任务。排放贸易机制需要确定参与方明确的减排目标，该机制利用各国减排成本的差异，在各参与国完成各自减排目标的前提下，通过各国边际减排成本趋同来实现参与国总减排成本最小化。

2. 联合履约机制

《京都议定书》第六条规定了联合履约机制：为了履行依第三条规定的承诺，附件Ⅰ所列任一缔约方可以向任何其他这类缔约方转让或从它们获得由旨在任何经济部门削减温室气体的各种源的人为排放或增强各种汇的人为清除的项目产生的任何排放削减单位。从这条的规定中我们可以看出《京都议定书》中明确了联合履约机制的主体，即公约附件Ⅰ中的缔约方并且在《京都议定书》中承担具体减排义务的国家。必须通过项目来获得排放削减单位，这些项目既可以是削减各种温室气体源的排放，也可以是增强汇的清除。

可以看出，联合履行机制是附件Ⅰ国家之间以项目为基础的一种合作机制，目的是帮助附件Ⅰ国家以较低的成本实现其量化的温室气体减排承诺。减排成本较高的附件Ⅰ国家通过该机制在减排成本较低的附件Ⅰ国家实施温室气体的减排项目。投资国可以获得项目活动产生的减排单位，从而用于履行其温室气体的减排承诺，而东道国可以通过项目获得一定的资金或有益于环境的现金技术，从而促进本国发展。

3. 清洁发展机制

清洁发展机制（Clean Development Mechanism，CDM），是《京都议定书》中引入的灵活履约机制之一。CDM 允许附件 I 缔约方与非附件 I 缔约方在境外实现部分减排承诺的一种履约机制。CDM 允许发达国家与发展中国家联合开展温室气体减排项目。这些项目产生的减排数额可以被发达国家作为履约他们所承诺的减排。发达国家通过向发展中国家提供资金和技术，在发展中国家实施既符合可持续发展政策要求，又能产生温室气体减排效果的项目。发达国家由此换取投资项目所产生的部分或全部减排额度，发达国家利用这个减排额度抵消减排承诺，以较低成本实现发达国家的减排目标，并进而履行《京都议定书》规定的减排义务。

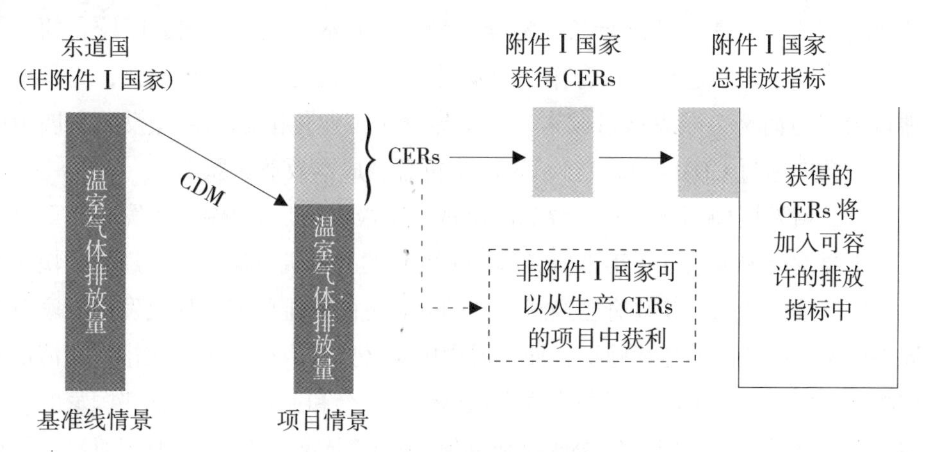


**图 9-8　CDM 机制原理示意图**

清洁发展机制是《京都议定书》中唯一涉及发展中国家的一种机制。清洁发展机制作为发达国家与发展中国家之间的合作机制，在国际上受到广泛的接受与应用。通过该机制，发达国家帮助发展中国家建设具有温室气体减排效应的项目，并用这些项目所产生的“可核证的温室气体减排量”来抵消发达国家的部分减排义务，而发展中国家摆脱了陷入缺乏资金和技术的窘境。这样一来发达国家可以以较低的成本达到减排的目标；而发展中国家也可以借这些项目引入可观的资金和先进技术。正是基于这种结果，清洁发展机制被广泛地认为是一种“双赢”的机制，在国际上得到广泛的认可和应用。

清洁发展机制和联合履约机制都是基于项目合作方面的减排机制，其共同特点都是通过境外减排获得减排额度用于履行在《京都议定书》中所规定的减排目标。所不同的是清洁发展机制是发达国家与发展中国家之间的合作项目，发展中国家本身并没有被规定具体减排额度在发展中国家开展项目所获得的“经证明的减排额度可以帮助发达国家履行承诺”。而联合履约则只限于发达国家之间进行项目合作。缔约双方均有规定的减排额度通过合作实现额度的转让。但清洁发展机制相比联合履行机制具有以下优势：

其一对于发达国家降低履约成本是其选择 CDM 的主要动力。虽然两种机制均可以通过项目合作的方式实现在境外减排但减排成本则差异很大。一般来说工业化国家的经济发展水平相对较高、工业技术相对成熟，进一步提高能源效率的空间相对较小，因而在工业化国家实现减排行动必然需要较高的边际减排成本。而与发展中国家开展项目合作实现减排行动则空间巨大，劳动力成本相对较低，所获得的益处更多。更何况近几年来由于国际上经济危机的加重，工业化国家纷纷遭遇了经济萧条、资金紧张，他们本身也没有能力以较高的成本在工业化国家之间进行项目合作。而发展中国家大力推进 CDM 项目，为了增加项目吸引力而努力减少项目成本，这就导致了工业化国家把目光投向发展中国家，更倾向通过 CDM 实现减排承诺。这符合“成本效益”原则。

其二就发展中国家来看，政府的重视和积极推动是 CDM 迅速发展的重要原因。主要发展中国家近些年正值经济快速发展的战略机遇期。随着经济的快速发展，碳排放的增加，其政府已经感受到随处可见的减排压力，加上发达国家对发展中国家强制减排的持续施压，使发展中国家必然采取措施进行减排，而清洁发展机制正好为发展中国家解决排放问题提供了机会和途径。所以这些国家的政府在支持经济发展的同时对解决碳排放问题的态度十分积极，对 CDM 项目合作积极主动，纷纷出台清洁发展机制项目管理办法，力促与发达国家进行合作减排。

其三在发展中国家开展项目合作其合作领域更加广阔、更容易获得减排额度。工业化国家由于处于较为成熟的发展阶段，通过节约能源来削减温室气体排放的潜力较小。而发展中国家则潜力巨大，在发展中国家开发节能项目不仅经济成本低而且机会成本也低。[198]

## 三、碳排放交易机制和碳税的主要实践

### (一) 碳排放交易机制主要实践

目前世界上还没有统一的国际排放权交易市场，在区域市场中，也存在不

同的交易商品和合同结构，各市场对交易的管理规则也不相同。

1. 欧盟排放交易体系（EU ETS）

欧盟为了帮助其成员国履行《京都议定书》的减排承诺，于2005年1月1日正式启动了欧盟排放交易体系（EU ETS），这是世界上第一个国际性的排放交易体系，它的目标和功能是减排 $CO_2$，它涵盖了所有27个欧盟成员国，非欧盟成员国瑞士和挪威2007年也自愿加入。加拿大、新西兰、日本等通过签署双边协议，也参与了这一体系。

欧盟排放贸易体系属于配额型交易，采用的是总量限制和排放交易的管理和交易模式。在欧盟及其成员国，每个企业从政府那里分配到一定数量的排放许可额度——欧洲排放单位（EUA）。如果企业能够使其实际排放量小于分配到的排放许可额，那么它就可以将剩余的额度在排放市场上出售，以获取利润；反之，它就必须到市场上购买排放权，否则，将会受到重罚。该交易体系包括三个阶段：

2005~2007年，欧盟排放交易体系的试验阶段；该阶段排放量的上限被设定在66亿吨 $CO_2$，排放配额均免费分配；每年剩余的EUA可以用于下一年度的交易，但不能带入第二阶段。该阶段允许使用的CER和ERU的数量平均为总体配额的13%，各国情况略有不同。第一阶段暴露的主要问题是配额分配经验不足，有的排放实体分配到的排放额度远远大于该阶段其实际排放量，配额供给出现过剩现象。

2008~2012年，欧盟排放交易体系第一阶段。在这个阶段里，欧盟吸取了第一阶段配额分配过松的教训，最终将EUAA的最大排放量控制在了每年20.98亿吨，对各个国家上报的排放额度仍是以免费分配为主。在这一阶段，开始引入排放配额有偿分配机制，即从配额总额中拿出一部分，以拍卖方式分配，排放实体根据需要到市场中参与竞拍，有偿购买这部分配额（例如，德国就拿出10%的排放配额进行拍卖）。同样，第二阶段里排放实体每年剩余的EUA可用于下一年度的交易，但也不能带入下一阶段。

从2013年开始的欧盟排放交易体系第三阶段。欧盟对第三阶段的交易机制进行大幅度改革，避免内部市场失灵。同时扩大纳入排放体系的行业范围，强化价格信号作用以引导投资，创造新的减排空间，减少总的减排成本，提高系统效率。此外，以拍卖方式分配的配额比例将逐步提高。

2. 芝加哥气候交易所（CCX）

成立于2003年，是全球第一个自愿性参与温室气体减排量交易并对减排量承担法律约束力的先驱组织和市场交易平台，并于同年在伦敦证券交易所上市，成为国际性经济实体。CCX 是全球第二大的碳汇贸易市场，开展的减排交易涉及 $CO_2$、CH4、氧化亚氮、氢氟碳化物、全氟化物、六氟化硫六种温室气体减排交易的市场。建立了现行减排补偿项目明细表的碳汇市场。在 CCX 的减排计划中，许多北美公司和当地政府自愿做出了具有法律约束力的减少温室气体排放的承诺，以保证 CCS 能够实现其两个阶段的目标：第一阶段 2003~2006 年所有会员单位在其基准线排放水平的基础上实现每年减排 1%的目标；第二阶段 2007~2010 年所有成员将排放水平下降到基准线水平的 94%以下。

3. 英国排放交易体系（UKETS）

英国是欧洲比较早关注气候变化并制定相关政策的国家，于 2000 年发布了其“气候变化计划”（CCP），提出了为实现《京都议定书》的一揽子工程，其中就包括了排污权交易机制，UKETS 始建于 2002 年 3 月，UKETS 的运作方式包括配额交易与信用额度交易两种模式。配额模式拟定一个绝对减量指标，然后指定每个企业的排放配额。信用额度模式则由参与者以其他提升能源效率或减量专案计划提出其相对减量目标所产生的额外减量。

UKETS 规定，当企业选择了基准年后，需对该基准年的排放源进行盘查，并将排放源清单申报排放交易当局，作为此后管控的依据。每一个直接参与者的基准线都是根据其相应的排放源来确定的。因此，直接参与者必须在计算基准线排放量之前确认其参与 UKETS 的排放源清单。

4. 澳大利亚排放贸易体系

澳大利亚的新南威尔士州温室气体减排体系是全球最早强制实施的减排计划之一。2003 年 1 月 1 日，澳大利亚新南威尔士州启动了为期 10 年涵盖 6 种温室气体的州温室气体减排体系。该体系与欧盟排放交易体系的机制相类似，但参加减排体系的公司仅限于电力零售商和大的电力企业。

（二）碳税的主要实践

以税收为代表的价格型政策在控制温室气体排放领域得到了一定的应用。根据税收征收的客体，税收大致可以分为以下几类：第一，碳税，根据燃烧排放碳的比例对化石能源征收的一种税种；第二，$CO_2$ 税，直接对每吨 $CO_2$ 排放征税，这种税很容易转化成碳税；第三，能源税，对单元消耗的能源征收一定的税额，与前两种税收不同，该税征收对象包括新能源和可再生能源。

芬兰是世界上第一个成功推行碳税的国家，在此之前丹麦、荷兰曾做过类似的尝试但均因引发公众争议而未获成功。芬兰从 1990 年开始对化石燃料征收差异化碳税，设定的初始税率较低，但依据排放量采取高额累进的征收方式。对能源密集型产业不收碳税，并对很多行业实施了碳税减免。

挪威 1991 年开始对化石燃料征收差异化碳税。2005 年碳税增加为汽油 41 欧元/吨、轻燃料油 24 欧元/吨、重燃料油 21 欧元/吨。由于碳税的实施，挪威部分经济部门 $CO_2$ 排放量年均下降 20%以上。瑞典自 1991 年开始对石油、煤炭、天然气、液化石油气、汽油和用于国内航行的航空燃料收取碳税。碳税在瑞典最显著的效果是提高了区域供热系统中生物质能的使用，生物燃料已占到瑞典区域供热系统的 50%。但是碳税对瑞典工业领域的能源效率影响不大。

丹麦 1993 年开始对能源消费征收碳税。从较低的税率 50 美元/吨开始，并且工业碳税可以减免一半。1996 年至 2000 年碳税虽有较大幅度的提高，但对加入提高能效的自愿协议并成功执行的企业采取较低的有效碳税，且对能源密集型行业不收碳税。

英国于 2001 年对向工业、商业和公共部门提供能源的供应商征收实行气候变化税。同时在鼓励企业完成减排目标的同时减轻能源密集型行业的税收负担，英国制定了与气候变化税相配套的气候变化协议。加入该协议的企业实现规定的温室气体减排目标则可以减免气候变化税的 80%，但是如未达到中期目标（2002、2004、2006 和 2008 年），企业在未来两年将得不到税收减免，而如果达不到 2010 年的最终目标则要补交以往全部的气候变化税。

加拿大的魁北克省自 2007 年 10 月 1 日开始实施碳税，不列颠哥伦比亚省自 2008 年 7 月 1 日开始实施，税率为 10 美元/吨，并每年增加直到 2010 年达到 30 美元/吨。

澳大利亚政府 2011 年 7 月宣布征收碳税，税率为 23 澳元/吨 $CO_2$（约合 24.7 美元/吨 $CO_2$），但碳税只是澳大利亚碳排放交易体制的过渡政策，到 2015 年澳大利亚碳排放交易体制建立后，碳税法案废止。

## 第四节　后“京都”时代的国际合作

《京都议定书》的效力到期，气候变化国际合作进入了“后京都时代”，各国急需通过谈判确定后京都时代中采用的减排合作模式，以为未来国际气候变化合作奠定制度基础。本节主要介绍后“京都”时代的含义、国际合作的进展与趋势。

## 一、后“京都”时代的含义

《京都议定书》是国际气候合作形成的最重要的国际法律文件，对国际社会成员应对气候变化的责任和义务进行了制度性安排。然而由于技术方面的原因，更由于国际气候合作领域复杂的利益博弈。按规定，《京都议定书》的法定有效期已在2012年终止，但由于新的国际减排合作机制未能达成广泛共识，卡塔尔多哈召开的联合国气候大会上决定延长《京都议定书》第二承诺期至2020年，以在新公约生效前遏制气候变化，其对应的时间范围即所谓的后京都时代。

## 二、后“京都”时代国际合作

### （一）巴厘岛会议

2007年12月3日至12月15日，联合国气候变化大会在印度尼西亚巴厘岛召开，会议最大成果是通过了巴厘岛路线图。

主要内容包括：大幅度减少全球温室气体排放量，未来的谈判应考虑为所有发达国家（包括美国）设定具体的温室气体减排目标；发展中国家应努力控制温室气体排放增长，但不设定具体目标；为了更有效地应对全球变暖，发达国家有义务在技术开发和转让、资金支持等方面，向发展中国家提供帮助；在2009年年底之前，达成接替《京都议定书》的旨在减缓全球变暖的新协议。

“巴厘岛路线图”亮点：首先，强调了国际合作。“巴厘岛路线图”在第一项的第一款指出，依照《公约》原则，特别是“共同但有区别的责任”原则，考虑社会、经济条件以及其他相关因素，与会各方同意长期合作共同行动，行动包括一个关于减排温室气体的全球长期目标，以实现《公约》的最终目标。其次，把美国纳入进来。由于拒绝签署《京都议定书》，美国如何履行发达国家应尽义务一直存在疑问。“巴厘岛路线图”明确规定，《公约》的所有发达国家缔约方都要履行可测量、可报告、可核实的温室气体减排责任，这把美国纳入其中。第三，除减缓气候变化问题外，还强调了另外三个在以前国际谈判中曾不同程度受到忽视的问题：适应气候变化问题、技术开发和转让问题以及资金问题。第四，为下一步落实《公约》设定了时间表。“巴厘岛路线图”要求有关的特别工作组在2009年完成工作，并向《公约》第15次缔约方会议递交工作报告，这与《京都议定书》第二承诺期的完成谈判时间一致，实现了“双轨”并进。“巴厘岛路线图”的不足：没有明确发达国家2012年后的减排目标的具体数字和具体承诺，只提及需要“大量减排”。

(二) 哥本哈根世界气候大会

根据2007年在印尼巴厘岛举行的第13次缔约方会议通过的“巴厘路线图”的规定，2009年末在哥本哈根召开的第15次会议将努力通过一份新的《哥本哈根议定书》，以代替2012年即将到期的《京都议定书》。但与会各方在发达国家中期减排目标，发达国家向发展中国家提供应对气候变化的短期和长期资金援助等方面分歧过大，最终只形成了一份没有法律约束力的《哥本哈根协议》。

主要内容包括：在升温幅度上，协议承诺，将升温控制在2℃内。在减排目标上，协议没有提及2050年长期减排目标，对于2020年中期减排，协议要求各国在2010年1月30日之前向联合国提交具体减排计划。在资金问题上，协议指出，发达国家应在2010年到2012年间，通过国际组织向发展中国家每年提供100亿美元气候援助资金，并在2013年到2020年间每年提供总额为1000亿美元的援助资金。将建立一个“哥本哈根绿色气候基金”，作为发展中国家气候变化适应性发展的融资主体，并设立“技术转让机制”，加快节能减排技术的研发和国际技术转让。

哥本哈根协议的明显不足在于：没有明确升温2℃内，是否以前工业化时期的全球气温作参照。协议没有具体说明气候援助资金的融资渠道及如何使用，强调各国主动加快技术研发和转让，支持适应和延缓气候变化的行动，并基于各国国情确定优先顺序。最大的不足是协议没有法律约束力，将采取自愿加入原则，极大地降低了该协议的实质意义。

(三) 多哈气候大会

2012年11月26日至12月7日，第18次缔约方会议暨《京都议定书》第8次缔约方会议在卡塔尔多哈举行。此前，2010年墨西哥坎昆气候大会，通过了《京都议定书》附件I缔约方进一步承诺特设工作组决议，以及《联合国气候变化框架公约》长期合作行动特设工作组，就在《京都议定书》下，确定发达国家缔约方在2012年后第二承诺期的减排指标；以及在《公约》长期合作行动特设工作组下，就没有参加《京都议定书》的发达国家应该承担与其他发达国家可相比的减排指标达成一致。2011年，德班气候大会启动“绿色气候基金”，加强应对气候变化的国际合作；并续签《京都议定书》第二承诺期的谈判。这些会议为多哈气候大会的召开做了充分的准备。

多哈气候大会主要成果：第一，通过了《京都议定书》修正案（明确发达国家第二承诺期减排指标），包括欧盟、澳大利亚、挪威、瑞士等38个国家（加拿大、日本、俄罗斯和新西兰不再加入，美国一直没有加入）；《京都议定书》第二承诺期从2013年开始，到2020年结束；修正案确定了发达国家平均$CO_2$减排强度为在1990年基础上减少18%，但2014年需重新审查这一减排强度并提高减排水平；《京都议定书》下的三个碳市场机制继续运行，但不参加第二承诺期的国家将不能利用这些机制；限制第一承诺期剩余减排信用带入第二承诺期（可带入总排放量的2.5%）；欧盟、挪威、澳大利亚及日本等国宣布不购买"热空气"。第二，制定了德班增强行动平台谈判日程表（确定2020年以后适用于所有国家的温室气体减排义务）：2014年提出全球气候变化新协议要素；2014年联合国秘书长召开世界领导人会议，为谈判提供政治指导，2015年5月提出谈判文件草案；2015年年底完成谈判。协议内容包括减排、适应、资金、技术转让等，明确该项谈判在《联合国气候变化框架公约》原则指导下进行，但美国持保留态度。第三，启动相关机制，例如，决定绿色气候基金落户韩国的仁川松岛（Songdo）并尽早开展实质性行动；确定由联合国环境规划署主办气候变化技术转让中心，促进气候变化技术的转让与应用；谈判制定气候变化损失赔付机制等。

多哈会议最重要的成果是延续了《京都议定书》、维护了《联合国气候变化框架公约》的原则，包括共同但有区别的责任原则，启动了新一轮谈判以便制定2020年后全球温室气体减排框架。多哈会议成果可以说具有划时代的意义和里程碑式的影响。[199] 2013年华沙气候大会，就落实好多哈会议达成的承前启后的一揽子成果取得了进展，一是德班增强行动平台基本体现"共同但有区别的原则"；二是发达国家再次承认应出资支持发展中国家应对气候变化；三是就损失损害补偿机制问题达成初步协议，同意开启有关谈判。

（四）秘鲁利马气候会议

秘鲁利马气候会议进一步细化了2015年协议的各项要素，为各方进一步起草并提出协议草案奠定了基础。会议还就继续推动德班平台谈判达成共识，进一步明确并强化2015年的巴黎协议在《联合国气候变化框架公约》下，遵循共同但有区别的责任原则的基本政治共识，初步明确了各方2020年后应对气候变化国家自主贡献所涉及的信息。尽管发达国家落实《京都议定书》第二承诺期减排指标的进展仍然有限，2020年前行动力度仍有待提高，但利马大会还是就加速落实2020年前巴厘路线图成果并提高执行力度做出了进一步安排，有助增进各方互信，为巴黎大会奠定了良好基础。

（五）中美气候变化合作

2014 年 11 月 12 日，中美两国共同签署了《中美气候变化联合声明》，作为世界上最大的发展中国家排放国和最大的发达国家排放国，中美两国气候变化的共识与合作，对由发达与发展中经济体组成的全球经济的低碳转型举足轻重。《中美气候变化联合声明》，重申加强气候变化双边合作的重要性，计划继续加强政策对话和务实合作，包括在先进煤炭技术、核能、页岩气和可再生能源方面的合作；并决定来年紧密合作，解决妨碍巴黎会议达成一项成功的全球气候协议的重大问题。这一声明的发布是政治战略的决定，表明两国正式在最高决策层确立了未来发展的低碳方向，为应对气候变化，实现可持续发展提供了巨大的推动力，将在联合国气候谈判中为达成 2015 年巴黎协议带来推动力和良好势头。

## 三、后“京都”时代国际碳减排的趋势

第一阶段（2013 年至 2020 年），以欧盟为主的 38 个发达国家将继续在《京都议定书》下承担具有法律约束力的温室气体减排义务，并向发展中国家提供资金、技术转让和能力建设支持，以帮助发展中国家采取应对气候变化的行动；美国、日本、加拿大、俄罗斯、新西兰等发达国家将在《联合国气候变化框架公约》下（但在《京都议定书》之外）采取“自下而上”的自愿的温室气体减排行动，这些减排行动不具有法律约束力；发展中国家将在发达国家及国际机构的援助下，采取自愿的减排和适应气候变化的行动。

第二阶段（2020 年以后），全球将在同一个法律框架下采取应对气候变化的具有法律约束力的行动。在联合国的主导下，这些行动将在 2013 年至 2015 年通过谈判确定。可以预计，2020 年以后发达国家将需要在现有减排温室气体义务的基础上，进一步提高减排目标（例如在 1990 年温室气体排放水平上减排 30%~40%），而发展中国家则可能需要承担温室气体限排义务（在照排情景即 BAU 情景下的减排水平）。

从此，发展中国家将可能步入与发达国家类似的温室气体减排行列，由限排过渡到减排，从而帮助实现在 2050 年或以后稳定全球温室气体减排水平。

## 第五节 环境外交

环境问题演变为重大的国际关系问题，最明显的标志就是环境外交的兴起。现代环境外交，肇始于1972年联合国人类环境会议，快速发展于1992年联合国环境与发展大会之后，今天更是空前活跃，已完成从国际关系的边缘向中心转移的进程，成为国际外交的主流形态之一。随着环境外交高潮迭起、国际关系“绿色”日深，环境大国发挥了突出的作用和影响。

### 一、环境外交的概念和特点

#### (一) 环境外交的概念和含义

所谓环境外交，是指国际关系行为体（主要指国家）运用谈判、交涉等外交方式，处理和调整环境领域国际关系的一切活动。其主要内容包括：环境信息、人才、技术和资金的跨国合作；国际环境立法谈判；国际环境条约的履行；处理国际环境纠纷和冲突等。环境外交的另一层含义是，利用环境保护问题实现特定的政治目的或其他战略意图。环境外交的实质是，各国通过外交手段争取最大的国家利益——在世界有限的资源及环境容量中获得尽可能大的份额。目前，对何谓环境外交存在着不同的看法。广义的环境外交是指环境外交主体通过外交方式去调整国际环境关系的各种对外活动的总称；狭义的环境外交是指国家通过外交部门、环境部门等代表国家的机关和个人，采用谈判等和平方式以调整国际环境保护关系的各种对外活动的总称。上述概念包括如下几层意思：

1. 环境外交是一种外交活动、对外活动

这是对环境外交属性的界定。不同的人对环境外交的属性有不同的主张，如将外交或环境外交视为外交艺术或环境外交艺术、外交科学或环境外交科学、外交知识或环境外交知识、外交职业或环境外交职业、外交方式或环境外交方式等。笔者认为环境外交是一种活动、一种实践活动、一种对外活动、一种外交活动。环境外交是外交活动整体的一个组成部分，是总体外交的一个领域，具有外交活动的共性。在将环境外交界定为一种对外活动、外交活动的前提下，笔者认为，作为学术上明确的环境外交概念，还应该包括如下三个要件，即：环境外交的主体、环境外交的调整对象、环境外交的基本方式。

2. 环境外交的主体不同

环境外交的主体，是指环境外交活动的承担者或实施者。主体的范围直接决定环境外交活动的范围。狭义环境外交的主体是国家，广义环境外交的主体以国家为主但不限于国家。

3. 环境外交调整的对象不同

环境外交的调整对象，是指外交主体调整的社会关系。调整对象的范围同样决定着环境外交的范围。狭义环境外交的调整对象是国际环境保护关系，即因保护环境所产生的国家与国家之间的关系；广义环境外交的调整对象是指包括国际环境保护关系在内的国际环境关系，即因合理开发、利用和保护、改善环境资源所产生的国与国之间的外交关系。环境外交与其他外交的主要区别，是其所调整的国际社会关系。

4. 环境外交方式不同

外交方式，是指进行外交活动的手段、途径、技巧和形式。环境外交是国家实现其对外环境政策、维护其环境权益的重要手段；是国家之间、国际社会成员之间就有关环境事务相互理解、尊重、交流、合作的渠道；是建立和维护环境伙伴关系和有关环境事务的正常国际秩序的手段；是国际社会处理国际环境关系的基本工具；是一种建立在对其他国家、国际社会成员和地球生命系统的理解和尊重之上的文明过程或文明方法。它反映主权国家就有关环境事务同其他国家、国际社会成员、其他主体打交道的能力，反映该国在保护环境方面的文明程度、经济科学技术水平、环境意识和环境道德风尚。环境外交的基本任务是确定、评估环境外交目标，利用一切条件和手段去实现外交目标，最大限度地发挥环境外交的功能和作用。其根本目的是：通过环境外交活动，保护和改善人类环境，协调好人与环境的关系，以求得人类与环境的和谐共处，促进经济、社会和环境的协调、持续发展。

（二）环境外交的特征

环境外交作为一个新兴的、独立的外交领域，产生于国际社会防治全球环境问题和资源危机、保护和改善人类环境的伟大斗争，在和平、发展时期和建设地球村、建立国际政治经济新秩序的历史条件下发展，与传统的主要是在军事、战争和领土争端中产生发展的其他外交大不一样。概括起来，环境外交具有如下区别于其他外交活动的特点：

1. 环境外交有特定的调整对象

国际环境关系是以人类环境为中介、有关国际环境问题和国际环境活动的社会关系，是因合理开发、利用和保护、改善环境所产生的国际社会关系。目前，环境问题已经成为国际关系中的一项重要内容。随着环境问题的日趋严重，国际环境纠纷和国际环境合作的重要性日益上升，环境问题开始与国家安全和外交政策联系起来。从1989年起，在“七国集团”经济首脑会议的日程中，环境问题已被列为重大问题之一。

国际环境外交问题首先表现在发达国家和发展中国家的矛盾上，其表现形式主要是发达国家向发展中国家转嫁环境污染、转移有毒有害废物，如果不采取什么有效措施的话，“生态冲突”将会在工业化国家和发展中国家之间产生，因而危及世界的稳定与和平。

其次，对于共有环境资源的开发、利用、保护和管理，也常常引起环境外交问题；从某种角度看，生态环境冲突在所有国家之间都有可能产生。按苏联解体之前计算，全球约有155条（个）河流和湖泊为两国共享，有36条（个）为3国共享，有23条（个）为10国以上共享，在这些共有水资源的开发、利用、保护和管理方面一直存在着矛盾，由于水资源紧缺所引起的水环境污染和水资源分配问题有可能威胁到全球的社会安定。例如，在北美，五大湖是美国和加拿大共有的最重要的环境资源，由于两国对五大湖的开发、利用程度不一样，在环境利益分享和环境保护管理责任等方面一直存在着矛盾和纠纷，为此两国曾进行许多环境外交活动。在欧洲，瑞士、德国、法国和荷兰等国在莱茵河的污染问题上也一直存在着环境纠纷。在南亚，恒河的开发利用维持着3亿多印度人、尼泊尔人和孟加拉人的生存和发展；为了分配恒河水，这些国家多年来一直争论不休。另外，海洋污染、公海资源分配、越境污染（包括跨国酸雨、越境废物转移等）、南极保护、臭氧层保护等问题，无不涉及多国的利益，处理不好都有可能引起国家之间的纠纷和争端。

2. 环境外交是涉及国家和国际社会和平安定的重要因素

近几十年国际社会的发展进程表明，环境外交不是像某些人所想象的那样，是一个无关紧要的领域，而是一个涉及国家安全、国际社会秩序安定的重大领域。从某种意义上讲，环境外交是维护国家安全和国际社会和平、可持续发展的重要工具。

3. 国际环境外交有很强的科学技术性

一些历史悠久的传统外交十分重视和强调外交的政治性，很少与科学技术性挂钩，以至于外交活动方式和手段成了“政治活动、政治手段和外交手腕”的代名词。环境外交作为外交的一种，当然不会脱离政治和意识形态。但是，环境外交不仅取决于国际政治的发展，而且也受到科学技术的影响。第二次世界大战后科学技术的迅速发展，使国际社会开始全面深刻地认识环境问题和环境保护的重要性，成为推动环境外交发展的强大动力。环境外交之所以被重视、强调和依靠科学技术，是因为它与现代科学技术存在着密切的联系，臭氧层外交、全球气候变暖外交、外层空间外交、跨国酸雨外交、海洋环境保护外交、危险废物越境转移外交、生物多样性外交、南极外交等当代热门外交，无不导源于现代科学技术的发展，无不以现代科学技术为依据和手段。可以认为，没有现代环境科学、生态科学、地球科学、大气科学、海洋科学等现代科学技术，就没有当代环境外交活动。由于环境外交涉及处理大量科学技术问题，所以环境外交有科学技术性外交之称。

4. 环境外交有很强的公益性

所谓环境外交的公益性并不是排除国家利益或集团利益，而是指在环境外交活动中大家都共同强调人类共同利益、表示对全球利益和子孙后代利益的关注。传统外交是实现由统治阶级利益或执政阶级利益决定的国家对外政策任务的活动，它强调民族利益和国家利益，把维护国家利益放在至高无上的地位，很少讲或不怎么重视全人类的利益。环境外交的目标也是为了实现国家的利益，它同样重视、强调国家利益。但是环境外交的一个重要特点，是除了国家利益之外，它还非常重视兼顾别国的环境权益、全人类的利益和子孙后代的利益。环境外交的公益性是基于当代全球性环境污染和破坏的公害性、保护地球环境活动的公益性。环境污染具有流动性、累积性、潜伏性，诸如跨国酸雨、臭氧层空洞、全球气候变暖等环境问题跨越国界或跨越数代，对所有国家以及当代人和子孙后代都有害。保护好地球环境对世界各国以及当代人和子孙后代都有益。在当代环境外交舞台和谈判桌上，不同社会制度、经济科学技术发展水平、文化传统、宗教信仰和意识形态的国家代表和非政府组织的代表，能够共聚一堂不厌其烦地讨论研究国际环境事务和协调国际环境关系，一个重要原因是他们出于对整个地球村居民利益和命运的共同担心和关心。当代环境外交的理论和实践说明，强调、突出、重视全人类利益或世界各国的利益，是环境外交发达兴旺且持久不衰的一个重要原因。

5. 环境外交多样性

这些性质主要根源于环境问题的复杂性、多样性，环境保护的广泛性、综合性。传统外交的主体主要是国家，并且主要指国家外交部门。当代环境外交的主体相当广泛，既包括国家，也包括其他主体。代表国家从事环境外交的国家外交机关和外交人员，除了外交部、驻外使领馆等专门外交机关和外交部部长、大使等专门外交人员外，还包括从事环境外交的其他国家机关及其工作人员。其中，环境部等国家环境行政主管机关及其工作人员（包括环境法制、管理、经济和科学技术人员）越来越多地参与和承担环境外交活动，他们在环境外交方面的责任、工作量和任务已接近、等于甚至超过外交部和外交官员。另外，参加和承担环境外交活动的除了国家之外，还有政府间国际组织、非政府间国际组织以及某些非政府组织、企业事业单位和个人。由于当代国际环境问题和国际环境活动涉及人口、能源、资源、经济发展、工农业生产、国际贸易、军事、海洋、大气、国际水道、生物多样性、沙漠化等领域，因而环境外交活动所涉及的内容非常丰富。在环境外交舞台和谈判桌上，讨论内容之广是其他外交所难以比拟的。环境外交的主要手段也是谈判，环境外交广泛采用谈判、和平协商方式来促进环境领域的相互了解、合作、支援、签订条约和解决纠纷。但是除了谈判之外，在环境外交领域还广泛采用通报情报、访问和接待访问、参加国际环境会议等其他方式。环境外交是综合运用各种和平外交方式的对外活动。信息灵通、交往频繁，是环境外交的一大特点。

6. 其他特点

除上述特点外，环境外交还具有新兴性、预防性、区域性、相对性、伸缩性等特点。新兴性是指环境外交是一项新兴起的事业，属于新领域、新事务，在这个领域有许多新问题、新理论和新观点。预防性是指环境外交注重研究解决某些今后可能发生或发展的环境问题，注重在国际层上采取防止全球环境恶化的预防性措施。区域性是指不同地区的国家有不同的环境问题或重点问题，因而许多环境外交活动都具有区域外交的特点。相对性是指环境外交涉及的许多问题具有相对性，同一国家对同类环境问题经常提出不同的甚至相反的看法，如位于国际河流中游的国家就河流污染问题同上游国家和下游国家打交道时经常采用相反的原则。伸缩性是指对某些环境问题的态度、处理方式回旋余地较大，可以灵活处理，不像政治问题外交那样死板。[200-201]

## 二、气候外交

### （一）气候外交的主要含义

气候变化引发的各种极端气候事件在全球范围内频繁出现，引起国际社会对气候变化问题的严重关切。世界各国积极参与国际社会应对这一全球性问题的行动。由此，“气候外交”成为近年来世界环境外交舞台的一大热点。

气候外交包括两种含义。一是主权国家或经过授权的国际组织（如欧盟），通过官方代表，使用交涉、谈判和其他和平方式，调整全球气候变化领域国际关系的各类活动。二是主权国家或经过授权的国际组织利用全球气候变化问题来达到某种政治和外交目的的各类对外行动。考量一国的外交政策与行为，外交决策理论主要包含三种分析模式，即理性选择模式、组织行为模式和政府政治模式，其中理性选择分析模式是一种主要的分析模式。[200]

（二）世界气候外交的演变历程

1985 年，联合国环境规划署、世界气象组织和国际科学联盟三方在奥地利的菲拉赫召开了温室气体国际研讨会，会上通过的《菲拉赫声明》首次提出了制定一个国际条约来防止气候变化的倡议。1988 年 6 月，加拿大政府在多伦多又举行了主题为“变化中的大气：对全球安全的影响”的国际会议。此次会议重申了菲拉赫会议对全球变暖问题的评估，讨论了气候变化所产生的威胁，认为“人类正在全球范围内进行着无法控制的实验，其最终后果将仅次于一场全球性核战争”。大会同时呼吁全球应当采取共同行动来应对气候变化，全球变暖开始被国际社会作为一个政治问题来看待。同年 12 月，联合国政府间气候变化专门委员会的成立开启了气候变化科学评估的进程，标志着气候变化问题已经全面进入国际政治议程，成为一个事关各国重大利益的政治和外交问题。此后，一个以 IPCC 的科学评价活动为背景、以温室气体减排为主要目标的国际气候谈判和外交博弈拉开帷幕。其大致经历了如下五个阶段。

第一阶段（1989~1992 年）以《联合国气候变化框架公约》的达成为标志性成果。联合国环境规划署于 1989 年 5 月通过了第 15/36 号决定，该决定要求环境规划署和世界气象组织进行合作，就气候变化框架公约的谈判进行准备。1990 年 10 月在日内瓦召开的第二次世界气候大会通过了《部长宣言》，指出“控制 $CO_2$ 等气体的排放量、保护全球气候是各国的共同责任”，并呼吁国际社会立即就气候变化公约进行谈判。12 月，第 45 届联合国大会又通过决议，成立政府间气候变化框架公约谈判委员会（IPCC），具体负责公约的谈判和制定工作。通过各方多轮谈判协商，于 1992 年 5 月 9 日各国政府达成了《联合国气候变化框架公约》，并于 6 月在巴西里约热内卢召开的联合国环境与发展大会上开放签署。

第二阶段（1992~1997 年）以《京都议定书》的签订为主要成果。自《联合国气候变化框架公约》于 1994 年 3 月 21 日生效起，不同的国家和利益集团围绕着如何履约展开了激烈的博弈，这集中表现在历次缔约方会议的谈判活动中。1995 年在德国柏林举行了第一次缔约方会议，确定缔约国会议的宗旨是促进气候变化公约的实施。会议重申了发展中国家坚持的“共同但有区别的责任”这一原则，此原则后来也被称为“柏林授权”：决定成立“柏林授权特别小组”，进行公约的后续文件谈判，为 1997 年底的第三次缔约方大会起草一项议定书，以强化发达国家应承担的温室气体减排义务，但不对发展中国家增加新义务。1996 年在日内瓦召开了第二次缔约方会议，会后通过的《日内瓦部长宣言》再次重申了此前的一系列原则精神，强调加快制定议定书的进程，为《京都议定书》的出台做了铺垫。经过艰难的谈判，与会各方终于在 1997 年 12 月日本京都召开的第三次缔约方大会上通过了《联合国气候变化框架公约京都议定书》。

第三阶段（1997~2005 年）自京都会议起延续到《京都议定书》的生效。京都会议后，国际合作重点主要集中在以下三个方面：一是气候变化公约的执行；二是排放贸易机制、联合履约以及清洁排放机制等国际合作机制的建立；三是建立《京都议定书》的“国际遵约机制”。

第四阶段（2005~2011 年）也被称为后京都议定书阶段。根据《京都议定书》第三条第九款的有关规定，后京都阶段（《京都议定书》第一承诺期之后）的谈判不迟于 2005 年启动。基于此，2005 年 11~12 月在加拿大蒙特利尔召开了《联合国气候变化框架公约》第 11 次缔约方大会（COP11）暨《京都议定书》第 1 次缔约方会议。会议确定了控制气候变化的“蒙特利尔双轨路线”：一轨是 157 个缔约方将启动《京都议定书》2012 年后（第二承诺期）发达国家温室气体减排责任谈判进程；另一轨是在《联合国气候变化框架公约》的基础上，189 个缔约方就探讨控制全球变暖的长期战略展开对话。这一模式既维护了议定书的完整性，又保证了公约下所有缔约方的广泛参与，还为“双轨”之间的互动留下了空间。2007 年底在印尼巴厘岛召开的《公约》第 13 次缔约方大会上通过了“巴厘路线图”，各方同意所有发达国家（包括美国）和所有发展中国家应当根据《公约》的规定，共同开展长期合作，应对气候变化，重点就减缓、适应、资金、技术转让等主要方面进行谈判，在 2009 年底达成一揽子协议，并就此建立了公约长期合作行动谈判工作组。在 2010 年底墨西哥坎昆召开的气候公约第 16 次缔约方大会上，在玻利维亚强烈反对下，缔约方大会最终强行通过了《坎昆协议》。《坎昆协议》汇集了进入“双轨制”谈判以来的主要共识，总体上还是维护了议定书二期减排谈判和公约长期合作行动谈判并行的“双轨制”谈判方式，增强国际社会对联合国多边谈判机制的信心，同意 2011 年就议定书二期和巴厘路线图所涉要素中未达成共识的部分继续谈判，但《坎昆协议》针对议定书二期减排谈判和公约长期合作行动谈判所做决定的内容明显不平衡。

第五阶段（2012 年至今）。长期以来，全球气候谈判形成了所谓“南北格局”，即：发达国家的承诺与发展中国家的期望之间始终有着较大差距。这种格局的基础是《联合国气候变化框架公约》和《京都议定书》规定的发达国家与发展中国家在应对气候变化问题上承担“共同但有区别的责任”，其主要谈判模式是 2005 年蒙特利尔会议开启的“双轨制”。2011 年 12 月南非德班会议以来，全球气候变化谈判格局出现了新的变化，预示着气候外交进入一个新的阶段，这个阶段主要体现在：

（1）《京都议定书》或将逐渐边缘化；《京都议定书》规定了发达国家必须承担减排和促进发展中国家可持续发展双重责任，针对发达国家减排提出了具体时间表、量化目标和法律性约束章程。德班会议虽然要求从 2013 年起执行议定书的第二承诺期，但对第二承诺期的时间跨度以及各缔约方的量化减排限排目标和批准方式都没有明确规定，这些问题被留待 2012 年继续讨论。由于部分发达国家的退出，2013 年《京都议定书》第二承诺期开始时，其量化减排责任所涵盖的范围将不到目前全球总排放量的 13%、不到发达国家总排放量的 40%。此外，欧盟国家虽然愿意执行《京都议定书》第二承诺期，但提出要自愿承诺，不接受以往的量化目标。据此，西方国家普遍认为《京都议定书》已是一个徒有其表而无实质内涵的机制。

（2）“共同但有区别的责任”原则出现松动。这项原则强调，发达国家应对其历史排放和当前的高人均排放负责，率先采取措施减少温室气体排放，并向发展中国家提供资金和技术支持，帮助它们采取措施减缓或适应气候变化，该原则在过去的气候谈判中一直被坚持下来。德班会议启动了新的谈判进程——“德班增强行动平台”，它被授权就 2020 年后的适用于所有缔约方的“议定书”、“其他法律文书”或“经同意的具有法律效力的成果”进行谈判。“德班增强行动平台”没有再强调“共同但有区别的责任”原则，它提倡单一的全球减排体系，即一个涵盖中国和印度的所有排放大国参与的“具有法律约束力”的机制。在单一减排体系中，发达国家与发展中国家的减排责任界限将变得模糊，减限排义务将可能趋同。尽管发达国家一再申明这是对“共同但有区别的责任”原则的动态理解和调整，但不争的事实是“共同但有区别的责任”原则出现松动。

（3）“双轨制”谈判模式将被取代。所谓“双轨制”即：“一轨”是在

《京都议定书》下设立一个特设工作组，谈判发达国家后续承诺期的减排义务；另“一轨”是在《联合国气候变化框架公约》下的特设工作组，负责发展中国家就促进国际应对气候变化长期合作行动进行对话。“双轨制”在制度上保证了发达国家与发展中国家“有区别的责任”。“德班增强行动平台”决定 2012 年结束原有“双轨制”的谈判，在 2013~2015 年，所有谈判将集中于德班平台。因此，在不久的将来，发展中国家特别是发展中大国将与发达国家在“德班增强行动平台”下共同承担义务，从减排范围和法律效力来看，“双轨制”将合二为一。

(4) 排放大国与排放小国的区分被突出强调。排放大国与小国的划分最早是由美国提出的，并得到了欧盟及其他一些国家的支持。这种划分的依据是排放量、减排能力和潜力。德班会议之后，欧洲和美国都认为过去按照穷国和富国来划分减排责任的方式应逐渐被排放大国和排放小国的区分法所取代。

这些新变化、新动向，将重新划分新的全球减排框架，对各国气候外交产生深远影响，出于不同利益考虑，各谈判方为此会展开激烈的外交博弈。

# 参考文献


[1] 杨涛. 环境问题与可持续发展的辨证思考 [J] . 四川建材，2010，36 (4)：1–2.

[2] 蒋春华，刘鹏崇. 现代环境问题的本质和可持续发展 [A] . 2005 年中国法学会环境资源法学研究会年会论文集 [C] . Http：//www. riel. whu. edu. cn/article. asp?id=27681

[3] http：//water. usgs. gov/edu/watercyclefreshstorage. html. USGS，The Water Cycle：Water Storage in Oceans – Retrieved on 2008–05–14.

[4] 杨东方，苗振清，徐焕志，高锋，孙静亚. 地球生态系统的理论创立 [J] . 海洋开发与管理，2013 (7)：95–89.

[5] 李萌唐等. 地球环境概论 [M] . 北京：气象出版社. 2003. 08.

[6] 卢升高. 环境生态学 [M] . 杭州：浙江大学出版社. 2010. 02.

[7] 吴菊诊. 环境保护概论 [M] . 科学出版社. 北京：2011. 08.

[8] 刘春蓁. 气候变异与气候变化对水循环影响研究综述 [J] . 水文，2003，23 (3)：1–9.

[9] 郑淑颖，管东生. 人类活动对全球碳循环的影响 [J] . 热带地理，2001，21 (4)：369–373.

[10] 陈世范 译. 硫循环. Global Tropospheric Chemistry.

[11] http：//cdiac. ornl. gov/ems.

[12] BP 集团. BP 世界能源统计年鉴 2014. http：//www. bp. com/zh_cn/china/reports–and–publications/bp_2014. html.

[13] 黎炜，陈龙乾，赵建林. 我国煤炭开采对生态环境的破坏及对策 [J] . 煤，2011，20 (5)：35–3

[14] 尹小娟. 我国煤矸石治理及利用研究 [J] . 煤炭经济研究，2010，30 (5)：19–23.

[15] 田采霞，郭保华. 煤矸石堆对周围土壤中重金属元素的影响分析 [J]，矿业安全与环保. 2007，34 (3)：23–25.

[16] 叶吉文，沈国栋，路露. 煤矸石的危害和综合利用 [J] . 中国资源利用，2010，28（05）：32–34.

[17] 樊景森，尚忠森，浑凌云，孟志强，赵存良. 煤矸石对环境的污染及防治 [J] . 黑龙江科技，2008，30（30）：33–33.

[18] 王贤荣. 煤矸石长期堆放对周边土壤环境的影响及污染评价 [J] . 广西轻工业，2010，26（5）：84–86.

[19] 王心义，杨建，郭慧霞. 矿区煤矸石堆放引起土壤重金属污染研究 [J] . 煤炭学报，2006，31（6）：808–812.

[20] 王伦，杨新泉，任立国，崔原，王敏. 抚顺煤矸石对地下水污染影响现状及防治措施 [J] . 中国国土资源经济，2013（10）：70–72.

[21] 邓寅生，邢学玲，徐奉章等. 煤炭固体废弃物利用与处置 [M] . 北京：中国环境科学出版社，2008. 08.

[22] 能源百科全书（第 1 版） [M] . 中国大百科全书出版社. 北京. 1997.

[23] 杨荣新. 露天采矿学（下） [M] . 中国矿业大学出版社，1990：255–258.

[24] 蔡明华. 煤泥的合理利用 [J] . 选煤技术，1994（5），32–36.

[25] 李雷，姜振泉.粉煤灰的理化特征及其综合利用 [J] .环境科学研究，1998，3：60–62.

[26] 赵丽华，赵中一.粉煤灰资源化的现状 [J] .环境污染治理技术与设备，2002，3（4）：34–38.

[27] 欧阳小琴.粉煤灰资源综合利用的现状 [J] .江西能源，2002，40：20–22.

[28] 陈二斌. 煤炭开采与周边生态环境保护问题探讨 [J] . 新西部，2010（16）：21–21.

[29] 卢清峰. 环境影响评价在煤炭开采生态环境保护中的作用 [J] . 科技情报开发与经济，2006，16（15）：112–114

[30] 韩颖，曹金亮. 山西省矿山环境地质问题的主要类型 [J] . 西北地质，2003，（增刊）

[31] 张发旺，李铎，赵华. 煤矿开采条件下地下水资源破坏及其控制 [J] . 河北地质学院二学报，1996 ，19（2）：115–119.

[32] 吴玉生，赵亚平，杨亚静. 煤矿开采对地下水资源的影响 [J] . 能源环境保护，2004，18（6）：1–3.

[33] 何锋. 煤化工废水的来源与特点及其相应的处理技术探究 [J] . 科技视界，2012，23：320–321.

[34] 王铜源. 煤化工发展中的水质污染及处理 [J] . 技术与创新管理，2011，32（6）：684–687.

[35] 王磊，李泽琴，姜磊. 酸性矿山废水的危害与防治对策研究 [J] . 环境科学与管理，2009，34（10）：82–84.

[36] 马莹，马俊杰. 石油开采对地下水的污染及防治对策 [J] . 地下水，2010，32（2）：56–58.

[37] 王玉梅，党俊芳. 油气田地区的地下水污染分析 [J] . 地质灾害与环境保护，2000，11（3）：271– 2 72.

[38] 张学佳，纪巍，康志军等. 石油类污染物对土壤生态环境的危害 [J] . 化工科技，2008，16（6）：60 – 6 5.

[39] 孙博. 浅谈地下水污染及其防治 [J] . 科技情报开发与经济，2008，18（3）：123–124.

[40] 李爱贞. 生态环境保护概论 [M] . 北京：气象出版社. 2001.

[41] 祖彬等. 环境保护基础 [M] . 哈尔滨：哈尔滨工程大学出版社，2007.

[42] 王宝石. 煤矿瓦斯的危害与治理 [J] . 内蒙古煤炭经济. 2012（10）：17–17.

[43] 胡千庭，蒋时才，苏文叔. 我国煤矿瓦斯灾害防治对策 [J] . 矿业安全与环保，2000，27（1）：1–4.

[44] 刘琪. 浅析煤矿瓦斯危害及综合治理措施 [J] . 能源与节能. 2013（4）：126–128.

[45] 李爱贞. 生态环境保护概论 [M] . 北京：气象出版社. 2001.

[46] 尹连庆，关新玉. 燃煤电厂重金属污染与控制 [J] . 热力发电，2006，35（4）：30–31

[47] 张军英，王兴峰. 雾霾的产生机理及防治对策措施研究 [J] . 环境科学与管理，2013，38（10）：157–160.

[48] 马尧，胡宝群，孙占学. 浅论铀矿山的三废污染及治理方法 [J] . 铀矿冶，2007，26（1）：35–39.

[49] 吴文广. 环境放射性污染的危害与防治 [J] . 广东化工，2010，37（7）：194–195.

[50] 刘海明，杨龙泉. 铀矿山放射性污染及治理 [J] . 科技广场. 2012

(07)：158–160.

[51] 石晓亮，钱公望. 放射性污染的危害及防护措施 [J] . 工业安全与环保，2004，30（1）：6–9.

[52] 方陵生. 墨西哥湾原油泄漏事件—影响海洋生态的五个问题 [J] . 世界科学，2010（06）：7–8.

[53] 卢静，王忠柯，叶和清，陆继东，余亮英. 燃煤重金属污染抑制的研究进展 [J] . 环境科学与技术，2002，25（5）：40–42.

[54] 尹连庆，关新玉. 燃煤电厂重金属污染与控制 [J] . 热力发电，2006，35（4）：30–31.

[55] 余亮英，陆继东，吴戈，冯伟，陈文，沈凯. 燃煤过程中痕量重金属的形态与分布研究 [J] . 动力工程，2004，24（5）：640–645 .

[56] 张胜寒，程立国，叶秋生，郭天祥. 燃煤电站重金属污染与控制技术 [J] . 能源环境保护，2007，21（3）：1–4.

[57] 重金属的危害及我国重金属污染现状. http：//news. chemnet. com/item/2009–12–03/1248777. html

[58] 百度百科. http：//baike. baidu. com/view/282970. htm?fr=aladdin

[59] 刘海明. 煤矿开采造成地面沉陷的主要形式及其防治策略 [J] . 中国煤炭，2010（S1）.

[60] 黎炜，陈龙乾，赵建林. 我国煤炭开采对生态环境的破坏及对策 [J] . 煤，2011，20（5）：35–37.

[61] 颜文珠. 煤矿开采对地下水影响的数值模拟研究 [D] . 山东科技大学，2011.

[62] 吕义清.煤矿开采诱发的地质灾害特征分析–以太原西山矿区为例 [J] . 地球科学进展，2004，19：254–257.

[63] 日经能源环境网. http：//china. nikkeibp. com. cn/news/eco/2854. html?start=2

[64] 陈莉，任 玉. 页岩气开采的环境影响分析 [J] . 环境与可持续发展，2012（03）：52–55

[65] 夏玉强.Marcellus 页岩气开采的水资源挑战与环境影响 ［N］ .科技导报，2010，28（18）：103–108.

[66] 柯研，王亚运，周晓珉，唐培林. 页岩气开发过程中的环境影响及建议 [J] . 环境保护，2012，30（3）：87–90.

[67] 王亚军. 热污染及其防治 [J] . 安全与环境学报. 2004，4（3）：85-87.

[68] 刘秋菊，刘宏韬. 城市低温废热污染的危害和热泵技术的利用 [J] . 科学与财富，2013（3）：145-145.

[69] 张淑琴，张彭. 浅议热污染 [J] . 工业安全与工程，2008，37（7）：49-51.

[70] 王新兰，热污染的危害及管理建议 [J] . 环境保护科学，2006，32（6）：69-71.

[71] 李文斌. 后工业时代危机的应对——日本核泄漏引发的警示 [J] . 河南社会科学，2012（6）：29-31.

[72] 王曼琳，夏治强. 日本福岛核泄漏事件的环境危害与思考 [J] . 中国环境科学学会学术年会（2011） [A] . 2011（10）：3567-3571.

[73] 方陵生（编译）. 核泄漏将给海洋生物带来重大影响 [J] . 世界科学. 2011（5）：57-58.

[74] 应更长远地关注核泄漏事故对水生生物的长期影响 [J] . 海洋世界. 2011（4）：7-7.

[75] 巨乃岐，王恒桓，田华丽，欧仕金. 试论工程技术的性质和特点 [J] . 经济研究导刊. 2011（34）：219-220.

[76] 环境保护标准体系. http：//kjs. mep. gov. cn/hjbhbz/200512/t20051230_72954. htm

[77] 夏凌. 论环境法的体系. http：//www. chinalawedu. com/new/16900_175/2010_8_19_li6164053111918010212400. shtml

[78] 李宏，张向达. 试论环境管理中经济手段的固有局限性 [J] . 财经问题研究. 2009（4）：15-19.

[79] 高鸿业. 西方经济学（微观部分）. 中国人民大学出版社，2011.

[80] Dahlman，Carl J.（1979）. The Problem of Externality. Journal of Law and Economics 22（1）：141-162.

[81] Brown，C. V.；Jackson，J. P. M（1986）," The Economic Analysis of Public Goods"，Public Sector Economics，3rd Edition，Chapter 3，pp. 48-79.

[82] Coase R. H.，The Problem of Social Cost. Journal of Law and Economics. 1960（3）：1-44

[83] Oliver E. Williamson，Transaction-Cost Economics：The Governance of Contractual Relations. Journal of Law & Economics. 1979，22（2）：233-261.

[84] Oliver E. Williamson, The Economics of Organization -the Transaction Cost Approach. American Journal of Sociology, 1981, 87 (3): 548-577.

[85] Oliver E. Williamson, Markets and hierarchies: Analysis and antitrust implications. Free Press, New York. 1975.

[86] 陈秀山. 政府失灵及其矫正 [J]. 经济学家. 1998 (1): 54-60.

[87] 许庆明. 试析环境问题上的政府失灵 [J]. 管理世界. 2001 (5): 195-197.

[88] 易波，张莉莉. 论地方环境治理的政府失灵及其矫正：环境公平的视角 [J]. 法学杂志. 2011 (9): 121-123.

[89] 范岩. 能源可持续发展伦理研究 [D]. 成都理工大学. 2007.

[90] 汪安佑，雷涯邻，沙景华. 资源环境经济学 [M]. 北京：地质出版社. 2005.

[91] 刘培哲. 可持续发展理论与中国 21 世纪议程 [M]. 北京：气象出版社. 2001.

[92] 王玉梅. 可持续发展评价 [M]. 北京：中国标准出版社. 2007.

[93] 系统论和系统原理. http://wenku.baidu.com/view/e81b3502de80d4d8d15a4f4e.html

[94] 卓彩琴. 生态系统理论在社会工作领域的发展脉络及展望 [J]. 江海学刊. 2013 (3): 113-119.

[95] 鞠耀绩、岳璞，郭红. 可持续发展经济学系统论认识. 技术经济 [J]. 2002, 12: 55-57.

[96] 生态文明时代的资源环境价值理论 [N]. 中国国土资源报. http://www.gtzyb.com/lilunyanjiu/20120315_4706.shtml

[97] 李霞，崔彬. 关于自然资源价值的思考 [J]. 中国矿业. 2006, 15 (8): 1-3, 7.

[98] 孙晓明. 关于绿色 GDP 理论和实践的思考 [D]. 广西大学. 2008.

[99] 钟茂初. 绿色 GDP 之说也有局限性 [N]，人民日报海外版. 2009. 06.

[100] 曹更生，杨民. 从“绿色 GDP”到“有效 GDP” [O]. http://theory.people.com.cn/BIG5/49150/49152/5372542.html

[101] 浅谈四种生产理论 [J]. 农村工作通讯. 1999 (3): 43-43.

[102] 张建玲，资源、能源和环境约束下的生产函数模型及实证研究 [J]. 工业技术经济. 2010, 29 (3): 62-66.

[103] 吕振东，郭菊娥，席酉民. 中国能源 CES 生产函数的计量估算及选择 [J]．中国人口·资源与环境. 2009，19（4)：156-160.

[104] 黄磊，周勇. 基于超越对数生产函数的能源产出及替代弹性分析 [J]．河海大学学报（自然科学版）. 2008，36（1)：134-138.

[105] 胡春龙. 基于 GVES 生产函数资本劳动弹性分析 [J]．科技与产业. 2014，14（1)：96-101.

[106] 刘长生，郭小东，简玉峰. 能源消费对中国经济增长的影响研究-基于线性与非线性回归方法的比较分析 [J]．产业经济研究. 2009（1)：1 -9.

[107] 史亚东. 能源消费对经济增长溢出效应的差异分析——以人均消费作为减排门限的实证检验 [J]．经济评论. 2011，06：121-129.

[108] 张五六. 两部门生产函数门限模型及应用——以能源消费与经济增长关系为例 [J]．数理统计与管理. 2010，29（6)：1052-1059.

[109] 袁男优. 低碳经济的概念内涵 [J]．城市环境与城市生态. 2010，23（1)：43-46.

[110] 沈满洪. 环境经济手段研究 [M]．北京. 中国环境科学出版社. 2001.

[111] K·哈密尔顿，张庆丰（译）．里约后五年——环境政策的创新 [M]．北京. 中国环境科学出版社. 1998.

[112] 李晟旭. 我国环境政策工具的分类与发展趋势 [J]．环境保护与循环经济. 2010. 01：22-24.

[113] 巴里·费尔德，玛莎·费尔德. 环境经济学（第 3 版）[M]．原毅军，陈艳莹译. 北京：中国财经经济出版社. 2006.

[114] Sterner T. 2003. Policy instruments for environmental and natural resource management [M]. Washington，D. C.，Resources for the Future Press.

[115] Wätzold F. 2004. $SO_2$ emissions in Germany，Regulations to fight Waldsterben. Choosing Environmental Policy，W. Harrington，R. D. Morgenstern，and T. Sterner，eds，Washington，D. C. Resources for the Future Press.

[116] Montero J-P. 2005. Pollution markets with imperfectly observed emissions. The RAND Journal of Economics 36（3)：645-660.

[117] OECD. 2003（b）. Choosing environmental policy instruments in the real world. Global Forum on Sustainable Development：Emission Trading. Paris.

[118] Jaffe AB，Newell RG，Stavins RN. 2003. Technological change and the environment. In Handbook of Environmental Economics. K. -G. M?ler and J. Vincent

(eds), Amsterdam, The Netherlands, Elsevier Science.

[119] Sterner T, Isaksson L. H. 2006. Refunded emission payments theory, distribution of costs, and Swedish experience of NOx abatement [J]. Ecological Economics, 57 (1): 93-106.

[120] Harrington W, Morgenstern RD, Nelson P. 2000. On the accuracy of regulatory cost estimates [J]. Journal of Policy Analysis and Management, 19 (2): 297-322.

[121] 方闻鏦. 试论我国环境行政许可制度的完善 [N]. http: //blog. sina. com. cn/s/blog_623d77d90100rx3d. html

[122] 李创. 国内外环境管制问题研究综述 [J]. 资源开发与市场, 2011, 28 (9): 819- 822.

[123] 李挚萍. 20 世纪政府环境管制的三个演进时代 [J]. 学术研究, 2005, (6): 72- 78.

[124] 王志. 环境政策中的命令控制型政策工具及其优化选择 [N]. 企业导报. 2012. 10

[125] 托马斯·斯德纳著. 张蔚文、黄祖辉译. 环境与自然资源管理的政策工具 [M]. 上海人民出版社. 2005, 第 185 页.

[126] 李程. 资源环境协议制度研究 [D]. 华东政法大学. 2011.

[127] 孙影. 环境自愿协议及其在我国的实践 [J]. 决策与信息: 财经观察, 2008 (04): 110-111.

[128] 郭庆. 中国企业环境规制政策研究 [D]. 山东大学. 2006.

[129] 李茂福. 浅论环境押金制度 [J]. 法制与社会. 2009, 04: 51-52

[130] Kneese, Allen V. and Blair T. Bower (1968). Managing water quality: Economics Technology, Institutions (Johns Hopkins University Press, Baltimore).

[131] Baumol, W. J, and W. E. Oates (1988). The Theory of Environmental Policy. Cambridge University Press: Cambridge, UK.

[132] 林云华, 孙细明. 排污权交易与其他环境政策的比较 [M]. 产权导刊. 2008 (11): 38-40.

[133] Fullerton D. (2011). Six distributional effects of environmental policy, Risk Analysis 31 923-29 pp.

[134] Babiker M., J.Reilly, and L. Viguier (2004). Is International Emissions Trading Always Beneficial? The Energy Journal 25 33-56 pp.

[135] Nordhaus R. R., and K.W.Danish（2003）. Designing a Mandatory Greenhouse Gas Reduction Program for the US. Pew Center on Global Climate Change. 66 pp. Available at：http：//www. pewclimate. org/docUploads/USGas. pdf.

[136] [瑞典] 托马斯·思德纳. 环境与自然资源管理的政策工具 [M]. 上海：上海人民出版社. 2005.

[137] [美] 保罗·R·伯特尼，罗伯特·N·史蒂文斯. 环境保护的公共政策. 上海：上海三联书店. 2004.

[138] 李芳慧. 我国环境政策工具选择研究 [D]. 湖南大学. 2011.

[139] 吴晓青，洪尚群，蔡守秋，夏峰，吴学灿，董海京，贺杉. 环境政策工具组合的原理、方法和技术 [J]. 重庆环境科学. 2013. 25（12）：85-87.

[140] 王遥. 碳金融：全球视野与中国布局 [M]. 中国经济出版社. 2010.

[141] 段茂盛，庞韬. 碳排放权交易体系的基本要素 [J]. 中国人口. 资源与环境，2013，23（3）：110-117.

[142] 中关村国际环保产业促进中心编著. 循环经济国际趋势与中国实践 [M]. 北京：人民出版社，2005.

[143] 中国审计署. 中华人民共和国国家审计准则 [R]. 从环境视角进行审计活动的指南. 2010.

[144] 中国审计署. 从环境视角进行审计活动的指南 [R]. 2010.

[145] 张继超. 浅谈国家环境审计的方法和关键环节 [J/OL]. http：//www. sdaudit. gov. cn/Section/InfoDisplay2. aspx?InfoId =8487201f -8a36 -4bb6 -b43d -8fa8e5c00fa9.

[146] 王文革，吴晨波. 论节能配额交易制度 [J]. 环境科学与技术. 2008. 31（4）：147-152.

[147] 邱立成，韦颜秋. 白色证书制度的发展现状及对我国的启示 [J]. 能源研究与利用，2009（06）：1-4.

[148] 史娇蓉，廖振良. 欧盟可交易白色证书机制的发展及启示 [J]. 环境科学与管理，2011，36（9）：11-16.

[149] 王文臣，王晓林. 中国发展循环经济的社会机制建构探略 [J]. 经济论坛，2004（24）：5-7.

[150] 孙佑海. 推动循环经济，促进科学发展 [N]. 求是. 2009. 06

[151] 李勇. 完善监督、激励机制 [A]. 青海日报. 2012. 10. 24. http：//www. qstheory. cn/dd/dd2012/xhjj/201210/t20121024_188527. htm

[152] 刘继莉. 浅析循环经济的技术支撑体系研究 [J] . 2008（20）：305-305.

[153] 秦可德. 论绿色壁垒的实质与作用机理 [J] . 集团经济研究，2005（11S）：32-33.

[154] 绿色贸易壁垒的基本特征 [OL] . http：//www. 66law. cn/laws/50829. aspx

[155] 周中林著. 绿色壁垒理论与实证研究 [M] . 中国农业出版社. 2009.

[156] 贾建华等. 绿色壁垒的主要形式及其对我国出口的影响 [J] . 经济研究参考，2002（95）：37-38

[157] 孙丹. 浅析绿色壁垒产生的原因及对策 [J] . 黑龙江对外经贸，2007（01）：28-29.

[158] 绿色贸易壁垒的形式与特点 [OL] . http：//www. china-customs. com/html/trade_barrier/200501/01-1593. html.

[159] 李爱仙，成建宏. 国内外能效标识概述 [J] . 中国标准化. 2001. 12：52-54.

[160] 跨越技术壁垒的成功范例我国即将全面推行用能产品能效标识制度，节能冰箱率先走出国门 [R] . http：//www. tbt-sps. ziq. gov. cn/portal/fxbg/1063. htm

[161] 孙滔. 碳标签——贸易保护主义的新措施 [J] . 生产力研究，2011. 12：172-173.

[162] 许蔚. 碳标签：国际贸易壁垒的新趋势 [J] . 经济研究导刊，2011（10）：170-171.

[163] 碳交易网. 分析中国应对碳标签的措施 [O] . http：//www. tanpaifang. com/tanbiaoqian/2014/0907/37715. html

[164] 毕秀水. 西方经济增长理论中的资源与环境观及其启示 [A] . 2005 中国可持续发展论坛——中国可持续发展研究会 2005 年学术年会论文集（上册）. 2005.

[ 165] De Bruyn S M，Opschoor J B. Developments in the throughput incomerelationship：The oretical and empirical observations [ J] . EcologicalEconomics，1997，20（3）：255-268.

[166] OECD. Indicators to measure decoupling of environmental pressures for economic growth [R] . Paris：OECD，2002.

[167] 于法稳. 经济发展与资源环境之间脱钩关系的实证研究 [J] . 内蒙古财经学院学报，2009 (3)：29-34.

[168] 葛全胜，曲建升，曾静静，方修琦. 国际气候变化适应战略与态势分析 [J] . 气候变化进展，2009，5 (6)：369.

[169] 於俊杰，郝郑平等. 发达国家温室气体减排现状及对我国的启示 [J] . 环境工程学报，2008，2 (9)：1281- 1287.

[170] 刘莉，崔志强等. 加拿大温室气体减排策略及启示 [J] . 环境保护，2007，12B：91-93.

[171] 英国实施积极政策促进温室气体减排. 参考资讯，2007 (2)：7-8

[172] 马欣. 典型国家温室气体减排政策、措施及经验. 中国环境科学学会年会论文集 [A] . 2010.

[173] 国家发展和改革委员会能源研究所课题组. 中国 2050 年低碳发展之路：能源需求暨碳排放情景分析 [M] . 北京：科学出版社，2009.

[174] IPCC. Summary for Policymakers. In：Climate Change 2007：Mitigation. Contribution of Working Group Ⅲ to the Fourth Assessment Report of the Intergovernmental Panel on Climate Change.

[175] 黄冠胜. 欧盟能效政策法规指南 [M]，北京：中国标准出版社，2010.

[176] 国家发展和改革委员会 . 中国应对气候变化的政策与行动：2013 年度报告 [R] . 2013.

[177] 陈健鹏. 温室气体减排政策工具应用的国际经验及启示——基于政策工具演进的视角 [J] . 发展研究. 2012，1：27-30.

[178] 朱江玲、岳超、王少鹏、方精云. 1850—2008 年中国及世界主要国家的碳排放——碳排放与社会发展 [J] . 北京大学学报（自然科学版）. 2010，46 (4)：497-504.

[179] UNDP. Human Development Report 2013——The Rise of the South：Human Progress in a Diverse World. http：//hdr. undp. org/en/content/human - development-report-2013

[180] Ding Z L，Duan X N，Ge Q S，et al. On the major proposals for carbon emission reduction and some related issues. Sci China Earth Sci，2010，doi：10. 1007/s11430-010-0012-4

[181] Intergovernmental Panel on Climate Change（IPCC）. Climate Change 2007：The Physical Science Basis. New York：Cambridge University Press. 2007.

996

[182] Organisation for Economic Co-operation and Development（OECD）. Environmental Outlook to 2030. Paris：OECD Publishing. 2008. 517

[183] Garnaut R. The Garnaut Climate Change Review. New York：Cambridge University Press. 2008. 634

[184] Chakravarty S，Chikkatur A，de Coninck H，et al. Sharing global CO2 emission reductions among one billion high emitters. Proc Natl Acad Sci USA. 2009，106（29）：11884—11888

[185] S?rensen B. Pathways to climate stabilization. Energy Policy，2008，36：3505—3509.

[186] 刘江等. 减缓气候变化与可持续发展报告. http：//www. ccchina. gov. cn/file/source/ea/ea2002072201. htm

[187] 王腾宇. 未来排放权分配应遵循长期排放权均等原则. 环境经济. 2012. 0839-44.

[188] Ding Z. L.，Duan X. N.，Ge Q. S.，et al. Control of atmospheric CO2 concentration by 2050：An allocation on the emission rights of different countries. Sci China Ser D-Earth Sci，2009，doi：10. 1007/s11430-009-0155-3

[189] Trenberth K E. Seasonal variations in global sea level pressure and the total mass of the atmosphere. Journal of Geophysical Research. 1981，86：5238—5246

[190] Houghton R A. Carbon Flux to The Atmosphere from Land-Use Changes 1850—2005. A Compendium of Data on Global Change. Carbon Dioxide Information Analysis Center，Oak Ridge National La

[191] 李海涛，许学，刘文政. 国际碳减排活动中的利益博弈和中国策略的思考 [J]. 中国人口·资源与环境，2006，16（5）：93-97.

[192] 乔榛，魏枫. 世界碳减排博弈困局及出路探析 [J]. 北方论坛，2011，227（3）：130-133.

[193] 葛汉文. 全球气候治理中的国际机制与主权国家 [J]. 世界经济与政治论坛，2005（3）：72-76.

[194] 国务院发展研究中心课题组. 全球温室气体减排：理论框架和解决方案 [J]. 经济研究，2009，（3）.

[195] 于宏源. 试析全球气候变化谈判格局的新变化 [J]. 现代国际关系，

2012（06）.

[196] 中创碳投.《巴黎协议》解读. 人类应对气候变化史的第三个里程碑. http：//www. gdrcarbon. com/Home/News/info/id/267. html

[197] 丁祖荣，马智. 抑制全球变暖——《京都议定书》的深远意义与国际社会的共同责任 [J]. 城市与减灾. 2005（3）：10-12.

[198] 鞠琳. 清洁发展机制与联合履约机制的减排效果之比较 [J] 长存教育学院学报，2013，29（15）：4-6.

[199] 吕学都，莫凌水. 多哈世界气候大会成果及其影 [J]. 阅江学刊. 2013（02）：25-30.

[200] 论环境外交的发展趋势和特点. http：//www. 110. com/ziliao/article-2911. html

[201] 张海滨. 世界环境七大国：环境外交之比较 [OL]. http：//blog. sina. com. cn/s/blog_4bbb81fb010098el. html

[202] 孔凡伟. 浅析中国气候外交的政策与行动 [J]. 新视，2008（4）：94-96.

# 后　记

能源环境学涉及从自然科学到社会科学的众多学科，是一个典型的多领域交叉学科，内容包络万象，接手这么一本书的撰写对我来说是极具挑战的一件事。从制定写作提纲到书稿定稿，已经三年多了，期间就具体写作内容与我的硕士导师、青岛科技大学经济与管理学院雷仲敏教授反复沟通与交流，部分内容经过否定再否定，逐渐形成最终版本内容框架体系，可以说这本书整个撰写过程中，也是雷仲敏教授悉心指导的过程，他为此付出了大量的心血。撰写过程还得到了我家人的大力支持，夫人和儿子给了我家庭的温暖和写作力量，激励着我最终完成了本书的撰写，这本书也属于他们。

此外，本书的撰写也到了许多其他人的帮助，我难以一一列举，尽管这些帮助可能是间接的，但同样重要。

李长胜

2016 年 1 月